JN437680

Introduction to Polymer Engineering & Chemistry

알기 쉬운 고분자
-공학과 화학-

전창림 지음

- 쉽게 펴서, 흥미롭게 읽다가, 깊이 알게 되는 새로운 고분자 입문서
- 어려운 학문 용어를 외우지 않고 근원적인 개념을 이해시켜 주는 설명
- 원서의 장점과 국문교과서의 장점을 절묘하게 충족시킨 새로운 시도
- 고분자에 대한 지식을 주입하는 것보다 고분자에 흥미를 갖고 스스로 알게 하는 책

머리말

20여 년 동안 고분자 공학과 화학을 가르치면서 몇 가지 원칙을 지켜오고 있습니다. 첫째, 같은 교재를 사용하지 않고 매년 새로 나온 교재를 사용하며, 둘째, 강의 노트를 만들지 않으며, 셋째, 지식의 주입보다 폴리머에 대한 흥미를 갖게 하는 것을 목표로 하며, 넷째, 시험 문제는 되도록 직접 만든다는 것이죠. 이러한 원칙을 고수해 오기 때문인지 학생들에게 "강의는 쉬운데 시험은 어렵다.", "무언가 남는 강의이다.", "시험문제의 패턴을 감도 못 잡았다.", "선배들에게 교재를 물려받을 수 없다.", "졸업 후에 많은 도움을 받았다."라는 이야기를 들었습니다. 폴리머에 대한 개념과 흥미를 갖게 하는 것이 이 책의 최우선 목표입니다. 기초적인 감을 잡고 흥미를 가진다면 그 다음은 스스로 공부하게 됩니다.

■ 개념 이해를 최우선으로

폴리머 강의에 매년 새로운 교재를 사용하다 보니 국내 교재와 번역판과 유명한 원서들은 거의 다 한 번씩은 교재로 사용하여 보았는데, 쉬우면서도 재미있고, 일상의 관심으로부터 시작해서 폴리머의 세계로 자연스럽게 인도하는 책은 아직 찾지 못했습니다. 대부분의 폴리머 교재는 중합 이론부터 시작되죠. 그래서 감이 와 닿지 않는 딴 세상의 지겨운 또 하나의 화학 공부거리가 됩니다. 어떤 책은 너무 어렵고 두꺼워서 들어가기도 전에 질리고, 어떤 책은 페이지는 많지 않은데, 그 안에 너무 많은 이론을 소개하느라 원리도 모른 채 진도만 나갑니다. 그러니까 한 학기 강의를 다 듣고 시험까지 보았는데 딱풀, 고무, 비닐, 플라스틱으로 된 볼펜 등을 보면서도 폴리머에 대해 아무것도 연관 지을 줄 모른다고 생각해요. 정말 너무 답답하고 안타까운 일입니다.

■ 원서와 국문서의 장점을 모두

괴상중합, 이게 무슨 말인지 아시겠습니까? 괴상한가요? 배치작업, 무슨 뜻일까요? 우리말로 번역해 놓아도 괴상하고 한글로 표기해 놓아도 어떤 배치를 했는지 모릅니다. bulk polymerization, batch process라고 하면 될 것을 말입니다. 그래서 많은 학교에서 힘들지만 영어 원서를 교재로 사용합니다. 그러나 저는 대학

원생들에게조차도 교재는 국문으로 된 것을 권합니다. 교재의 정말 중요한 목적은 책의 문장을 줄줄 읽고 그 개념을 이해하는 것인데, 아무리 영어 성적이 좋은 대학생이나 대학원생도 영어 문장을 하루에 몇 십 쪽씩 줄줄 읽고 그 내용이 설명하는 개념을 자기 것으로 만들기는 어렵습니다. 그래서 수식과 그림만 보지요. 국문 교과서는 억지로 모든 용어를 한글로 번역해 놓았기 때문에 때로는 이해하기도 어렵고 영어 용어에 익숙하지 않게 만들어서 논문이나 자료를 봐도 얼른 이해를 못하는 단점이 있습니다. 그래서 학생들이 집에서 읽지 않을 것이 분명하지만 할 수 없이 원서를 교재로 씁니다. 본 책에서는 아주 관용적인 것, 예를 들면 폴리머, 플라스틱 같은 용어는 한글로 발음을 썼지만 많은 경우 영어 원어로 표기했습니다. 'bulk'를 '괴상'으로 'batch'를 '일괄처리'로 번역하는 일은 되도록 자제하였습니다.

■ 교육과정

이 책은 1부에서 Polymer Engineering, 2부에서 Polymer Chemistry를 교육하도록 되어 있습니다. 1부에서는 개론과 폴리머가 얼마나 널리 쓰이는지, 얼마나 중요한지, 얼마나 재미있는지를 강조합니다. 그리고 실제로 어떻게 제품을 만드는지, 물성은 어떤지를 보여 줍니다. 화학을 제외한 내용들이므로 이 부분부터 공부하기를 권합니다. 그 다음 2부에서 비로소 중합 반응과 화학적인 내용들이 나옵니다. 공식도 되도록 외우지 않고 원리로부터 유도하여 과정을 이해시키려고 하였습니다. 전반적으로 아주 깊지는 않지만 개념의 이해가 필요한 부분은 많은 지면을 할애하여 설명하고 있습니다. 이 책은 폴리머를 전공으로 하는 학과의 입문과정이나 일반 화학 관련 학과의 학부생, 또는 폴리머를 다루고자 하는 일반인들에게 도움을 줄 수 있을 것으로 생각합니다.

〈미술관에 간 화학자〉를 읽은 독자분들께서는 재미난 이야기로 어려운 폴리머를 보여 줄 것을 기대하셨겠지만 폴리머 교재로는 첫 책이어서 여러 부분에 부족한 것이 있으리라 생각합니다. 그래도 이 책의 최우선 목표인 흥미와 개념이해는 어느 정도 이루었다고 생각합니다. 앞으로 부족한 부분은 계속 업그레이드해야겠지요. 우리의 학문이 발전하여 더욱 안전하고 풍요로운 사회가 이루어지기를 바랍니다.

2014년

전창림

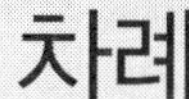
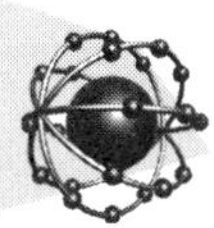

차례

제 1 부 Polymer Engineering

3장 Polymer Properties

제 2 부 Polymer Chemistry

4장 Polymerization 개론

5장 Step-growth Polymerization

6장 Chain-growth Polymerization

7장 Copolymerization(공중합)

8장 Polymer Degradation과 Modification

제1부

Polymer Engineering

1 장

Polymer Engineering 입문

1-1 polymer란 무엇인가?

polymer(중합체)란 무엇인가? 간단히 말하면 거대한 분자라는 뜻이다. 폴리머를 다른 말로 macromolecule(고분자)이라고 하는데, macro(큰)와 molecule(분자)의 합성어이다. 폴리머는 분자의 크기가 매우 클 뿐만 아니라 같은 부분이 반복된 구조를 갖고 있다. 폴리머는 poly(많은)와 mer(분자)의 합성어로서 반대말은 monomer(단량체)이다. 모노머들이 반복적으로 연결되는 반응을 polymerization(중합)이라고 하고 그 결과물로 생긴 큰 분자를 폴리머라고 한다.

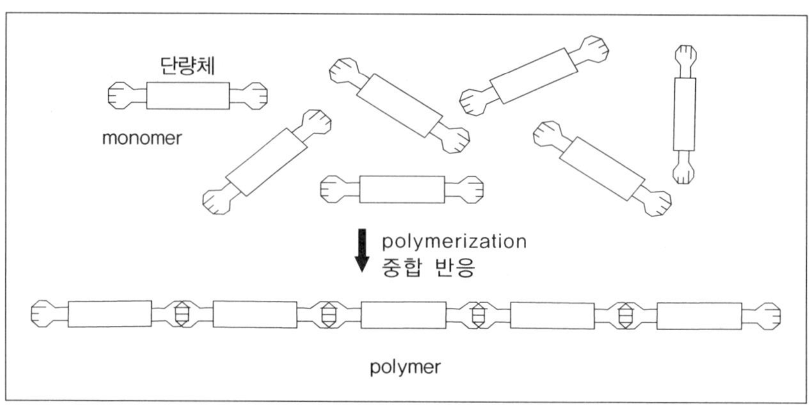

|그림 1.1 모노머가 모여서 폴리머가 된다.

그런데 이 polymer는 일상적으로 쓰는 말은 아니다. 이 polymer를 다루는 공장에 가면 보통 수지 또는 resin이라고 한다. 수지(樹脂)란 말은 나무를 뜻하는 수(樹), 기름을 뜻하는 지(脂), 그러니까 송진 같은 나무진을 말한다. 이런 물질을 부

르는 말에는 여럿이 있다.

우리말	영어	본래의 뜻
고분자	macromolecule	거대 분자량의 물질
중합체	polymer	monomer(단량체)가 중합된 것
(합성)수지	resin	송진 등 천연 수지에서 파생한 말
플라스틱	plastic	thermoplasticity(열가소성)를 갖는 물질

원래 인간이 폴리머라는 것을 만들 줄 몰랐을 때 자연계에서 수지를 채취하여 사용하였다. 이 수지라는 것은 열을 가하거나 solvent(용매)에 녹여서 무르게도, 액체 같이 만들 수도 있는데 어떤 mold(틀, 거푸집, 금형)에 부어서 건조시키면 특정한 모양으로 만들 수 있는 독특한 성격이 있다. 이 성질을 plasticity(가소성)이라고 하며, 이 단어에서 plastic(플라스틱), thermoplasticity(열가소성)이라는 용어가 탄생했다. 원래 플라스틱이란 말은 plasticity를 가진 물질이란 뜻이다.

| 나무에서 나온 수지

> 소성: 외력을 가해서 만든 형태가 외력을 제거해도 유지되는 성질
> 가소성: 그런 소성이 가역적으로 이루어지는 성질
> 열가소성: 그런 가소성이 열에 의하여 이루어지는 성질

그러나 폴리머에는 많은 종류가 있다. plasticity가 없는 것을 thermoset(열경화성)이라고 한다. 이것은 공장에서 한번 단단하게 curing(경화)시켜서 제품이 되면 다시는 물러지지 않는 폴리머이다. 대부분 열을 가하여 경화시키기 때문에 thermoset이라고 한다. 간단한 실험을 해 볼 수 있다.

thermoplastic과 thermosets에 대한 실험

- 준비물: 가장 싼 볼펜대나 다 쓴 볼펜 심, 컴퓨터 회로판 조각, 라이터나 성냥
- 실험: 각각의 시료들을 라이터 불로 태워 본다.
- 관찰점: 어떤 것은 물러지지만 어떤 것은 물러지지 않고 탄다.

폴리머는 우리 생활에 너무 많이 관계되어 있고 폴리머가 없는 세상은 상상도 할 수 없다.

우리 인간은 폴리머로 태어나서,
폴리머를 먹으며,
폴리머를 입고,
폴리머를 타고 다니고,
폴리머에 앉아서,
폴리머를 읽고,
폴리머에서 살다가,
죽어서도 폴리머에 들어간다.

이 말을 풀면 이렇다.

우리 인간은 DNA로 태어나서,
곡식이나 채소, 고기를 먹고,
옷을 입고,
타이어를 단 자동차를 타고 다니고,
플라스틱 의자에 앉아서,
종이 책을 읽고,
플라스틱 건축자재로 지은 집에 살다가,
나무 관에 들어간다.

사실 우리 주위에는 폴리머 아닌 것이 오히려 찾기 어려울 정도로 폴리머가 많고 우리 몸 자체도 폴리머이다. 그래서 금속이나 세라믹보다는 플라스틱을 만질 때 더

촉감이 좋고 친근감을 느끼는 것이다.

| IC chip

폴리머는 이렇게 우리 일상생활과만 연관이 있는 것은 아니다. 새로운 21세기는 컴퓨터통신공학과 유전공학이 주도하는 시대라고 한다. 그런데 이것들도 그 바탕은 폴리머 기술이라는 사실이다. 컴퓨터 칩(chip)을 만드는 기술은 전적으로 얼마나 작은 면적에 많은 데이터를 저장하고 빨리 연산하고 전송하느냐에 달려 있는데 그런 IC(integrated circuit)회로(집적회로)의 핵심기술은 패터닝(patterning)이라는 폴리머 기술이고, photoresist polymer(감광성 고분자)를 사용해서 초미세회로를 만드는 기술이다. 또 유전공학에서 다루는 유전자는 DNA, RNA로 부르는 biopolymer(생체고분자)들인데 이들을 자르고[depolymerization(해중합)] 붙이는[polymerization(중합)] 유전자 조작 기술이 바로 polymerization-depolymerization 기술이다. 결국 폴리머 기술이 첨단 기술의 기본이 되는 것이다.

요즘 환경이 매우 중요한 이슈가 되는데 자연은 거의 천연 폴리머로 되어 있다고 볼 수 있다. 나무, 풀, 짐승, 벌레, 세균 등 유기 물질은 모두 폴리머이다. 우리가 음식을 먹고 소화하고 우리 몸이 자라는 것 모두가 폴리머 반응이다. 그러므로 자연을 이해하고 보존하고 회복하는 일도 폴리머 기술이라고 할 수 있다.

그런데 이렇게 중요한 폴리머를 알기 위해 고도의 화학 지식이 꼭 필요한 것은 아니다. 폴리머는 손으로 만질 수 있고 느낄 수 있는 것이다. 그림으로 설명하기도 더 쉽다. 어려운 화학은 멀리 보내 버리고 폴리머가 어떤 성질이 있나, 그리고 어떻게 이용하면 좋을까를 생각해 보자.

폴리머는 위와 같은 구조적 특성 때문에 다른 재료와는 다른 물성을 갖는다. 현대 과학 기술의 발전 역사를 보면 옛날에 금속이나 세라믹으로 만들던 것을 점차 플라스틱으로 대체해 가는 과정이라고 말할 수 있을 정도이다. 그러면 왜 그런 방향으로 발전하는 것일까?

전통 재료라고 하면 돌, 흙, 유리 등의 세라믹과, 금, 은, 구리, bronze(청동), 쇠 등의 금속과, 종이, 나무, 가죽 등의 천연 폴리머 재료 등으로 구분할 수 있다. 신소재도 폴리머, 세라믹, 금속으로 나눌 수 있다.

	원시 천연 재료	전통 산업 재료	신소재
폴리머	나무, 종이, 가죽, 비단	수지, 고무, 합성섬유	enpla, 복합재료, fine polymer
세라믹	돌, 흙, 모래	벽돌, 도기, 자기, 유리	fine ceramic
금속	금, 은, 구리, 청동, 쇠	알루미늄, 강철, 합금	신합금

옛날 세라믹 재료나 금속 재료로 만들었던 상품의 재료를 플라스틱으로 대체한 경우는 한도 없이 많다. 대부분의 유리병도 이제 플라스틱 병으로 대체되었고, 휴대용 녹음기의 부품은 플라스틱 기어와 부품으로 대체되어 가볍고 견고하다. 옛날에는 벽돌과 시멘트나 나무만으로 집을 지었으나 이제는 플라스틱 건축재가 없으면 안 될 지경이 되었다. 왜 이렇게 모든 재료 중에 플라스틱을 많이 쓰게 되었을까? 플라스틱은 다음과 같은 장점들이 있기 때문이다.

① 값이 싸다(cheap).
② 가볍다(light).
③ 물이 묻지 않고 썩거나 녹슬지 않는다.
④ 투명하고 광택이 있으며 coloring(착색)이 자유로워 아름다운 외관으로 만들기 쉽다.

이런 장점은 다른 재료에서는 볼 수 없는 것이 대부분이다. 그렇기 때문에 모든 재료 중에 가장 많은 사랑을 받는 것이다. 그러나 플라스틱이 장점만을 가진 것은 아니다. 플라스틱이 가진 단점 중 가장 중요한 점은 다음 세 가지이다.

첫째, 열에 약하다는 점이다. 플라스틱 그릇을 불 위에 그대로 놓을 수는 없다. 그러나 바로 열에 약한 점 때문에 대량생산이 가능하여 값이 싸졌기 때문에 이 단점은 그대로 장점이기도 하다. 물론 열에 상당히 강한 특수한 폴리머도 많이 개발되어 있다.

둘째, 잘 썩지 않기 때문에 버려지거나 매립하였을 때 환경을 오염시킨다. 그러나 사실은 바로 이 썩지 않는다는 점 때문에 플라스틱를 식품 포장에 많이 쓰게 되었으므로 장점이기도 하다. 더구나 지금은 쓰레기를 태우거나 매립하지 못하는 시대가 되었다. 이젠 모든 쓰레기는 재활용해야 한다. 플라스틱은 재활용하기에 어느 재료보다 유리하다.

| 투명한 플라스틱 식품 포장재

셋째, 불에 잘 타며, 타면서 유독 기체가 생성되는 경우도 있다. 플라스틱의 원료도 화석연료인 석유이기 때문에 주성분이 탄소와 수소라서 불에 잘 타며 그래서 연료로도 쓸 수 있을 만큼 caloric value(발열량)가 높다. 또 플라스틱을 가공할 때 여러 가지 additives(첨가제)를 넣기 때문에 탈 때 여러 가지 기체가 배출된다. 그러나 이런 단점도 flame retardant(난연제)라든가 새로운 기술을 사용하여 많이 개선되고 있다.

1-2 자연에서 만나는 polymer

우리 주위의 거의 모든 것이 다 폴리머인데 우선 자연에서 만나는 폴리머들을 보자. 천연 폴리머라고 하는 것들은 기본적인 구조에 의해 크게 세 가지로 나눌 수 있다. saccharide(당류), protein(단백질), 그리고 기타이다.

1. saccharide

우리가 음식으로 흡수하는 곡물, 채소, 과일과 일반 식물의 주요 성분인 당류는 D-glucose라는 monosaccharide(단당류)가 기본 구조이며 이것은 6각 고리 구조이고 3개의 hydroxyl(수산, -OH)기를 갖고 있다. 이 단량체가 β-1,4 결합한 것이 cellulose로서 식물 세포벽의 주체를 이루고 있다. 목재의 주성분은 이 cellulose와 hemicellulose, lignin인데, hemicellulose는 여러 가지 saccharide가 100~200개 정도 복잡하게 연결된 것이며, lignin은 phenol 구조가 3차원적으로 복잡하게 얽혀 있는 amorphorous(비결정성) 그물형 폴리머이다.

| 당류를 포함한 과일과 채소

| 목재는 cellulose가 주성분이다.

|그림 1.2 cellulose

반면, D-glucose가 α-1,4 결합한 것이 amylose이고 이와 비슷한 구조로 amylopectin이 있다. 사슬형의 amylose와 달리 amylopectin은 가지 구조로 되

| amylose가 주성분인 곡물들

| chitin으로 된 게 껍질

어 있으며 이 두 가지가 starch(녹말)의 주성분이며 식물의 씨와 뿌리의 주성분이다. amylose와 cellulose의 차이는 반복 단위 사이의 결합 방향뿐이다. 인간은 amylose의 α 결합을 끊을 수 있는 소화 enzyme(효소)만 있으나 소, 염소, 양들은 cellulose의 β 결합을 끊을 수 있는 enzyme도 있으므로 풀을 소화시킬 수 있다. 푸른 식물들은 물과 일산화탄소를 가지고 photosynthesis(광합성)하여 saccharide를 만들어내는 chlorophyll(엽록소)을 가지고 있다. 햇빛의 에너지를 동력으로 하여 효소의 도움으로 인산 ester를 만들고 반응성 높은 Uridine Diphosphate Glucose가 되었다가 glucoside 결합을 만들면서 중합하여 polysaccharide(다당류)가 만들어진다. 이 중합에서 필요한 에너지는 Adenosine TriPhosphate(ATP)가 Adenosine DiPhosphate(ADP)로 분해되면서 조달된다.

동물의 뿔이나 새우, 게, 곤충의 껍질을 이루는 chitin이라는 것이 있는데 이것도 D-glucose를 기본 구조로 하지만 amylose의 hydroxyl기 하나가 acetylamino ($-NH-CO-CH_3$)기로 바뀐 것이다. 이것들이 β-1,4 결합하여 폴리머가 된 것이다. 요즘은 건강보조 식품으로도 많이 사용한다. 미생물이 제내에서 에너시 서상원으로 합성하는 pullulan이란 다당류는 식품이나 의약품의 점도증강제로 사용한다.

2. protein(단백질)

또 하나의 중요한 천연 폴리머는 단백질인데 α-L-amino acid들이 탈수 결합하여 peptide (-NH-CO-) 결합을 만들어 polypeptide를 만든다. 우리 인체의 근육은 collagen이라는 단백질이며, 손톱, 발톱, 머리카락은 keratin(케라틴)이라는 단백질이다. 단백질을 구성하

| 조갯살 수프도 collagen이 주성분

는 amino acid들은 거의 같은 방향의 L-형 입체 구조를 갖고 있기 때문에 스프링처럼 나선형 구조를 이룬다. 그리고 이웃하는 amino acid 단위와 수소 결합을 이루어 매우 질기다. 우리 근육이 상당히 강한 것도 이 때문이다.

|그림 1.3 amino acid(R에 따라 여러 가지 amino acid가 만들어진다.)

|그림 1.4 amino acid에서 단백질이 만들어지는 condensation

3. 기타 natural polymer

모든 생물의 세포핵에는 유전 정보를 담고 있는 핵산이 있다. chromosome(염색체) 등에 함유되어 있는 분자량 500만~10억 정도의 RNA(ribonucleic acid)와 ribosome 등에 포함되어 있는 분자량 수만~200만 정도의 DNA (deoxyribonucleic acid) 두 가지가 있다. 핵산은 ribose나 deoxyrisose라는 5각 고리 monosaccharide가 phosphoric acid(인산)에 의해 연결된 것에 다양한 염기들이 결합된 형태를 갖고 있다. 보통 RNA는 아주 긴 사슬이고 DNA는 유명한 이중 나선 구조를 하고 있다. 연결된 염기들의 종류와 순서가 바로 유전 정보가 되는 것이다.

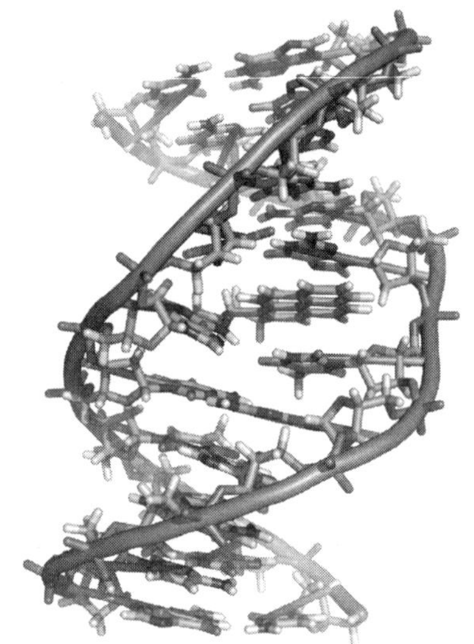

| DNA의 이중 나선 구조

고무 나무의 gum(수지)은 latex라고 부르는 독특한 천연고분자이다. 제2차 세계 대전 때 일본이 세계 고무 생산의 대부분을 차지하는 말레이시아를 점령하자 독일이 일본과 동맹을 맺어 세계를 손아귀에 넣으

| 고무나무에서 채취한 latex

려고 하였다. 전쟁은 기동력이 가장 중요하고 그 기동력은 바로 자동차의 타이어에서 나오기 때문이다. 그 당시만 해도 타이어 고무는 모두 천연고무였다. 그래서 미국과 영국은 합성고무의 연구를 서둘렀다. 천연고무의 구조는 isoprene polymer (*cis*-1,4-polyisoprene)이며 합성고무도 이와 비슷한 구조를 가지고 있다.

대부분의 천연고분자(예: 나무, silk)는 결이 있는 섬유 구조로 되어 있어서 매우 강하지만 이를 녹여서 일반 덩어리 형태로 만들면 강도가 약해진다. 그러나 천연고분자는 자연히 분해되는 환경친화성이 있어서 요즘 같이 환경보호가 중요한 시대에 적

| silk를 생산하는 누에

합한 재료이다. 어떤 미생물들은 에너지 저장원으로서 우리가 옷감이나 필름의 원료로 쓰는 합성 폴리머와 구조가 매우 흡사한 polyester를 생산한다. 그 대표적인 것이 PHB(poly-3-hydroxybutylate)이다. 이 폴리머로 일회용 물건을 만들어 다 쓴 다음에 땅에 묻으면 5~6주 후 완전히 없어진다. 모두 박테리아나 곰팡이에 의해 이산화탄소와 물로 분해된 것이다. 값이 좀 비싸지만 공정 개발과 대량생산에 의하여 더욱 널리 쓰일 날도 멀지 않았다.

1-3 생활에서 만나는 polymer

자연뿐만 아니라 우리 주위에서 폴리머는 얼마든지 볼 수 있다. 몇 가지로 구분해 보자.

1. 포장용

아침에 일어나면 우유가 종이팩이나 플라스틱 병으로 배달되어 있다. 슈퍼마켓에 가면 거의 모든 식품은 플라스틱이나 종이로 포장되어 있다. 화장품이나 간단한 의약품들도 플라스틱 캔이나 상자, 튜브에 담겨 있다. 포장은 거의 모두 종이나 플라스틱이다. 그것들을 골라 계산대에 가져가면 쇼핑 봉투에 담아주는데 이것도 대개 비닐이나 종이이다. 깨질 위험이 있는 물건은 플라스틱 foam(발포체)으로 포장되어 있다. 집에서 음식을 쌀 때 사용하는 랩도 플라스틱 필름이다. 특히 유연하면서도 투명한 재료는 플라스틱 밖에는 없다. 안의 내용물이 보이면서 균이 침투하지 못하게 하면서 물이 묻지도 않도록 하려면 플라스틱을 쓰는 수밖에 없다. 그래서 플라스틱은 포장 재료의 70% 이상을 점하게 되었다.

| 각종 플라스틱 병들

2. 가전제품과 가구

전화, 텔레비전, 라디오, 오디오, 비디오, 컴퓨터, 냉장고, 세탁기, 소파, 쿠션, 쓰레기 통, 수납장 등 플라스틱이 아닌 것을 찾아내기가 오히려 더 어려울 정도로 우리 집안에는 플라스틱이 많다. 플라스틱은 우리 피부와 친화성이 있고 소프트하며 어떤 모양으로라도 만들 수 있기 때문에 가정용품으로 정말 많이 사용한다. 색도 자유롭게 할 수 있고 투명하게도 할 수 있으므로 많은 사랑을 받는 것이다.

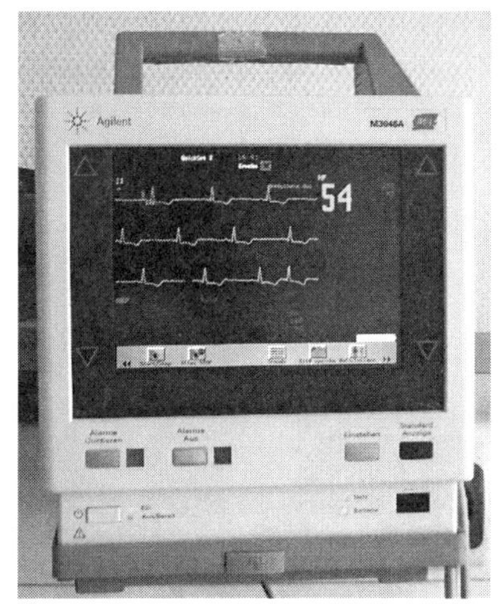

| PS로 만든 모니터

| 플라스틱 가구

3. 섬유

폴리머는 액체처럼 녹일 수 있기 때문에 녹여서 가는 구멍으로 뽑으면 실이 된다. 여러 가닥을 꼬아서 튼튼한 실도 되고 더 굵은 밧줄도 된다. 실로 옷감을 짜서 아주 유용한 천을 만들기도 한다. 패션 산업은 아주 큰 산업이다. 프랑스나 이탈리아는 패션 산업으로 큰 부를 얻고 있다. 우리나라에서도 방적공장이 많이 있는 대구를 패션 산업의 중심지라고 한다. 우리가 입는

| 각종 섬유

모든 옷은 다 폴리머이다. 면, 울, 실크, 모피 등은 천연 섬유이고, 나머지 대부분은 합성 섬유이다. 식탁보도 천연 섬유로 된 것도 있고 합성 섬유로 된 것도 있으며 비닐 필름으로 된 것도 있다. 카펫, 침대보, 수건, 기저귀 모두 다 폴리머이다.

4. Leisure와 Sports

각종 구기 경기에 사용하는 공은 탁구공, 골프공부터 농구공, 축구공까지 거의 모두 폴리머로 되어 있고, 라켓, 배트, 스틱, 골프채 모두 폴리머이다. 보호대, 헬멧, 운동화, 마스크 뿐만 아니라, 보트, 요트, 노, 돛, 스키, 서핑 보드, 롤러스케이트, 인라인스케이트 등도 모두 폴리머이다. 폴리머가 없으면 올림픽도 월드컵도 슈퍼볼도 코리안 시리즈도 야구대잔치도 없을 것이다. 음악에 사용하는 피아노, 바이올린 등 악기들도 모두 폴리머로 만들어진다.

| Kevlar로 만든 스키

| FRP 요트와 나일론 돛

5. 운송

자동차 부품, 타이어, 패널, 시트, 내장재뿐만 아니라 가끔은 앞뒤 보닛이나 천장을 플라스틱으로 만든 차도 있다. 기차, 모노레일, 케이블카도 의자 시트는 물론이며 많은 부품이 플라스틱이다. 비행기도 시트나 내장재, 타이어뿐만 아니라 많은 부품이 플라스틱으로 되어 있다. 배도 현재 100톤까지는 FRP라는 강화플라스틱을 사용한다. 강철로 된 배는 조선 후 4~5개월부터 수리를 위해 조선소로 들어오는데 FRP로 만든 배는 배 수명이 다 할 때까지 거의 수리하지 않을 만큼 튼튼하다. 녹슬거나 찌그러지지도 않고 가볍기까지 하다. 같은 엔진을 사용해도 배 몸체의 무게가 가벼우면 연료가 더 적게 들고 더 많은 물건이나 승객을 실을 수 있다.

| FRP로 만든 배

| 플라스틱 범퍼

| FRP를 쓴 경비행기

6. 건설

보통 집 지을 때 많이 사용하는 목재는 천연폴리머이다. 요즘은 목재같이 보이는데 목재가 아닌 플라스틱도 많이 있다. 지붕이나 벽 마감재, 벽에 사용하는 패널, 바닥에 사용하는 장판이나 모노륨, 강화마루 등은 모두 폴리머이다. 상하수도와 냉난방과 전선을 위해 사용하는 파이프들과 마지막으로 칠하는 페인트도 폴리머이다. 개인 집뿐 아니라 빌딩이나 탱크들이 파이프로 연결되어 있는 공장의 플랜트도 거의 다 폴리머로 짓는다. 우리나라의 독특한 난방법인 온돌에 온수 파이프를 사용하는데 옛날에는 스테인리스 주름관을 사용했었으나 무겁고 값이 비싸고 잘 새는 단점이 있어서 지금은 샐 염려가 더 적으면서 값은 더 싸고 시공이 편리한 플라스틱 온돌 파이프를 사용한다. 폴리머는 쉽게 폼(foam)으로 만들 수 있어서 완충재, 단열재, 방음재, 경량화재로 아주 유용하게 사용한다. 침대나 소파의 쿠션, 인조 가죽, 일회용 보온 도시락이

❙ 플라스틱 건축자재

❙ 건설용 플라스틱 파이프

나 컵, 건축용 styrofoam, 마우스 패드, 가전제품의 포장에 사용하는 완충재료 등이 모두 플라스틱 foam이다. 폴리머를 가공할 때 발포제라는 특수한 약품만 넣으면 쉽게 foam을 만들 수 있고 발포제의 양에 따라 발포되는 정도를 조절하여 스티로폼처럼 아주 가벼운 저밀도의 foam도 만들 수 있고 발포를 조금만 시켜서 좀 단단하게 만들 수도 있다.

7. 의료

플라스틱으로 된 진찰권을 갖고 병원에 가서 플라스틱으로 된 진찰 의자에 앉아 있으면 폴리머 섬유로 만든 가운을 입은 의사가 플라스틱으로 된 청진기를 끼고 진찰하고 X ray를 찍으면 플라스틱 필름에 사진을 만든다. 수술할 때는 마스크, 장

❙ 인공 심장

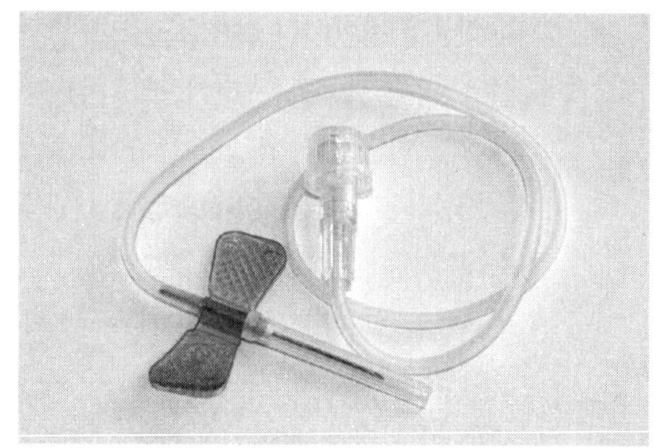

❙ 의료용 catheter

갑, 산소 호흡기 등 많은 플라스틱들이 있는 곳에서 수술을 한다. 인공 뼈, hip-joint, 인공 관절, 인공 연골 등을 넣고 인공 심장, 인공 혈관 등 여러 가지 플라스틱으로 만든 인공 장기들을 사용한다. 수술이 끝나면 플라스틱으로 만든 수술용 봉합사를 사용한다. 입원해 있으면 카테터(catheter)나 링거 등이 플라스틱으로 연결된다. 매일 먹어야 하는 약도 대부분 폴리머로 캡슐화한 것들을 쓴다. 치과에 가면 칫솔이나 치실을 권하는데 모두 폴리머이다. 아말감하고 코팅하는 것도 폴리머이다. 안과에서 눈 검사하고 쓰는 안경이나 콘택트렌즈도 플라스틱이다.

8. 페인트와 접착제

의외로 액체 상태로 사용하는 폴리머도 많이 있다. 고급 비누에 들어 있는 무자극성 세제는 폴리머가 주성분이다. 건조하고 나면 단단한 도막 상태로 되는 페인트도 폴리머이다. 우리가 많이 사용하는 풀, 딱풀, 물풀, 본드, 순간 접착제 등도 모두 폴리머 제품이다. 물론 접착 테이프나 포스트잇도 폴리머 필름 위에 액상 폴리머를 도포한 것이다. 화장품이나 식품에도 점도조절용 폴리머가 많이 들어 있다.

| 접착 테이프

| 페인트

1-4 첨단 기술에 쓰이는 polymer

폴리머의 사용 양식은 섬유, 플라스틱 성형품, 고무, 접착제, 도료 등이지만 최근의 전자 공학이나 생명 공학에의 필요에 의하여 첨단 산업의 소재로서도 각광을 받고 있다. 예를 들면 본래 플라스틱은 전기가 안 통하여 절연체로서 아주 긴요하게 써왔다. 그러나 이젠 전기가 통하는 전도성 폴리머가 개발되어 전자 공학에 널리 사용되고 있다. 또 플라스틱은 세균에 의해 부패하지 않기 때문에 식품의 포장과 내후성이 필요한 곳에 폭넓게 사용해 왔으나 이젠 거꾸로 잘 썩고 저절로 없어지는 분해성 폴리머를 환경 보존용이나 의료용으로 개발하고 있다. 이같이 새로운 기능을 부여한 폴리머 신소재의 개발이 많이 이루어지고 있는데, 분자 단계에서 정밀한 설계가 쉽기 때문에 이 같은 기능성 소재로의 발전 가능성은 무한하다고 볼 수 있다.

1. degradable polymer

나무나 가죽 같은 천연 재료들은 대부분 fungi(곰팡이)가 슬고 부패하여 자연적인 원소 순환계로 되돌아갈 수 있기 때문에 물이 묻으면 안 좋은 곳이나 식품의 포장에는 사용하지 못한다. 반면 자연계에 존재하는 일반 곰팡이나 세균은 플라스틱을 부패시키지 못한다. 그러나 곰팡이에서 얻어지는 PHB[poly(hydroxy butyrate)]라는 폴리머는 일반 폴리머와 물성이 비슷하면서도 6개월 정도면 흙 속에서 흔적도 없이 없어지는 self-degradability(자연 분해성)을 갖고 있다. 이 폴리머로 만든 필름으로 묘목의 뿌리를 흙과 비료, 물과 함께 포장을 해서 그대로 수출하여 포장을 풀지 않고 그대로 심는 사막 녹화 기술로 사용하기도 한다. 또 poly(lactide)라는 폴리머는 degradable suture(분해성 수술용 봉합사)로 쓴다. 내장이나 혈관의 봉합수술을 하고 피부를 꿰매고 며칠 후 내장의 실밥을 뽑기 위해 피부를 다시 열어야 하지만 내장 수술에 분해성 수술용 봉합사를 쓰면 한 번의 수술로 끝이고 내장의 실밥을 뽑기 위해 배를 다시 가를 필요가 없다.

| mulch film

self-degradable film(자연분해성 필름)은 농업용 mulch film으로도 사용되어 제초제를 사용하지 않고도 필요한 작물만 성장시키고 주위의 잡초들은 햇빛을 막아 자라지 못하게 한다. 또한 비료 성분이 비에 씻겨 내려가는 것을 억제하여 생산량을 크게 증가시켜 준다.

2. conductive polymer(전도성 고분자)

본래 전기를 안 통하는 플라스틱은 아주 경제적이고 확실하게 전선의 피복 재료로 오랫동안 각광을 받아 왔다. 이제는 전기가 통하는 전도성 고분자가 개발되어 또 다른 첨단 영역을 넓혀 나가고 있다. 이미 전도성 탄성체는 계산기, 리모콘, 제어판, 컴퓨터 등의 키보드의 필수 부품으로 널리 사용되고 있다. 그밖에 플라스틱 전지와 semiconductor(반도체)로도 응용된다.

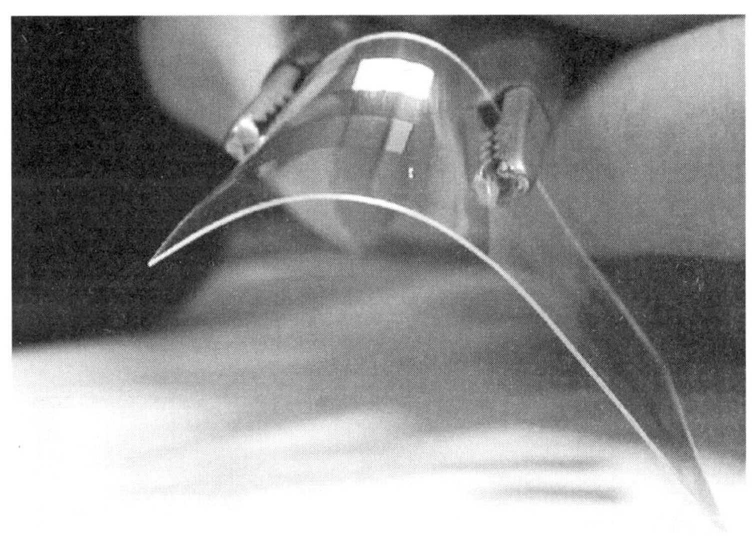

| 휘는 display

3. separation membrane

ion exchange membrane(이온 교환막)은 이온을 띤 가교 폴리머로 물질의 분리에 아주 긴요하게 사용된다. 물을 양이온 교환막과 음이온 교환막에 번갈아 통과시키면 초고순수가 얻어진다. 이 이온 교환막을 써서 해수로부터 쉽게 식수를 얻기도 하며 hemodialyzer(혈액투석기)로도 응용하고 있다. 폐수 처리나 특정한 이온을 분리하는 데도 사용하며, 보통 금속은 양이온을 띠므로 중금속 흡착에도 응용한다.

| polymeric membrane을 응용한 desalination plant(해수담수화장치)

4. biomedical polymer

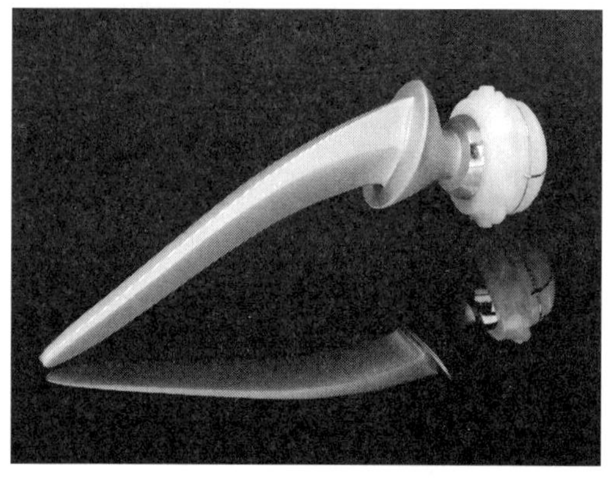

| polyethylene hip joint

우리들의 신체의 일부가 망가지면 인공장기로 대체하여 생명을 연장할 수 있다. 그런데 이 같은 외부 물질을 체내에 삽입하는 것은 특별한 문제를 일으킨다. 우리 신체는 이 같은 외부 물질이 체내에 들어오면 이종물질이라고 인식하여 거부하는 정교한 장치가 있다. 그래서 상처 난 곳에 피가 굳어 딱지가 생기며, 재채기, 알레르기, 식중독을 일으키며 토해 내기도 한다. 인공장기 재료는 이러한 문제를 해결하기 위해 특수한 구조로 만든다. 표 1.1에 인공장기에 사용하는 폴리머들을 정리하였다.

|표 1.1 artificial organ에 사용하는 대표적인 폴리머들

organ	polymer
contact lens	PMMA
tooth, amalgam	PMMA
esophagus(식도)	PE/rubber
heart	PU, silicon
lung(허파)	silicon, PP
kidney(콩팥)	cellulose(체외) PE/PVA, PMMA
blood vessel	Dacron(polyester), Goretex(PTFE)
joint	ultra MW PE, silicon
bone	fiber reinforced polyester
bone adhesive	PMMA
tendon(힘줄)	silicon

5. optical polymer

플라스틱은 유리를 제외하고는 유일한 투명 재료이다. 빛과 데이터의 초고속 대용량 전달에 쓰는 optical fiber로서 플라스틱은 가공성과 경제성이 매우 뛰어나다. 또한 분자 구조의 변환을 통해 여러 가지 광학 성질을 부여하여 optical switch(광 스위치)나 modulator(변조기)나 light amplifier(광증폭기)로도 사용한다. 현재 쓰는 레이저 디스크도 플라스틱을 이용한 정보 기록 매체이다.

| optical fiber

6. superadsorption polymer(고흡수성 고분자)

폴리머는 역사 이래 여성들에게 아주 많은 기여를 해 왔다. 고탄력 스타킹과 스판덱스뿐만 아니라 화장품과 생리대가 여성들의 생활을 편리하게 해 주었다. 생리대에는 고흡수성 고분자를 사용하는데 재료 자체의 무게의 1000배까지 흡수하는 것도 개발되어 있어서 점점 더 콤팩트화하고 깨끗해졌다. 이젠 요실금 환자나 노인을 위한 어른용 기저귀도 보편화되고 있다.

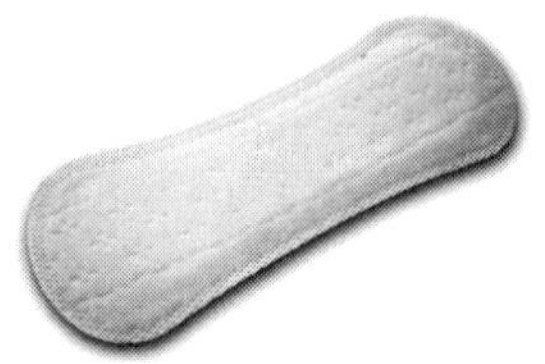

7. photoresist polymer(감광성 고분자)

초고집적 반도체의 핵심기술이 폴리머 기술이라는 것은 이것을 두고 말하는 것이다. 반도체를 만드는 공정 중에는 빛을 받으면 가교하여 불용화되거나 반대로 가용화시킴으로써 IC회로를 형성시키는 공정이 있다. 복잡한 회로를 투명판 위에 print[그래서 printed circuit board(인쇄 회로 기판)라고 한다]해서 만든 마스크를 photoresist polymer를 입힌 기판 위에 얹고 빛을 쪼이고 용매로 etching(에칭)하여 음영기판을 만든다.

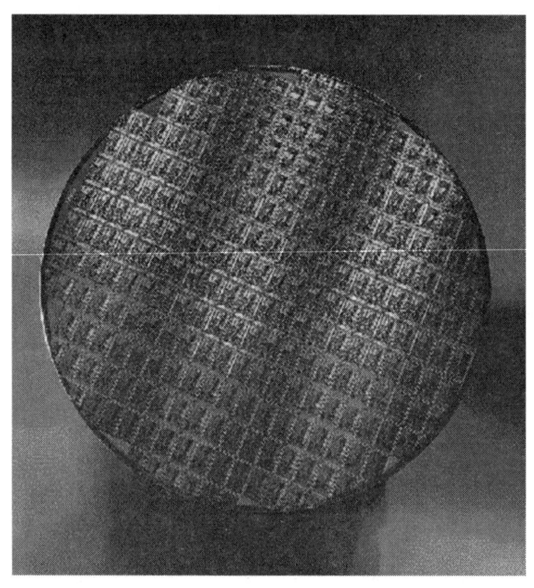

| photoresist polymer 기술로 만든 silicon waffer

8. Drug Delivery System & Microencapsulation

약의 효능을 극대화하기 위한 매체로 폴리머를 사용한다. 모든 약은 어느 정도는 부작용이 있고 약의 용량을 많게 하면 극히 위험하기도 하다. 일정 시간 간격으로 약을 투여하게 됨은 피할 수 없다. 우리 몸에 약이 필요한 양이 100이라면 130 정도 투여해서 점점 약의 혈중 농도가 떨어져서 100 이하가 되면 다시 약을 투여할 것

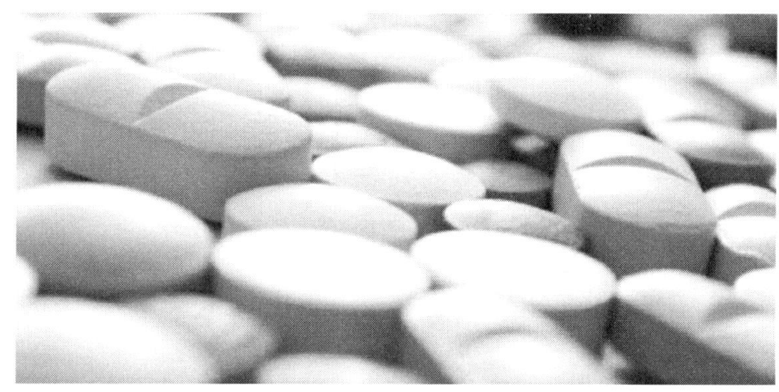

| Drug Delivery System을 적용하여 만든 약

이다. 그러나 폴리머를 이용하여 약을 투여하여 하루 한번 투여하고도 24시간 일정한 혈중 농도를 유지시킬 수 있다. 한 예가 transdermal patch(피부 패치, 파스)이다. 피부 패치를 붙이면 패치 안에 함유시킨 약 성분이 장기간 일정량 만큼씩만 피부를 통하여 인체에 유입된다. 이렇게 하면 약의 부작용을 피할 수 있고, 약을 낭비 없이 사용할 수 있을 뿐만 아니라 약의 투여를 자주 안 해도 된다. 이런 기술 중에 microencapsulation이 있는데 약을 폴리머 캡슐로 싸서 투여하면 캡슐의 표면을 통해 일정량이 유출되도록 조절이 가능하다. 이러한 원리는 농약에도 응용되어 생태계에 큰 부작용을 주지 않고 최소의 농약을 사용하는 저공해 농업에 사용되기도 한다.

1·5 polymer의 발전(역사)

폴리머라는 것이 이렇게 우리 생활에 많이 또 밀접하게 사용되기까지는 많은 사람들의 연구와 발명이 있었고 재미있는 사건들도 많이 있었다. 폴리머에 관련된 몇 가지 중요한 사건들을 보자.

1. 1846년-최초의 인조섬유를 입다

1846년에 독일의 C.F.Schönbein이 솜에 황산과 질산을 반응시켜 nitrocellulose를 처음으로 만들었다. 이 nitrocellulose를 alcohol- ether에 녹여 가는 실로 만드는 특허를 Georges Audemarsen이 취득하였다. 1883년에 영국의 J.W.Swan이 빙초산에 녹이는 방법으로 방사공정을 개선하여 1885년 런던박람회에 인조견사라는 이름으로 출품하고 프랑스의 H.B. Chardonnet가 공업화하기에 이르렀다.

| viscose rayon

1991년에 영국의 F.Cross와 Bevan이 viscos rayon 실을 만드는 공정을 완성하여 대량생산과 실용화가 이루어졌다.

2. 1909년-Baekeland의 상업적 성공

| Bakelite로 만든 전화기

1859년 Betlerov가 formaldehyde로 수지상의 물질을 만들어내는 반응을 발표한 이래 많은 과학자들이 페놀로부터 단단한 수지를 만들어서 이미 1907년에 100여 편의 phenol-formaldehyde 수지에 대한 특허가 있었을 정도였다. 1909년에 미국의 Leo Hendrik Baekeland가 새로운 공정의 특허를 취득하고 1910년에 자기 이름을 따서 General Bakelite사를 설립하여 Bakelite를 생산하기 시작하였다. 이 수지는 단단하고 절연성이 좋아서 그 당시의 거의 모든 전기용품에 사용되어서 그가 1944년에 죽을 때 Bakelite의 전세계 생산량이 연간 17만 5천 톤에 이르렀다고 한다.

3. 1920년-거대분자 개념의 탄생(Staudinger)

1846년에 이미 인조섬유를 이용할 줄 알았으며, 1912년에 벌써 viscose rayon을 만들었고, 1909년에 phenol 수지인 Bakelite를 시장에 내놓기 시작하고, 1913

년에는 드디어 완벽한 thermoplastic polymer인 poly(vinyl chloride)(염화비닐수지)의 제조가 특허로 출현하기에 이르렀는데도 전세계 화학자들은 폴리머라는 개념을 완강히 거부하고 있었다. 물의 분자량이 18이고, 커봐야 100 이하인 분자들만 보아왔던 유기화학자들은 분자량이 몇 만이거나 몇십만이라는 측정 결과를 믿으려 하지 않았고, 단지 2차 결합에 의한 복합체 정도로만 인식하고 있었기 때문이다. 그러나 독일의 Staudinger가 물이나 alcohol을 이루고 있는 것과 똑같은 공유결합으로 거대한 분자를 이룰 수 있다는 폴리머의 개념을 발표하면서 세계의 화학자들은 격론에 휩싸이게 되었다. 지금은 아무도 그 사실을 의심하지 않지만 당시에는 아무도 믿지 않았고, 이 연구를 발표하고 30년 이상이 지나서야 그의 생각이 널리 받아들여지고 1953년에 노벨상을 타게 되었으며 이것이 폴리머계에서 최초로 받은 노벨상이다.

| Hermann Staudinger

4. 1929년-고무의 전쟁

제2차 세계대전이 터지자 일본은 재빨리 말레이반도를 점령하였다. 전쟁의 승패를 가름하는 것 중에 기동력보다 더 중요한 것은 없기 때문이고 기동력의 우위를 차지하는 데는 차량의 타이어에 사용하는 고무가 필수적이었다. 그 당시 세계에서 가장 큰 천연고무 생산단지가 말레이반도였다. 제1차 세계대전에서 타이어용 고무의 중요성을 뼈저리게 실감한 독일, 소련, 미국 등이 합성고무의 연구에 박차를 가하게 되었다. 독일은 1929년 Buna 고무[**Bu**tadiene+**Na**trium]를 합성하였고, 미국의 Du Pont사는 1931년 chloroprene으로부터 Neoprene 고무를, 소련도 1932년 butadiene을 합성하여 합성고무를 생산하는 기술을 보유하게 되었다.

| 고무타이어

5. 1935년-거미줄보다 가늘지만 강철보다 강한 합성 섬유의 탄생

음악, 미술, 운동, 정치 등에 다양한 분야에 관심과 재능이 있던 Wallace Hume Carothers는 Missouri주의 Tarkio College를 졸업하면서 그 학교의 화학 교수가 되었다. 그 후 일리노이 대학에서 박사학위를 받고 하버드 대학의 교수 초빙 제의를 받고 있을 때 Du Pont의 기초연구팀의 Charles Stine이 집요하게 설득하여 스카우트하였다. 그는 Staudinger의 폴리머설을 굳게 믿고 유기합성적 방법으로 폴리머를 만들 수 있을 것이라고 생각하고 polyester의 합성에 몰두하였으나 잘 되지 않았고 그것 때문에 동료들이나 윗사람으로부터 압박을 받게 되었다. 그런데도 Stine은 Carothers를 위로하며 끝까지 믿고 전폭적으로 밀어 준 덕분에 연구 주제를 polyamide로 바꾸어 드디어 인류에 크나큰 편리를 안겨 준 Nylon(나일론)을 발명하였다. 이때 사용한 "석탄과 물과 공기로 만들어지고 거미줄보다 가늘지만 강철보다 강한 섬유"라는 광고는 유명하다. 1940년 5월 15일에 나일론 스타킹 발매를 개시하는 날, 새벽부터 수많은 여자들이 줄을 서서 구입하여 4일간 400만 켤레가 팔리는 대성공을 거두었다. 그러나 대천재 Carothers는 그 엄청난 성공에도 불구하고 다음 신제품의 발명에 대한 스트레스를 이기지 못하고 1937년 41세의 나이로 자살을 하고 말았다.

| Nylon을 발명한 Carothers

| nylon stocking을 사기 위해 새벽부터 줄을 선 모습

6. 1953년-중합 촉매의 새 전기

Ziegler는 addition polymerization(부가 중합)에 의한 polyolefin이 일반적으로 부반응이 많고 가지가 많이 생기는 단점에 착안하여 이를 줄이려는 연구를 거듭하

| Karl Ziegler

| Giulio Natta

다가 10년 전쯤 전쟁 중에 독일의 한 연구자가 발표한 논문에서 triethylaluminium을 촉매로 사용하면 부반응이 거의 없을 뿐 아니라 낮은 온도와 낮은 압력에서 반응 효율이 높다는 것을 발견하였고 이 촉매 시스템의 연구를 거듭하여 공업적인 사용이 가능하도록 완성시켰다. Natta는 Ziegler 촉매를 사용하여 중합된 polypropylene이 입체 규칙성이 있음을 발표하고 10년 후 이 두 사람의 연구에 노벨상이 주어짐으로써 Ziegler-Natta 촉매라고 부르게 되었다. 이 촉매에 의하여 수많은 새 폴리머가 만들어지고 많은 연구가 이루어져 폴리머의 역사에 큰 전환기가 되었다.

1-6 polymer와 환경문제

1. 플라스틱과 pollution(공해)

플라스틱에 대한 일반인의 오해 중 가장 큰 것은 플라스틱은 가장 나쁜 공해 물질이라는 인식이다. 플라스틱이 환경에 나쁜 영향을 준 것은 사실이지만 플라스틱 자체가 다른 물질들에 비해 나쁜 것이 아니라, 플라스틱이 편리하기 때문에 너무 많이 써서 공해의 주범이 된 것이다. 만약 플라스틱이 없었다면 종이나 나무나 금속을 써서 그것이 공해의 주범이 되었을 것이다. 플라스틱이 썩지 않기 때문에 공해를 일으킨다는 것도 뒤집어 보면 플라스틱이 썩지 않기 때문에 안심하고 식품의 포장에 쓸 수 있는 것이다. 플라스틱이 없었다면 식품의 부패를 차단하기 위해 더욱 많은 재료를 두껍고 무겁게 사용하여 식품을 포장해야 했을 것이다. 포장재로서 플라스틱은 대단히 장점이 많다. 물이 묻지 않고 밀폐가 쉬워 부패를 방지하는 식품의 포장에 아주 적합하다. 또한 투명하고 외관이 아름답고 가볍다는 것은 어떤 재료도 갖지 못한 포장재로서의 장점이다. 더구나 값이 싸고 대량생산이 용이하다. 플라스틱을 사용하지 않고 종이를 쓰면 바로 자연친화성이나 환경보호형 재료가 되는 것으로 착각하는 사람이 많다. 그러나 사용시의 환경평가뿐만 아니라 제조공정에서 환경에의 영향도 함께 평가해야 한다.

| 플라스틱 쓰레기

더구나 식품이나 음료의 포장에 종이를 쓰는 경우 필연적으로 종이에 코팅하거나 플라스틱을 라미네이팅하는데 이것은 환경에 더욱 나쁜 영향을 미치게 된다. 즉, 코팅이나 라미네이팅은 recycle(재활용)이 어려워져서 폐기물 처리의 관점에서도 순수한 플라스틱보다 오히려 더 나쁘다. 종이가 플라스틱보다 더 빨리 썩는다고 공해가 적다고 할 수 없다. 이제 쓰레기 처리는 자연적으로 썩게 하는 매립보다는 recycle을 하는 적극적 접근이 절실한 시대이다. recycle을 위해서는 세척공정이 필수인데 종이보다 플라스틱이 수분을 함유하지 않고 썩지도 않고 곰팡이도 슬지 않기 때문에 세척의 관점에서도 플라스틱이 종이보다 더 유리하다고 할 수 있다. 플라

|표 1.2 종이와 플라스틱의 생산시 환경오염도 비교표

분류	오염항목	재료		
		폴리에틸렌	Craft지	종이조합
에너지 소모량 (G Joule)	제조공정	29	67	69
	재료생산	38	29	29
	계	67	96	98
대기오염 배출량 (kg)	SO_2	9.9	19.4	28.1
	NO_2	6.8	10.2	10.8
	CO	3.8	0.2	1.5
	유기물	1.0	3.0	6.4
	먼지	0.5	3.2	3.8
수질오염 (kg)	COD	0.5	16.4	107.8
	BOD	0.02	9.2	43.1
	유기물	0.003	NA	NA
	페놀	0.000	NA	NA
	염소 유기 화합물	NA	NA	5.0

스틱의 recycle은 가장 연구가 활발한 분야 중 하나이다. 이런 점을 모두 고려한다면 플라스틱이 종이보다 덜 환경친화적이라고 단정할 수 없다.

표 1.2에서 보는 바와 같이 종이를 생산할 때 플라스틱보다 환경에 대한 오염이 더욱 심각하다. 또한 recycle하는 데에도 종이나 나무보다 플라스틱이 더 쉽고 에너지가 적게 들며 환경을 덜 오염시킨다. 재료의 친환경성 평가는 단지 최종 사용시만 볼 것이 아니라 그 재료를 생산하는 데 들어가는 물과 에너지, 생산시 나오는 폐기물과 대기오염, 그리고 사용 후 recycle 시 필요한 에너지 사용량과 대기 및 수질 오염을 종합적으로 평가해야 한다.

2. recycle of plastic

플라스틱의 recycle은 플라스틱의 생산-소비 사이클을 보면 잘 이해할 수 있다.

| 플라스틱 recycle

석유를 중합하여 폴리머 원료를 만들고 그것을 가공하여 플라스틱 제품을 생산한다. 이 제품을 사용하고 난 후의 쓰레기는 recycle을 하든지 연료로 사용하든지 매립하든지 처리하게 된다. 매립을 하는 경우에는 썩어서 자연으로 돌아가도록 degradable plastic을 사용한다. 폐플라스틱을 가열하여 다시 플라스틱 제품으로 가공하는 것을 물리적 recycle이라고 한다. 폐타이어 같이 그대로 용융시켜 recycle하기가 곤란한 경우에 산소를 차단한 상태에서 고온으로 가열하여 pyrolysis(열분해)시켜 중합 원료로 되돌리든지 석유 원료를 추출하는 것을 화학적 recycle이라고 한다.

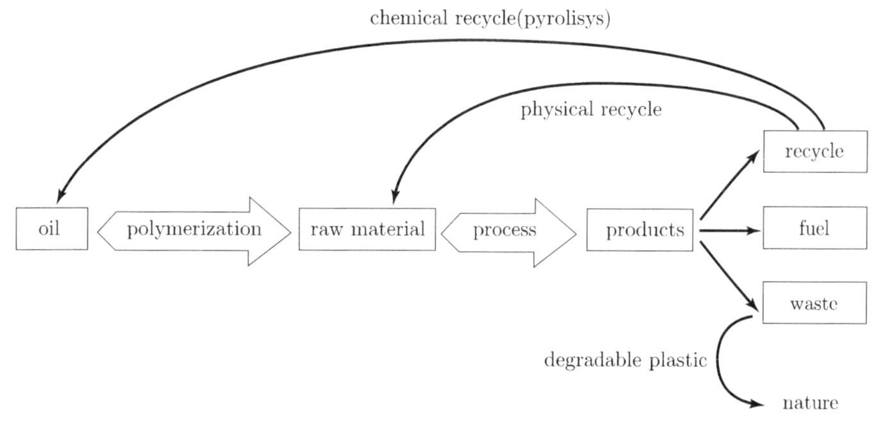

|그림 1.5 life cycle of plastic

이렇게 편리한 플라스틱을 사용하되 플라스틱의 recycle을 용이하게 하고 공해를 줄이기 위해 다음의 요건을 갖추어 사용하는 것이 중요하다.

환경보호를 위한 플라스틱 사용 지침
① 되도록 thermoplastic을 쓸 것
② 여러 종류를 조합하지 말 것
③ 라벨이나 부품은 분리가 용이할 것

요즈음 플라스틱으로 된 용기나 장난감 등의 라벨을 보면 다음 그림과 같은 표시가 있는데 이것은 플라스틱의 recycle을 위하여 플라스틱 종류를 표기한 것이다. 삼각 화살표는 플라스틱 recycle 표시이고 번호로 종류를 구분한다. 그것들을 쉽게 기억하는 방법은 The Clips라는 말만 기억하면 된다. clips(클립)으로 펜다는 뜻이다. The Clips에서 자음만 차례로 보면 그 순서대로 T(PET)은 1, H(HDPE)은 2, C(PVC)은 3, L(LDPE)은 4, P(PP)은 5, S(PS)은 6이 되는 것이다. 7번은 기타 폴리머 재료를 말한다.

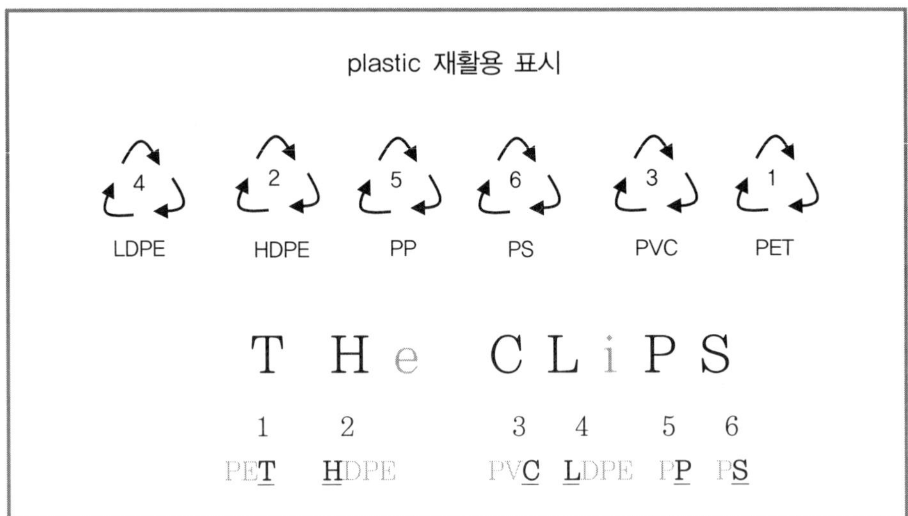

3. polymer의 원료

천연폴리머를 제외한 합성폴리머의 원료는 대부분 석유이다. 원유 공장에서는 naphtha cracking이라는 공정으로 몇 가지 기체 성분과 액체 성분, asphalt 등의 residue(잔유물)로 나눈다. 기체 성분으로는 ethylene, propylene 등, 액체 성분으로는 kerosene(등유), gasoline(휘발유), diesel(경유) 등이 있다. 이들 중 몇 가지가 폴리머의 원료가 된다. 플라스틱의 원료가 되는 석유는 자연적인 renewable resource(보충되는 원료)가 아니다. 만일 지구에 있는 석유를 다 쓰고 나면 끝난다. 그런데 현재 석유의 소비 형태를 보면 매우 걱정스럽다. 1988년도 미국 석유 소비 형태 통계에 따르면 자동차 연료로 62%, 가정과 기업에서 난방 등의 연료나 용매로 36%, 플라스틱 원료로는 2%만 쓰인다는 것이다. 다시 말하면 연료나 용매로 98%가 쓰이고 플라스틱 원료로는 2%만 쓰인다는 것인데 매우 큰 문제이다. 연료로는 나무, 석탄이나 alcohol, 또는 태양력, 수력 등 다른 것을 쓸 수 있지만 플라스틱 원료로는 석유 이외에 다른 것으로 대체할 수 없기 때문이다. 더구나 석유를 연료로 쓰면 이산화탄소 기체와 여러 가지 유독 기체들이 배출되어 환경에 심각한 오염을 일으킨다. 그래서 연료로는 되도록 무공해 연료를 쓰는 것이 중요하다. 수력, 풍력, 조력, 지열, 태양열 발전 등을 더욱 발전시켜야만 한다. 자동차 연료도 가스나 alcohol이나 전기를 사용해야 할 것이다.

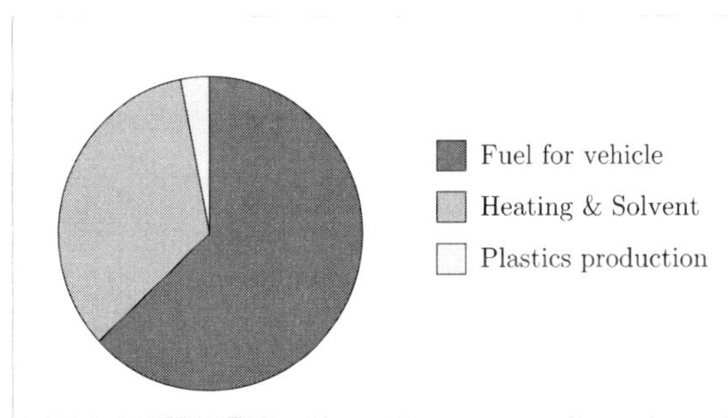

|그림 1.6 Oil Consumption in America 1988

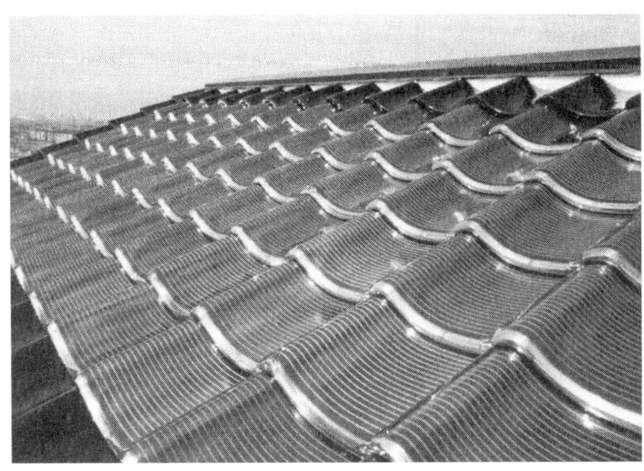

| 기와식 태양전지

1·7 polymer의 기본 물성

1. specific gravity(비중)

플라스틱은 거의 모든 재료들에 비해 가볍다. 자동차의 금속 부품들을 플라스틱으로 대체하여 차체의 무게를 줄이면 mileage(연비)가 좋아져서 경제적일 뿐 아니라 배기가스도 적어져서 환경에도 좋다. 플라스틱은 등급별로 다양한 원료를 사용하며 가공시의 조건에 따라 그 물성이 달라진다. 일반 플라스틱은 비중이 0.9 ~ 1.5 정도여서 금속이나 세라믹에 비해 거의 6~7배 더 가볍다.

| 표 1.3 플라스틱의 비중

polymer		specific gravity
PE	LDPE	0.92
	HDPE	0.96
PP	streched	0.91
	ordinary	0.90
PVC	soft	1.24~1.45
	hard	1.35~1.45
PET		1.40
PS	streched	1.05
PC		1.20
Nylon	streched	1.15
PVDC		1.6~1.7
PVA		1.3

2. 열적 성질

플라스틱은 도자기나 금속에 비해 열에 약한 재료이다. 그러나 이것이 단점만은 아니다. 플라스틱이 열에 잘 녹기 때문에 간단하고 빠르고 값싸게 대량생산을 할 수 있는 것이다. 일반적으로 상온에서 고체인 물질들은 열을 가하면 어느 온도에서 물처럼 녹는다. 그것이 melting point(녹는점, Tm)이다. 그러나 플라스틱은 Tm에 도달하기 전에 glass transition temperature(유리 전이 온도, Tg)라는 전이 온도가 하나 더 있다. 플라스틱은 사슬 모양의 분자량이 아주 큰 물질이므로 전체 분자가 움직이는 Tm 이하에서 사슬의 일부분(segment)만 제한적으로 움직이는 Tg라는 온도가 있다. Tg 이상에서 플라스틱은 고체이긴 하지만 부드러우며(rubbery state, 고무상), Tg 이하에서는 딱딱하고 brittle(취약)한 성질(glassy state, 유리상)을 나타낸다. glassy state에 있다는 것은 얼어붙은(frozen) 상태라는 뜻이다. Tg가 낮을수록 부드러운 재료이며 높을수록 딱딱하고 brittle한 재료이다. 내열성과는 달리 불이 잘 붙는 정도도 아주 중요한 재료의 물성이다. flashing point(인화점)는 불꽃이 있을 때 불이 붙는 온도이며 ignition point(발화점)는 불꽃 없이 온도만 높여서 발화하는 온도이다.

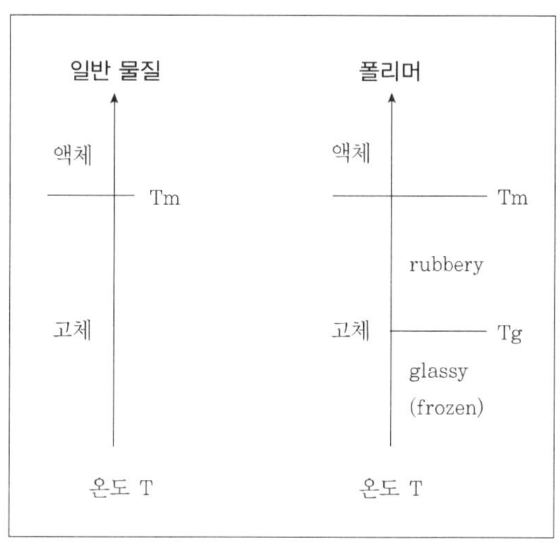

3. mechanical strength(기계적 강도)

재료의 강도는 간단히 말할 수 없다. 강도에도 여러 가지가 있어서 tensile strength(인장강도), flexural strength(굽힘강도), compression strength (압축강도), impact strength(충격강도), surface strength(표면강도) 등을 구분해야 한다. tensile strength는 섬유로서 가장 중요한 물성인데 하중을 견디고 끊어지지 않는 강도를 말한다. flexural strength는 crossbeam(보)에서 중요한 물성인데 휘지 않고 버티는 강도를 말한다. compression strength는 기둥이나 벽에서 중요한 강도인데 하중을 받치고 부서지지 않는 강도이다. impact strength는 순간적인 충격에 깨지거나 금이 가지 않는 강도를 말한다. surface strength는 hardness(경도)라고도 하는데 흠이 잘 나지 않는 강도를 말한다. elongation-at-break(신도, 연신율)는 끊어지기 전까지 최대로 얼마나 늘어날 수 있는가이다. 이 값이 크면 부드럽고 작으면 딱딱한 재료라고 할 수 있다.

4. friction coefficient(마찰계수)

| Teflon을 코팅한 프라이팬

플라스틱은 금속이나 세라믹에 비해 friction coefficient가 적어서 마모가 적고 자기윤활성이 있어서 기름을 치지 않고 기어, 축 등 구동 장치를 만들 수 있다. 휴대용 녹음기의 내부를 보면 거의 모든 부품이 플라스틱으로 되어 있는 것을 볼 수 있다. 특히 Teflon(테플론)이라고 부르는 플루오린 수지(PTFE)는 현존하는 모든 재료 중에서 friction coefficient가 가장 적다. 이것은 발수성도 아주 뛰어나서 음식이 붙지 않는 프라이팬 바닥에 코팅한다.

5. 내약품성

플라스틱은 금속처럼 부식이 잘 되지 않으므로 여러 가지 용도로 쓰이고 있다. 상수도, 하수도, 가스 등의 관도 거의 대부분 플라스틱으로 만들며 특히 공업용 파이프로 많이 사용된다. 플라스틱으로 만든 용기나 관이 산이나 알칼리 용액에 얼마나 견디는가는 중요한 문제이다.

1-8 polymer 명명법

폴리머의 종류가 매우 많고 분자들이 매우 크기 때문에 폴리머의 이름을 붙이는 방법은 간단하지 않다. 그래도 몇 가지 규칙만 알면 거의 대부분의 폴리머는 이름을 알 수 있다.

1. monomer에 기초한 관용명

monomer → poly(monomer)

원료가 되는 모노머 앞에 "poly"라는 말을 붙이면 된다. 여기서는 간단하게 두 가지 원칙만 알면 된다. 첫째, 모노머가 한 단어면 그냥 "poly"만 붙이면 된다. 예를

들면 모노머가 ethylene이면 polyethylene이다. 둘째, 모노머 이름이 두 단어 이상이면 모노머 이름을 ( )로 묶고 그 앞에 "poly"를 붙인다. 예를 들면 vinyl acetate의 폴리머는 poly(vinyl acetate)라고 한다. 1-butene도 poly(1-butene)이다. 우리말로는 모노머 뒤에 "수지"만 붙이면 된다. 즉, 염화비닐(vinyl chloride)의 폴리머는 염화비닐수지, 멜라민의 폴리머는 멜라민수지이다.

■ 예1 단일 단어로 된	모노머	→	poly + monomer
	ethylene	→	polyethylene
	에틸렌		에틸렌수지
	propylene	→	polypropylene
	프로필렌		프로필렌수지

■ 예2 여러 단어로 된	모노머	→	poly(monomer)
	vinyl chloride	→	poly(vinyl chloride)
	염화비닐		염화비닐수지
	ε-caprolactam	→	poly(ε-caprolactam)
	카프로락탐		카프로락탐수지

2. 결합 구조에 기초한 관용명 또는 통칭

O ‖ -C-O-	polyester
O ‖ -NH-C-	polyamide
O ‖ -O-C-O-	polycarbonate
O ‖ -NH-C-O-	polyurethane

대부분의 축합 중합체를 부르는 방법인데 관용적인 방법을 따르며 매우 널리 쓰인다. 정확한 구조를 가리키는 것이 아니라 사용한 functional group에 따라 종류별로 분류한 category명이다.

■ 예1 ester(-COO-) 결합을 만드는 경우 → poly~ate

ethylene glycol + terephthalic acid

→ poly(ethylene terephthalate)

■ 예2 amide(-NHCO-) 결합을 만드는 경우 → poly~amide

hexamethylene diamine + sebacic acid

→ poly(hexamethylene sebacamide)

aliphatic(지방족) polyamide인 경우에는 Nylon이라는 상품명에서 기인한 간편한 관용명을 널리 사용한다. 나일론 뒤에 숫자 한두 개를 붙이는 편한 방법으로 거의 모든 나일론의 정확한 구조를 나타낼 수 있다. 아래의 폴리머를 nylon-mn이라고 표현할 수 있다. 앞의 숫자는 diamine의 탄소 숫자, 뒤의 숫자는 diacid의 탄소 숫자이다.

$$H_2N-(CH_2)_m-NH_2 + HOOC-(CH_2)_{n-2}-COOH$$
$$\rightarrow \left[HN-(CH_2)_m-NHOC-(CH_2)_{n-2}-CO \right] : \text{nylon mn}$$

■ 예3 urethane(-NHCOO-) 결합을 만드는 경우 → poly~urethane

trimethylene glycol + ethylene diisocyanate

→ poly(trimethylene ethylene urethane)

3. 고분자 구조에 기초한 IUPAC명

CH_2-CH_2 (with bridging O)	→	$\left[CH_2-CH_2-O \right]$
ethylene oxide		poly(ethylene oxide)
$HO-CH_2-CH_2-OH$	→	$\left[CH_2-CH_2-O \right]$
ethylene glycol		poly(ethylene glycol)

위의 두 경우, 모노머는 다르지만 폴리머는 같다. 이 경우 원료에서 기인한 이름이 달라 불편하다. IUPAC (International union for Pure and Applied Chemistry, 국제순수응용화학연맹)에서 폴리머의 구조만으로 어느 경우에나 똑같은 이름을 붙일 수 있게 만들었다. 좀 어렵긴 하지만 어떤 새로운 폴리머도 한 가지 명칭으로 명명할 수 있다는 장점이 있

| IUPAC 로고

기 때문에 학문적으로나 검색용으로 사용한다. 기본 원칙은 poly(CRU)인데 CRU (Constitutional Repeating Unit, 최소 반복 단위)는 구조적으로 반복되는 가장 짧은 반복 단위를 말한다. 예를 들면 polyethylene도 IUPAC명으로는 polymethylene이라고 하는데 그 이유는 CRU가 methylene($-CH_2-$)이기 때문이다.

$$-[-CH_2-CH_2-CH_2-CH_2-CH_2-CH_2-CH_2-CH_2-CH_2-CH_2-]-$$

관용명: polyethylene

IUPAC명: poly(methylene)

구조가 복잡해지면 어느 단어를 먼저 부를까가 중요해지는데 우선순위(seniority)가 높은 것부터 쓴다. IUPAC에서는 다음 5가지 규칙을 정하였다.

① poly(CRU)로 표기하는데 높은 seniority부터 먼저 표기

② cycle(고리) 우선

큰 cyclic > 작은 cycle

unsaturated(불포화) cycle > saturated cycle

③ 원소 순서: O S Se Te N P As Sb Bi Si Ge Sn B

원소 주기율표에서 16족에서 13족으로, 위에서 아래로 순서를 잡는다.

13족	14족	15족	16족
B		N	O
	Si	P	S
	Ge	As	Se
	Sn	Sb	Te
		Bi	

④ CRU의 말단이 이중 결합이 되지 않게 한다.

■ 예 $-CH=CH-CH=CH-$에서 CRU는 $=CH-CH=$가 될 수 없고 $-CH=CH-$로 해야 한다.

⑤ 치환기의 번호(locant)가 가장 낮게 되도록 반복 단위를 구성

■ 예 $-\underset{F}{\underset{|}{C}}H-CH_2-O-\underset{F}{\underset{|}{C}}H-CH_2-O-\underset{F}{\underset{|}{C}}H-CH_2-O---$

위 구조의 폴리머는 CRU의 시작을 왼쪽부터 부르거나 오른쪽부터 불러서 순서대로 써 보면 다음과 같이 CRU는 6가지나 가능하다.

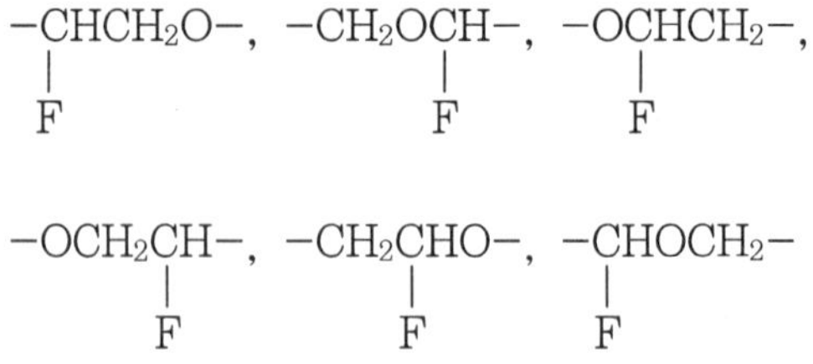

$$-\underset{\large F}{\underset{|}{C}}HCH_2O-,\quad -CH_2O\underset{\large F}{\underset{|}{C}}H-,\quad -O\underset{\large F}{\underset{|}{C}}HCH_2-,$$

$$-OCH_2\underset{\large F}{\underset{|}{C}}H-,\quad -CH_2\underset{\large F}{\underset{|}{C}}HO-,\quad -\underset{\large F}{\underset{|}{C}}HOCH_2-$$

seniority가 높은 산소부터 명명해야 하므로 세 번째와 네 번째가 맞다. 그 중에서도 네 번째 것은 poly[oxy(2-fluoroethylene)]가 되어 치환기의 번호가 1이 되는 세 번째의 poly[oxy(1-fluoroethylene)]를 사용한다.

2장

Plastic Industries

앞 장에서 설명한 바와 같이 가볍고 대량생산이 용이하며 값이 싸다는 여러 장점이 있는 플라스틱은 어떤 용도로 사용되는지, 어떤 종류가 있는지, 어떤 기술을 응용하여 제품을 만드는지 등, 실제적인 플라스틱 공업에서 제품을 만드는 장치들을 살펴보고 플라스틱 제품을 제대로 만들기 위해 필요한 사전 지식과 플라스틱 제품들의 강도를 예측하고 디자인하는 방법을 알아보자.

2-1 polymer의 용도

폴리머 재료를 우리가 실제 사용할 때의 형상은 매우 다양하다. 성형품, 파이프나 봉, 필름이나 시트, elastomer(탄성체), latex의 액상 폴리머, composite(복합재료), foam(발포체) 등으로 사용한다. 그에 따라 재료와 가공법이 디 디르디. 플라스틱은 우리 생활에 직결되어 있는 수없이 많은 분야에 쓰일 뿐 아니라 첨단 산업과 과학 분야에서도 그 진가를 발휘하고 있어서 지금의 문화는 플라스틱을 빼고는 별로 남을 것이 없을 정도이다. 플라스틱의 생산량은 매년 괄목할 만한 성장을 거듭해 왔다. 1976년에 이미 플라스틱의 생산량은 강철, 구리, 알루미늄을 합한 양보다 더 많은 양이 되었다.

1. molding product(성형품)

대부분 이 형태로 이용한다. mold(금형)를 사용하여 찍어내는 injection molding(사출성형)으로, 호스, 막대형 제품은 extrusion(압출)이라는 방법으로 제조한다.

1980년대에 이미 다른 재료, 즉 금속과 세라믹의 사용량을 넘어서기 시작하였다. 플라스틱은 가볍고, 금속에 비해 녹이 슬지 않는 장점이 있고, 세라믹에 비하면 가공 온도가 낮아 대량생산이 쉽다. 나무나 종이에 비해 젖는 성질이 없어 식품 포장에 매우 유용하다. 더구나 값이 매우 싸서 사용량이 급격하게 늘었고 현재도 플라스틱 없는 세상을 생각할 수 없을 정도이다. 플라스틱이 환경을 해친다고 말을 하지만 플라스틱이 완전히 없어지면 환경을 더 해치는 재료를 더 많이 써야 한다는 사실을 생각하지 못한 것이다.

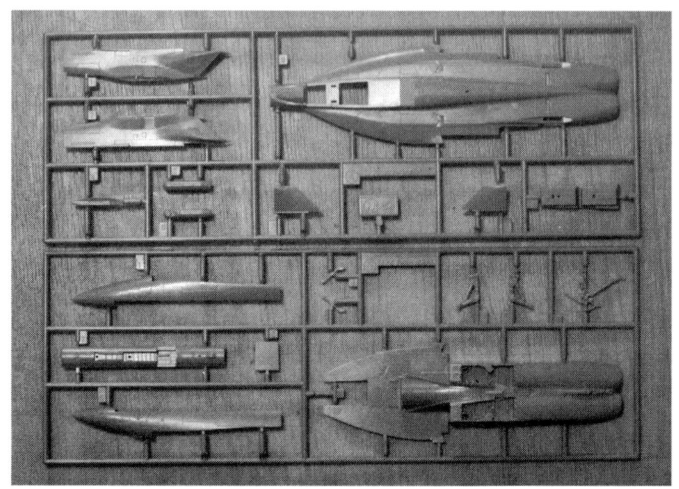

| injection molding으로 만든 프라모델

2. film(필름)

플라스틱 아닌 재료로서 필름 형태로 만들 수 있는 물질은 많지 않다. 투명하고 얇고 가벼운 필름은 플라스틱뿐이다. 더구나 플라스틱 필름으로 밀봉하면 세균의 침입

| 비닐 하우스

을 막아주고 물에도 젖지 않는다. 그런 재료는 플라스틱이 유일하다. 그래서 상품의 포장이나 장식에 널리 사용된다. 포장용 필름은 tensile strength, tear strength(인열강도), elongation-at-break(연신율), 투습도, 산소투과율, 내열성 등이 중요한 요건이 된다. 식품을 포장할 때 기체의 투과율은 대단히 중요하다. 반창고는 산소를 투과하지 않으면 안 된다. 금붕어를 살 때 polyethylene 봉지에 담아서 주는데, polyethylene은 산소는 투과하지만 수분은 투과하지 않기 때문이다.

3. pipe(관)

플라스틱 파이프는 금속이나 시멘트 파이프 보다 값이 싸며 잘 새지 않으며, 결합이 쉽고 가벼워 상하수도관, 가스관, 전기관 등에 널리 사용된다. 여러 가지 플라스틱의 물성과 용도를 표 2.1에 정리하였다.

| 플라스틱 파이프

| 표 2.1 여러 가지 플라스틱의 물성과 용도

	물성	용도
PE	저온특성 좋음, 강도는 약함, 무접착제 융착, 열화-피로 균열 경향	수도, 거설 배관, 냉동 배관
PP	고온특성-강도 최고, 무접착제 융착, 자외선 열화 경향	온돌관, 화학배관, 전해공업
경질 PVC	내약품성-강도 양호, 접착 간단, 저온 취약	고온배관(70°C)을 제외한 모든 배관
연질 PVC	저강도, 가소성	가정용, 농업용, 토목용
내열 PVC	고온특성 보강, 기존 방법으로 공사 가능	화학배관, 전해공업, 고온배관
Nylon	경질 PVC와 비슷한 강도, 내유성-내열성 양호, 자외선 열화 경향	송유관
POM	내Creep성 최고	특수관
PC	내충격성-내수성 양호, 솔벤트 균열 경향	
PMMA	투명, PVC 강도, 내충격성 약함	고온배관, 투명관
ABS	내약품성-내수성 약함, 접착에 어려움	경질 PVC와 비슷
페놀 적층	흡수성 큼	고온배관, 석관
에폭시	내열성 좋음	전해공업
폴리에스터	내열강도 양호	전해공업
PTFE	내열성-내약품성 최고	흡입관, 내열부

4. fiber(섬유)

플라스틱을 가늘고 길게 뽑아(spinnig, 방적) 실을 만들 수 있으며 textile(천)을 만들 수 있다. 천연섬유를 선호하는 경향이 있지만, 현재도 모든 섬유 중 합성섬유가 반을 넘게 차지한다. 특히 polyester와 nylon이 전체의 약 70%를 점하고 있다. cellulose계 섬유가 다음으로 많다.

| 폴리에스터 섬유

5. elastomer(탄성체)

천연고무는 *cis*-1,4-polyisoprene의 구조를 하고 있는데, 이미 이와 똑같은 합성고무를 1940년대 초에 개발하였다. 고무는 기본적으로 그물형 구조를 하고 있어서 엔트로피적 복원력으로 고무의 특성을 갖는다. 현재는 thermoplastic 고무도 개발되어 많이 응용하고 있다.

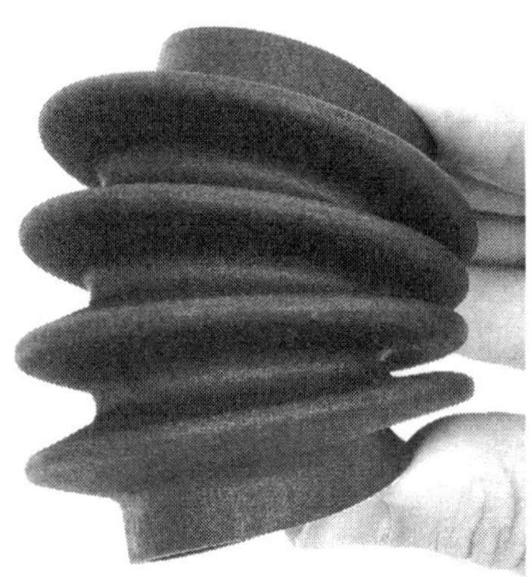

| 고무 주름관

6. foam(발포체)

플라스틱을 molding(성형)할 때 기체를 발생시켜 부피를 증가시키고, 무게를 가볍게 하고, 완충제나 방음제나 단열제로 사용한다. styrofoam은 polystyrene에 기체를 분산시킨 제품으로 보온, 방음, 완충재로 널리 사용한다.

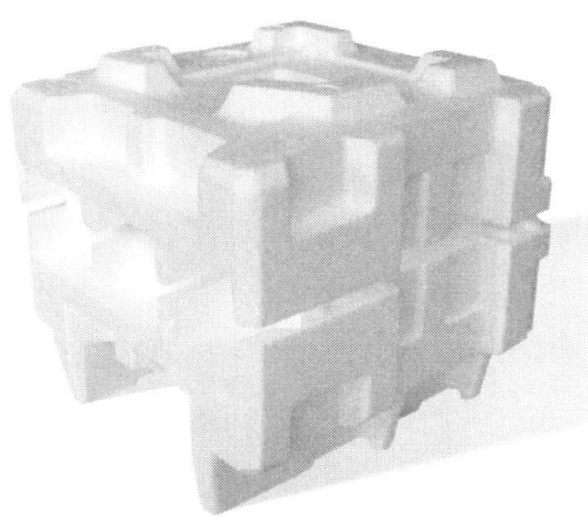

| 완충용 스티로폼

7. 광학용 재료

투명한 재료는 많지 않다. 플라스틱을 제외하고는 유리만을 꼽을 수 있을 정도이다. 잘 깨지는 유리에 비해 충격강도가 강하고 가벼운 투명 플라스틱이 유리를 대체하고 있다. polystyrene은 값이 싸기 때문에 장난감 카메라, 망원경, 돋보기 등의 렌즈나 포장용 투명 상자로 사용된다. 콘택트렌즈는 PMMA라는 플라스틱을 사용한다. PMMA는 유리보다도 오히려 투명도가 더 높다. polycarbonate는 충격강도가 특히 뛰어난 투명 재료이기 때문에 신뢰도가 필요한 컴퓨터 정보 저장 디스크의 재료로 쓰인다.

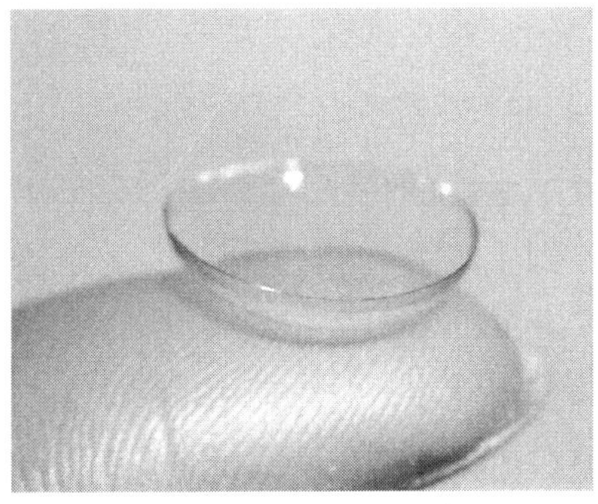

| PMMA로 만든 콘택트렌즈

8. liquid(액상)

접착제와 페인트는 내용적으로는 매우 비슷하다. 모두 코팅 전에는 액상이었다가 코팅 후에는 고체 플라스틱이 되는 물성을 응용한 것이다. 페인트는 인류 역사와 함께 시작되었다. 석회벽에 안료를 부착하는 프레스코(fresco) 기법을 사용하다가 달걀을 바인더로 이용하여 템페라(tempera) 물감이 나오고 곧 기름을 사용하는 유화가 개발된 것이 1400년대이다. 20세기가 되어서야 latex paint가 개발되면서 현재와 같은 다양한 페인트가 개발되었다.

접착제도 마찬가지라고 할 수 있는데, 성경에 보면 bitumen(역청)을 사용하여 탑을 쌓았다는 내용이 나오는데 이때가 대략 기원 전 2000년, 즉 4000년 전이다. 그 후 나무진(송진 등의 수지)이 사용되다가 starch glue(녹말풀)를 사용하고 최근에는 formaldehyde polymer가 개발되어 현재도 목재용으로 널리 사용하고 있다. 더 첨단 접착제로 epoxy, isocyanate 등이 나오게 되었다.

| 페인트

9. composite(복합재료)

옛날에 진흙 벽돌로 토담집을 지을 때 지푸라기를 섞었다. 이렇게 하면 벽돌의 강도가 한층 강해진다. 이와 같이 몸체를 이루는 물질(matrix)에 어떤 첨가제(filler)를 넣어서 강도를 향상시킨 구조의 재료를 composite(복합재료)라고 한다. matrix로는 thermoset(열경화성) 폴리머를 주로 쓰지만 thermoplastic(열가소성)도 사용한다. 필러로는 유리섬유를 가장 많이 사용하고, 그밖에 탄소섬유(graphite)나 Kevlar나 boron 섬유 같은 여러 섬유나 운모(mica), 금속 분말 등의 입자를 사용한다. 강철보다 강하고 물만큼 가벼워서 현재도 이미 소형 선박, 항공기, 우주선, 미사일, 방탄복, 방화복 등 첨단 분야뿐만 아니라 스키, 낚싯대, 테니스 라켓, 골프채, 욕조, 물탱크 등 생활 속에 깊숙이 활용하고 있다. 여기에 쓰는 matrix용 폴리머는 보통 thermoset을 쓰는데, 불포화 polyester, epoxy, phenol, acrylic resin 등을 사용한다.

| 많은 부품에 composite를 사용한 우주선

2-2 polymer의 종류

플라스틱은 매우 종류가 다양하다. 각 플라스틱마다 그 특성도 다르다. 그림 2.1은 플라스틱들을 분류한 것이다. 플라스틱은 크게 thermoplastic(열가소성)과 thermoset(열경화성)가 있다. thermoplastic은 linear(사슬) 구조로 되어 있어서 열을 가하면 물러지고 액체와 같이 되어 형태를 변형할 수 있고 냉각하면 그 형태를 유지하다가 다시 열을 가하면 다시 변형시킬 수 있는 성질이 있다. 그러나 thermoset는 3차원 그물 구조이기 때문에 아주 단단하고 열에도 강하고 열을 가해도 다시 무르게 할 수 없다. 강도와 내열성이 높기 때문에 전기부품, 기계, 자동차 부품 등에 사용한다.

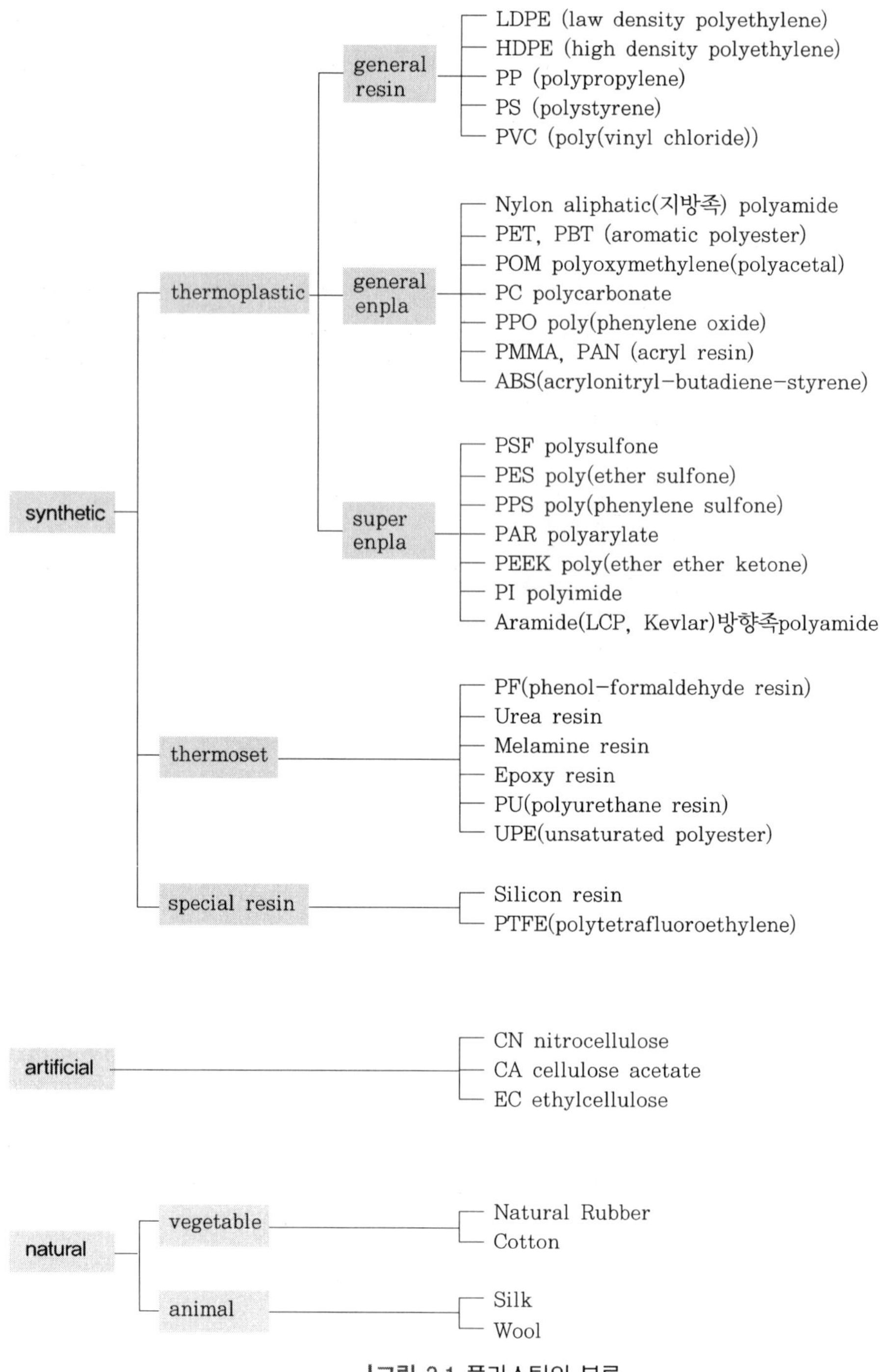

|그림 2.1 플라스틱의 분류

1. general thermoplastic

여기에서는 우리가 보통 만날 수 있는 플라스틱들을 간단히 살펴보자.

(1) polyethylene(PE)

영국 퍼세트(F. W. Fawcett)가 처음 만들었고, ICI사가 1933년에 처음으로 산업화하였다. 이 방법은 ethylene gas를 밀폐된 reactor(반응기)에 넣고 압력을 500 atm(기압) 이상으로 하고 온도를 200°C 이상으로 가열하면 촉매없이 PE를 만들 수 있다. 고압법이라고 하는데 현재도 이 방법을 쓰며 이렇게 만든 polyethylene은 부반응에 의한 가지가 많이 생겨서 저밀도 PE (low-density polyethylene, LDPE)가 된다. 현재는 촉매를 쓰고 낮은 온도와 낮은 압력에서 중합하여 가지가 적은 고밀도 PE (high-density polyethylene, HDPE)도 생산되어 널리 사용하고 있다.

$$\begin{matrix} H & & H \\ | & & | \\ C & = & C \\ | & & | \\ H & & H \end{matrix} \xrightarrow{\text{polymerization}} \left(\begin{matrix} H & & H \\ | & & | \\ C & - & C \\ | & & | \\ H & & H \end{matrix} \right)_n$$

ethylene　　　　　　　　　　polyethylene

값이 싸고 가공하기 쉬우며 내수성, 내약품성, 절연성이 좋고 유연하며 반투명하다. degree of crystallinity(결정화도)에 따라 tensile strength는 70~400 kg/cm^2, elongation-at-break(연신율)은 50~800% 정도이다. impact strength (충격강도)는 2~100 kg-cm/cm^2, 로크웰 경도(Rockwell hardness)는 41~65 정도 된다. thermal distortion temperature(열변형 온도)는 LDPE가 4.6 kg/cm^2 하중에서 40~50°C, HDPE가 88°C 정도 된다. -20°C까지는 물성을 잘 유지한다. 분자량을 높게 하면 극도로 강인하고 abrasion resistance(내마모성)도 좋아 망치, 전기절연부품, 스핀들 등에 사용한다. 일반 HDPE는 용기, 특히 식품용기, 포장용 방수필름, 병 등에 널리 사용된다.

(2) polypropylene(PP)

$$n\ \underset{\substack{|\\CH_3}}{\overset{\substack{H\\|}}{C}} = \underset{\substack{|\\H}}{\overset{\substack{H\\|}}{C}} \xrightarrow{\text{polymerization}} \left[\underset{\substack{|\\CH_3}}{\overset{\substack{H\\|}}{C}} - \underset{\substack{|\\H}}{\overset{\substack{H\\|}}{C}} \right]_n$$

propylene → polypropylene

polypropylene은 석유 분해 원료인 propylene gas를 중합하여 만든다. 열변형 온도가 90~110°C에 이르고, hinge(경첩) 특성이 있다. hinge 특성이란 여러 번 같은 자리를 굽혔다 폈다 해도 끊어지지 않는 성질로서 일체형 플라스틱 hinge로 이용한다. specific gravity(비중)는 0.9~0.92 정도로 가장 가벼운 플라스틱이지만, PE보다 투명성과 강도와 내열성이 더 좋다. freeze resistance(내한성)는 안 좋지만 abrasion resistance(내마모성)도 좋고 surface hardness(표면강도)도 어느 정도 강하다. 성형하기도 아주 좋고 가격도 싸다. hinge 특성을 응용한 일체형 상자, 약품용기, 포장 필름, 섬유 등에 사용한다.

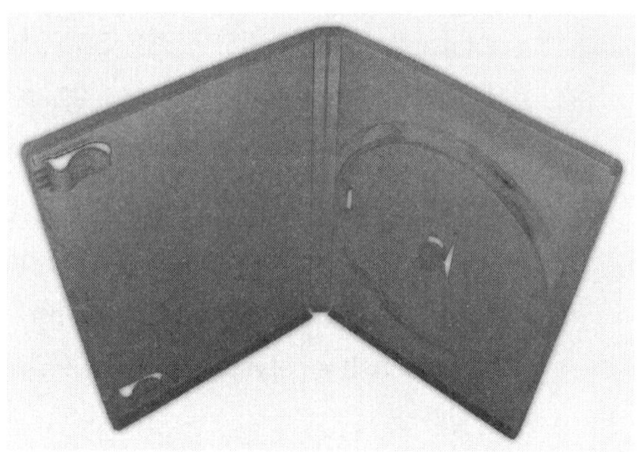

| PP로 만든 CD 케이스

(3) polystyrene(PS)

$$n\ \overset{\substack{H\\|}}{C} = \underset{\substack{|\\H}}{\overset{\substack{H\\|}}{C}} \xrightarrow{\text{polymerization}} \left[\overset{\substack{H\\|}}{C} - \underset{\substack{|\\H}}{\overset{\substack{H\\|}}{C}} \right]_n$$

(왼쪽 C에 벤젠 고리 결합)

styrene → polystyrene

ethylene과 benzene을 반응시켜서 만든 styrene이라는 원료를 benzoyl peroxide(과산화벤젠) 등을 촉매로 90°C 정도에서 radical polymerization하여 만든다. PS는 amorphous(비정질)로서 사출성형이 잘 되고 thermal stability

(열안정성)가 좋다. 투명하고 강도가 좋고 값이 싸므로 각종 일회용품, 컵, 용기, 생활용품, 사무용품, 완구 등으로 사용한다. foam(발포체)은 방음, 방온으로 널리 사용한다. brittleness(취약성)가 문제였으나 현재는 impact resistance(내충격성) 기술이 발달하여 전기, 전자, 기계 제품의 housing(외장재)으로 많이 사용하고 있다. 광택도 좋고 착색이 아름답게 된다.

| PS 재질의 키보드

(4) poly(vinyl chloride) (PVC)

$$n\ \begin{matrix} H & H \\ | & | \\ C & = & C \\ | & | \\ Cl & H \end{matrix} \xrightarrow{\text{polymerization}} \left[\begin{matrix} H & H \\ | & | \\ C & - & C \\ | & | \\ Cl & H \end{matrix} \right]_n$$

vinyl chloride　　　　poly(vinyl chloride)

ethylene과 chlorine을 반응시켜 만든 vinyl chloride monomer를 중합시켜서 만든다. 원래의 PVC 자체는 경질이며 impact strength도 약하다. 그러나 plasticizer(가소제)를 첨가하면 연질 PVC가 되어 film 형태로 장판지 등에 널리 사용된다. 그러나 열이나 가혹한 환경에서 chlorine이 용출되기도 하고, 첨가된 저분자량의 plasticizer가 빠져 나와 공해가 있다고 알려져서 점차 그 사용이 억제되는 추세이다. 특히 소각할 때 HCl gas가 방출되어 소각로를 부식시키고 대기를 오염시키므로 recycle의 측면에서도 사용을 자제하는 재료이다.

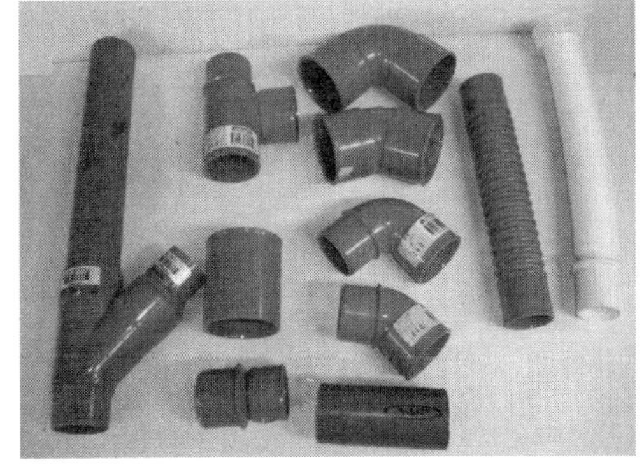

| 각종 플라스틱 관들

2. engineering plastic(thermoplastic)

일반 플라스틱보다 강도와 내열성이 높고 가격도 비싼 플라스틱을 engineering

plastic이라고 한다. 줄여서 enpla라고 부르기도 한다.

(1) poly(ethylene terephthalate): PET

$$CH_3OOC-\langle\bigcirc\rangle-COOCH_3 + HO-CH_2-CH_2-OH \xrightarrow{-n\ CH_3OH} \left[OC-\langle\bigcirc\rangle-COO-CH_2-CH_2-O \right]_n$$

ester(−COO−)를 주 구조로 하는 polyester의 한 종류로서 terephthalic acid와 ethylene glycol을 polycondensation(중축합)시켜서 만든다. 강도와 치수안정성이 좋아서 기계, 전자, 녹음 테이프용 필름, 섬유 등에 널리 사용된다. 기체 압력을 견뎌야 하는 탄산음료의 병으로도 많이 사용하고 있다. 원래 이 플라스틱은 값이 매우 비싸지만 음료수 병으로 널리 쓰는 이유는 recycle율이 매우 높기 때문이다. 우리나라도 90%가 넘게 recycle된다.

| PET 생수병

(2) acrylic resin(아크릴 수지)

$$\left[CH_2 - \underset{COOR_2}{\overset{R_1}{C}} \right]$$

R_1	R_2	
H	H	polyacrylate
H	CH_3	poly(methyl acrylate)
CH_3	H	poly(metacrylate)
CH_3	CH_3	poly(methyl methacrylate)

acryl계 resin에는 치환체(substituent)의 종류에 따라 acrylate ester, acrylate methyl ester, metacrylate methylester 등이 있다. 무색투명하고 외관이 미려한 수지이다. tensile strength, impact strength 모두 강하다. 열변형 온도는 70~110°C이고, 열가공을 해도 chalking(백화)이나 crazing(균열)이 안 생긴다. 내약품성도 좋아 산, 염기에 강하다. acetone, methyl ethyl ketone, chlorine을 함유한 용매에 녹는다. 햇빛, 비바람에 강하여 야외용으로 많이 사용한다. melt index(용융점도)가 높고 수지 흐름성이 낮아 molding(성형)이 어렵다. 광학적, 미술적 용도에 많이 사용하고 렌즈, 윈드실드, 고급 식기, 야외 간판, 게이지 계기판 등에 사용한다.

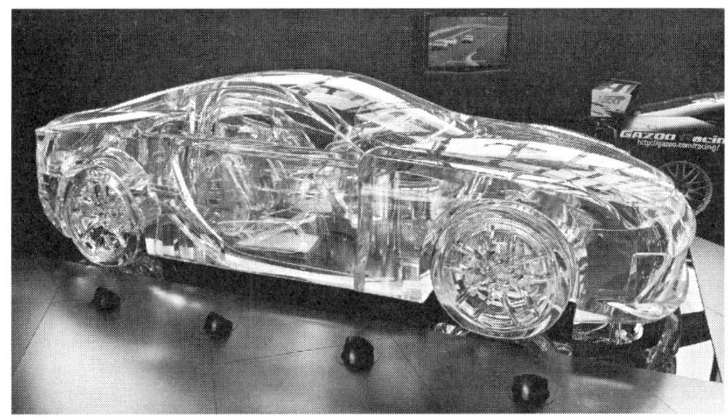

| PMMA로 만든 실물 크기의 지동차 모형

(3) acetal resin

$$H-\overset{\overset{\displaystyle O}{\|}}{C}-H \longrightarrow \left[\begin{array}{c} H \\ | \\ -C-O- \\ | \\ H \end{array} \right]_n$$

듀퐁사의 polyformaldehyde인 Dellyne과 Cellanese사의 ethylene oxide copolymer인 Duracon이 있다. 유백색이며 불투명하다. tensile strength, bending strength, abrasion resistance, modulus(탄성률) 등 기계적 강도가 극히 우수하다. absoptiveness(흡습성)이 작고(0.22~0.25%), 열변형 온도는 4.6 kg/m^2 하중에서 158~170°C이다. 기어, 볼베어링, 캠, 스핀들, 멘드렐, 스프링 등 기계, 전기, 부품에 응용한다.

| polyacetal 기계 부품

(4) polycarbonate

$$\left[O - \langle\bigcirc\rangle - \underset{CH_3}{\overset{CH_3}{C}} - \langle\bigcirc\rangle - O - \overset{O}{\overset{\|}{C}} \right]_n$$

| PC 재질의 선글라스

PC(polycarbonate)는 bisphenol-A와 posgene gas를 반응시켜서 만든다. crystallinity가 높고 투명하며 빛투과율이 높다. heat resistance(내열성)와 기계적 강도가 좋으나 반복하중에는 약하다. absoptiveness(흡습성)는 매우 낮다(0.1~0.4%). chlorine 함유 용매나 강산, 강염기에 약하다. 렌즈, 보안모, 컴퓨터 CD, 범퍼, 헤드라이트 등에 사용한다.

(5) Nylon

$$\underset{\text{nylon m}}{\left[NH-(CH_2)_{m-1}-CO \right]} \quad \text{또는} \quad \underset{\text{nylon mn}}{\left[NH-(CH_2)_m-NH-CO-(CH_2)_{n-2}-CO \right]}$$

nylon은 듀퐁의 Carothers가 발명한 polyamide 상품명이었는데 지금은 -NHCO-를 포함하는 aliphatic(지방족) polyamide를 부르는 이름으로 널리 사용된다. ring opening(고리 열림) 중합 반응에 의해 만들거나 diamine과 diacid를 polycondensation시켜 만든다. nylon은 뒤에 숫자를 붙여서 종류를 구분하는데, 모노머가 하나인 nylon은 숫자가 하나만 붙는다. 두 종류의 모노머를 사용한 경우는 숫자가 두 개 붙는데, 앞 숫자는 diamine의 탄소수이고, 뒤 숫자는 diacid의 탄소수이다. nylon 6을 polycaprolactame이라고도 부른다. m, n의 숫자가 클수록 부드럽고 질긴 성질을 갖는다. 불투명하고 유백색이며 강도가 뛰어나고 특히 내마모성이 극히 좋아서

| 나일론 스타킹

기어나 볼베어링으로 사용한다. 내약품성도 강하여 황산 이외에는 거의 녹지 않는다. 한 가지 단점은 흡수율이 높아서 1.3~2% 정도이며 수분을 흡수한 채로 성형하면 강도 저하나 치수 변형이 일어난다. 캠, 스핀들, 호스, 고강도 섬유, 필름 등에도 사용한다.

3. thermoset

thermoplastic의 구조는 사슬형이지만 thermoset은 3차원 그물 구조이므로 강도와 내열성이 높다. recycle이 어려운 단점도 있으나 기계부품이나 전기부품, 자동차 범퍼, 식기 등에 널리 사용된다.

(1) phenol resin

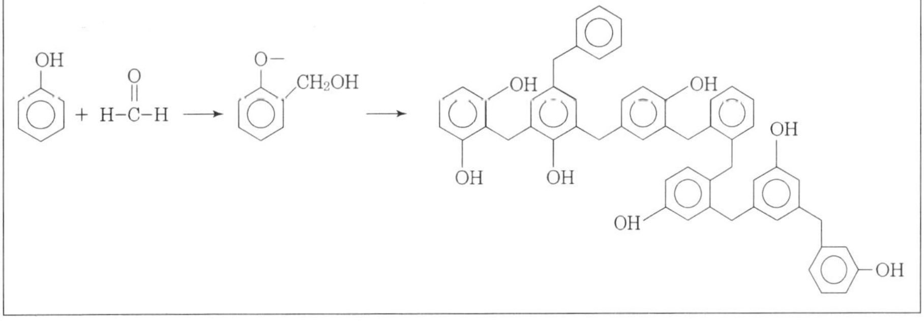

phenol resin은 1909년 Baekeland가 phenol과 formaldehyde로 만든 최초의 thermoset이다. 충진하는 필러에 따라 다양한 성질이 나온다. 산에는 강하나 알칼리에는 약하다. 300°C가 넘으면 pyrolysis(열분해)를 일으킨다. 내열성과 modulus와 표면경도가 좋다. 전기절연성이 좋고 가격이 저렴하다. 주방용품, 기

계, 전기부품에 사용한다. 또 종이에 함침하여 절연부품으로, 페인트와 접착제로도 사용한다. 절대 깨지지 않는 당구공도 주성분이 phenol 수지이다.

phenol 수지로 만든 당구공

(2) urea resin

$$O{=}C\begin{matrix}\diagup NH_2\\ \diagdown NH_2\end{matrix} + H-\overset{\overset{\displaystyle O}{\|}}{C}-H \rightarrow O{=}C\begin{matrix}\diagup \!\!+\!N-CH_2\!+\\ \diagdown \!\!+\!N-CH_2\!+\end{matrix}$$

urea(요소)와 formaldehyde(formalin)를 반응시켜 만든 무색투명한 thermoset이다. 80% 이상을 합판용 접착제로 쓴다. 그밖에는 종이 보강제, 페인트, 식기, 완구, 스위치 등 성형재로 쓴다.

urea 수지를 쓴 합판

(3) melamine resin

$$3N\equiv C-NH_2 \xrightarrow[\Delta]{} \text{(melamine: } H_2N,\ NH_2,\ NH_2 \text{ on triazine ring N, N, N)} + HCHO \rightarrow \text{(N-triazine-N)}-N-CH_2-N-\text{(triazine-N)}-N-$$

melamine과 formaldehyde를 반응시켜 만든 무색투명한 thermoset이다. 표면경도, 내약품성, 방수성, 내열성, 절연성이 우수하다. 가격은 비싸지만 접착성능이 좋고 durability(내구성)가 좋아 식기에 많이 쓰며, 야외용이나 선박용 합판 제조용 접착제, 금속 장식용 고온 도료, 섬유와 종이 필러, 전기소켓, 커넥터, 세탁기 회전 날개 등에 사용한다.

melamine resin 그릇들

(4) urethane resin

$$O=C=N-R-N=C=O \ + \ HO-R'-OH \longrightarrow \left[CO-NH-R-NH-CO-O-R'-O \right]$$

urethane foam으로 만든 안락의자

isocyanate와 hydroxyl radical과의 반응에 의하여 만들어지는 수지로서 강인하고 내마모성이 좋으며 고무탄성이 있어서 탄성체, foam, 도료, 접착제, 탄성섬유, 합성가죽 등에 널리 사용한다. urethane foam은 반발탄성과 반복압축강도가 좋아 쿠션, 매트리스 재료로 널리 사용한다. 포장재나 흡음재, 신발밑창, air filter 등으로 사용한다. 탄성체로는 다른 고무에 비해 강도, 내마모성, 내후성이 좋아서 타이어, 벨트, 스노모빌, 스키 부츠 등으로 사용하며 고온특성은 약하다. 가방, 구두 등의 인조가죽으로도 사용하며 광택이 좋으며 내마모성과 내후성이 좋다. 도료와 접착제로도 사용한다.

(5) 불포화 polyester

$$\begin{matrix} HC-C{=}O \\ \| \quad\quad \backslash \\ \quad\quad\quad O \\ \| \quad\quad / \\ HC-C{=}O \end{matrix} + HO\frown\!\!\smile OH \longrightarrow \left[O\frown\!\!\smile O-CO-CH{=}CH-CO \right] + \xrightarrow{\text{Styrene}} \text{crosslink}$$

maleic anhydride(무수 말레인산)와 ethylene gylcol을 반응시켜 만든 불포화 polyester primer와 styrene hardener(경화제)를 섞어서 cross-link하여 페인트, 접착제, composite 등으로 사용한다. 경화조건은 상온형과 고온형(90~130°C)이 있다. primer와 hardener의 조합에 따라 매우 다양한 종류와 물성이 존재한다. 일반적으로 유리섬유로 강화하는데 강도는 아주 뛰어나서 대형 물탱크, 선박, 욕조 등을 만든다.

┃불포화 polyester를 사용한 FRP로 만든 요트

(6) epoxy resin

$$HO-C_6H_4-C(CH_3)_2-C_6H_4-OH \quad + \quad \underbrace{CH_2-CH}_{O}-CH_2OH \longrightarrow$$

$$\underbrace{CH_2-CH}_{O}CH_2\left[O-C_6H_4-C(CH_3)_2-C_6H_4-O-CH_2CH(OH)CH_2\right]_n O-CH_2\underbrace{CH-CH_2}_{O}$$

bisphenol-A와 epichlorohydrin을 반응시켜서 만든 epoxy oligomer를 만든 후 amine hardener를 사용하여 경화한다. 마그네슘이나 알루미늄 등 경금속용 접착제로도 좋은 접착성능을 나타낸다. 플라스틱, 나무, 도자기, 금속, 고무 등 접착 분야가 대단히 넓다. 도료로도 대단히 중요하다. 도막이 극히 강인하다. 강도가 뛰어나고 내마모성도 좋아서 기계부품으로 많이 쓴다. 유리섬유를 보강재로 사용한 복합재료는 내열성과 강도가 극히 좋아 신뢰성이 요구되는 전기, 기계부품으로 사용한다.

| epoxy 수지를 봉지제로 쓴 IC

4. 특수 수지

(1) silicon resin

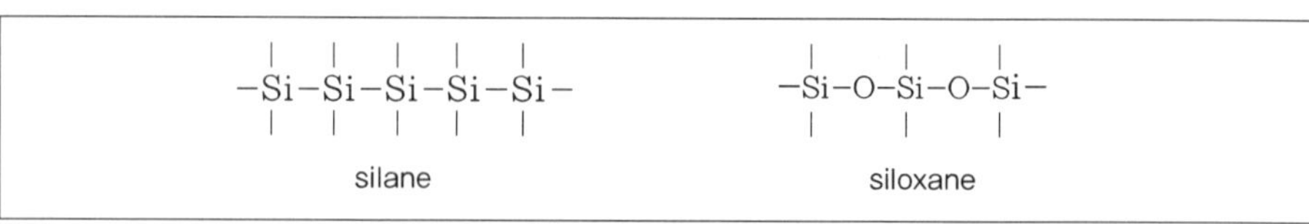

silicon 수지로 만든 손목 밴드

거의 모든 폴리머는 주사슬의 원소가 탄소이다. 탄소가 아닌 silicon(규소)이 주원소인 inorganic polymer로 silicon 수지가 있다. silicon만의 주사슬을 가진 silane계와 −Si−O−Si− 형태의 siloxane 계가 있다. 내열성과 내한성이 대단히 우수하여 극한용, 고온용 고무 및 패킹 등으로 사용한다. 내후성이 좋고 햇빛과 오존에 잘 견딘다. 이형성이 좋아 금형이형제로 사용한다.

(2) fluorine resin

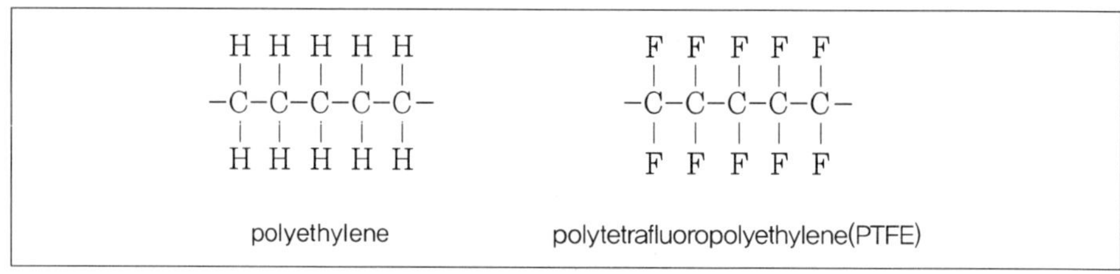

polyethylene의 수소를 모두 fluorine으로 치환한 polytetrafluoropolyethylene(PTFE)는 보통 Teflon이라는 상품명으로 부른다. 발수성, 절연성, 내열성(288°C), 내약품성이 극히 높고 마찰계수가 모든 물질 중 가장 낮다. 열변형 온도가 200°C에 달한다. 내한성도 −100°C에 이른다. 가격이 비싸고 성형하기가 힘들

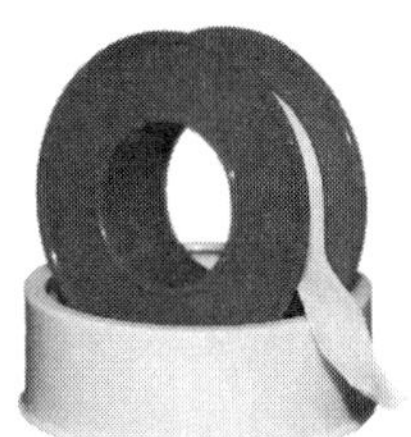

Teflon tape와 프라이팬

다. 내약품성과 발수성을 응용하여 패킹, 실링에 사용하고 Teflon tape로 사용한다. TFPE를 코팅하여 음식이 붙지 않는 프라이팬을 만든다. 마찰이 적은 점을 이용하여 기어나 볼베어링에도 이용한다.

5. natural resin와 artificial resin

cellulose 같은 natural resin을 변성시켜 얻은 폴리머를 보통 artificial resin이라고 한다. cellulose는 나무의 주성분인데 6각 고리 heterocycle (oxygen 같은 heteroatom을 포함하는 고리 화합물)의 glycoside 구조를 하고 있으며 cellulose나 amylose는 모두 D−glucose 단위체로 이루어져 있으나 결합이 다르다. amylose는 α1−4 결합이며 cellulose는 β1−4 결합이다. 인간은 α 1−4 결합을 끊을 수 있는 enzyme(효소)만 갖고 있으나 소, 염소, 양 등은 β1−4 결합을 끊을 수 있는 enzyme도 분비하므로 모든 풀을 소화시킬 수 있는 것이다.

cellulose

(1) nitrocellulose

$$\text{cellulose} + 3HNO_3 \xrightarrow{[H_2SO_4]} \text{nitrocellulose} + 3H_2O$$

cellulose / nitrocellulose

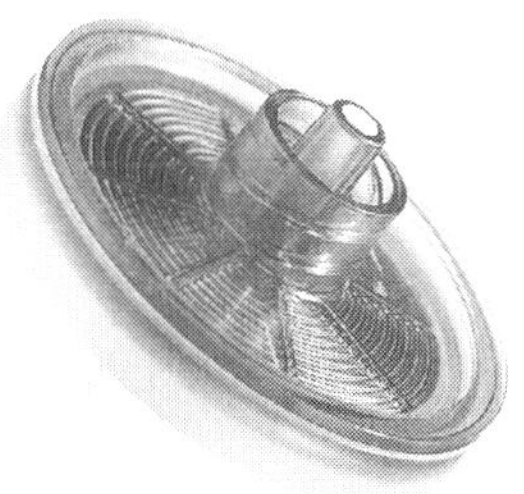

| nitrocellulose를 사용한 필터

thermoplastic 중 가장 역사가 오랜 수지로서 1901년에 미국의 C. Hyate가 발명하였고 cellulose nitrate라고도 한다. 나무의 pulp에서 얻은 cellulose에 nitric acid를 처리하여 만든다. pulp와는 달리 성형이 가능하므로 필름, 안경테, 완구 등을 만들었다. 그러나 가연성이 심하여 점차 acetylcellulose로 대체되었다.

(2) cellulose acetate

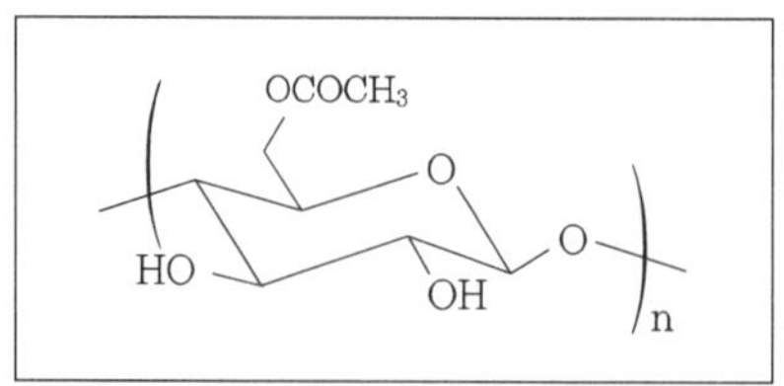

| cellulose acetate 재질의 안경테

나무의 pulp에서 얻는 cellulose에 acetic acid(아세트산)를 처리하여 만들고 acetylcellulose라고도 부른다. 잘 타지 않아 nitrocellulose를 대체하여 널리 사용하게 되었다. 무색투명하며 착색도 잘된다. 강도가 좋으며 특히 충격강도가 높다. 흡습성이 높은 것이 흠이다. 섬유 재료로서 완전 화학섬유보다는 피부 촉감이 좋아 많이 사용한다. 아세테이트라고 부르는 섬유가 이것이다. 선풍기의 날개, 필통, 영화 필름, 핸들에도 사용하였다.

(3) ethylcellulose

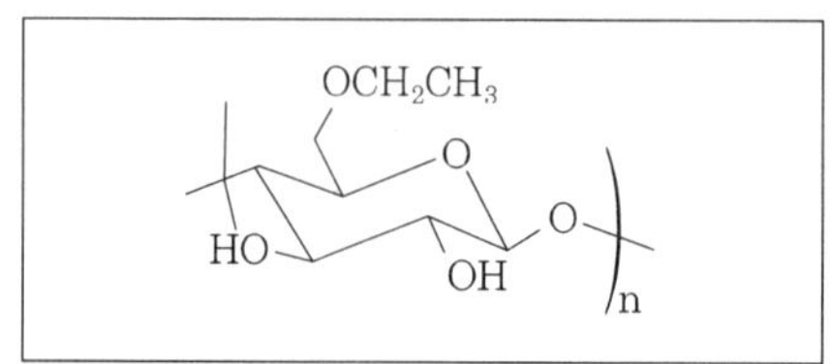

cellulose를 alkali에 용해하고 ethyl chloride를 반응시켜서 만든다. 강도는 acetylcellulose와 비슷하나 흡습성이 적어서 전기부품, 호스, 파이프, 필기구 등

을 만드는 데 사용한다.

(4) 천연고무

$$\underset{\text{isoprene}}{CH_2=\overset{\overset{CH_3}{|}}{C}-CH=CH_2} \xrightarrow[\text{1,4-polymerization}]{} \underset{\text{1,4-polyisoprene}}{\sim CH_2-\overset{\overset{CH_3}{|}}{C}=CH-CH_2\sim} \xrightarrow[\Delta]{S_8} \underset{\text{vulcanized rubber}}{\sim CH_2-\overset{\overset{CH_3}{|}}{C}=CH-CH\sim}$$

천연고무는 isoprene을 1,4 결합시켜 폴리머로 만든 후 가황 가교 결합하여 탄성체로 만든다. 나무에 흠을 내어 모은 수액에 유황을 넣고 응고시켜 가황고무를 만든다. 가황의 정도에 따라 탄성체부터 경질재료까지 얻는다. 연화 온도는 130°C 정도이고 200°C 정도에서 분해한다. 내유성이 약하며 햇빛이나 오존에 의해서도 분해와 열화(aging)가 진행된다. 타이어, 패킹, 절연피복, 구두창, 접착제 등으로 사용한다.

| 고무나무에서 수지 채취

6. 플라스틱 식별법

플라스틱은 너무 종류가 많고 복잡하여 전문가도 항상 데이터북이나 핸드북에서 자료를 봐야만 할 정도이다. 표 2.2에 간단히 플라스틱을 식별하는 방법을 정리하였다. 보통 가열해보고 불 붙여 보고 손톱으로 긁어보는 정도로도 많은 정보를 얻을 수 있다.

| 표 2.2 플라스틱 식별법

구분	플라스틱 종류	형상					투명	가열		연소시켜 본다			
		성형	필름	발포	섬유	고무		연화	녹는점 (℃)	연소	불꽃 제거	색과 모양	
												불꽃	상부
범용	PE	O	O	O	O		S	O	135~250	O	O		
	PP	O	O		O		S	O	170~240	O	O	청	황
	PS	O	O	O			T	O	130~220	O	O	황	
	PVC	O	O	O	O	O	T	O	80~160	X	X	황	
범용 엔프라	Nylon 6	O	O		O		C	O	240~380	X			
	Nylon 66	O			O		C	O	240~380	X		청	황
	POM	O				O	C	O	200~240	O	O		
	PC	O	O				T	O	250~300	X	X	녹	황
	PPO	O					C	O	260~400	X	X		
기타	PMMA	O					T	O	150~220	O	O	청	황
	ABS	O		O			C	O	150~220	O	O	황	
슈퍼	PAR	O	O				T	X		X	X		
	PI	O	O				T	X		X	X		
열경화성	Phenol	O		O			T	X		X	X	황	
	Urea	O		O			T	X		X	X	황	청
	Mela	O					T	X		X	X	황	
	Epoxy	O		O			T	X		X			
	PU			O		O	T	X		O			
	UPE	O	O		O		T	X		O	O	황	
특수	Slicone		O			O	T	X		O			
	PTFE	O	O		O		S	X		X	X		
천연	CN	O	O				T	O		O	O	청	황
	CA	O	O		O		T	O	150~250	O	O	황	

T: 투명, S: 반투명, C: 유백색

용융적하	연기	냄새	용해도								기타 (손톱으로 흠이 나는가? 등)
			물	메탄올	아세톤	벤젠	톨루엔	m-크레졸	사염화탄소	폼산	
		파라핀	X	X	H	H	H	X	X	X	
		달콤한	X	X	X	X	X	X	X	X	흠이 안 남, 힌지
	백	스티롤	X	X	O	O	O	X			금속성 소리
O	녹	염산	X	X	X	X	X	X	X	X	구리선 불꽃-녹색
		과일	X	X	X	X	X	X	X	D	UV 비추면 파란빛
O		양모	X	X	X	X	X	X	X	D	"
청		포르말린	X	X	X	X	X	X	X	X	불 붙으면 안 꺼짐
	흑		X	X	X	X	X	X	O		튀면서 연소
			X	X	X	X	X	X		X	
		아크릴	X	X	O	O			X		
O	흑	스티롤	X	X	W	W	W	O	W		잘 안 부러짐
		스타이렌	X	X	X	X	X	O		D	
			X	X	X	X	X	X	X		
		페놀	X	X	X	X	X	X	X	D	
		포르말린	X	X	X	X	X	W	X	W	균열 경향(백화)
		요소	X	X	X	X	X	X	X	X	금속 소리, 도기상
			X	X	X	X	X	X	X	D	
	흑		X	X	X	X	X	X	X	D	
	흑	스타이렌	X	X	X	X	X	D	X	X	FRP
			X	X	X	X	X	X	X		유상
			X	X	X	X	X	X	X	X	마찰 적음, 실링
			X	X	O				O		빛을 내며 잘 탐
		아세트산	X	X	H	X	X	X	X	X	흠 생김, 빛내고 탐
			O: 용해, X: 불용, H: 부분적, D: 분해, W: 백탁								

2-3 plastic processing

보통 알갱이로 되어 있는 플라스틱 원료는 대단위 석유화학단지에서 만들어진다. 일반적으로 20 kg짜리 포대로 포장되거나 ton 단위로 판매된다. 플라스틱 가공사는 이런 원료를 사다 여러 가지 장치를 사용하여 우리가 원하는 형상의 제품을 만든다. 그림 2.2는 플라스틱 제품이 만들어지는 과정이다.

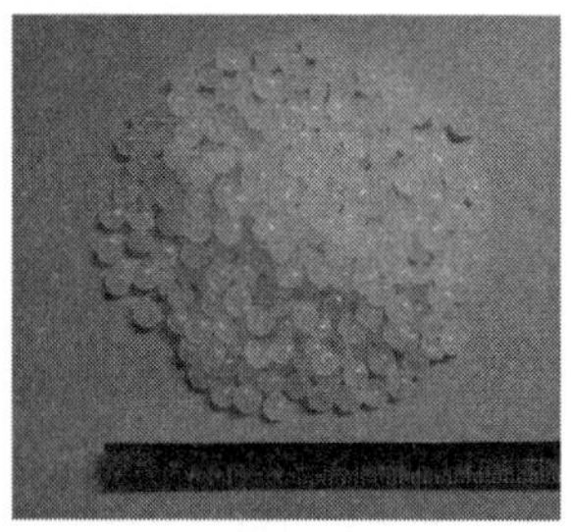

| LDPE 원료

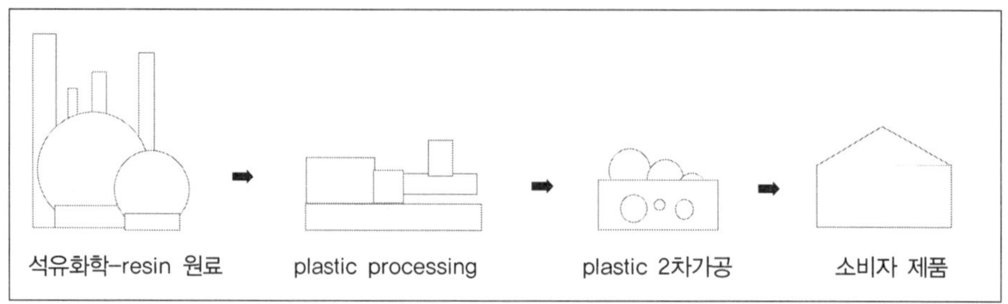

|그림 2.2 플라스틱 제품이 만들어지는 과정

첫 번째 공정, 즉 중합 반응은 제2부 화학편에서 다루게 되고 여기서는 플라스틱 가공에 대해 설명한다.

1. extrusion(압출)

플라스틱을 processing하는 가장 널리 쓰이는 방법으로 injection molding(사출)과 extrusion(압출)이 있다. extrusion은 수지 원료를 hopper(호퍼)에 부으

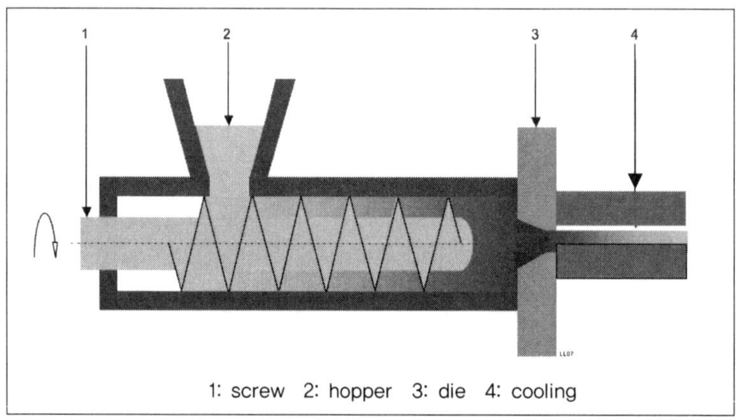

|그림 2.3 extruder의 구조

| extruder

면 screw(스크루)가 가열하여 녹은 수지를 밀어내어 nozzle(노즐)을 통하여 뽑아져 나와 파이프나 봉 등 단면적이 일정하고 긴 제품을 연속적으로 뽑아내는 방법이다. 가래떡 뽑는 것이나 녹즙기를 연상하면 좋다. 그림 2.3은 일반적인 extruder(압출기)의 구조와 실제 사진이다. 호퍼에 붙은 부분이 스크루와 히터 부분이고 그 나머지는 압출되어 나온 제품을 냉각시키는 장치이다.

2. injection molding(사출)

extrusion과 거의 동일하나 injection molding은 배치(batch) 작업이고 extrusion는 연속 작업이다. injection molding은 몰드(mold, 틀, 금형, 거푸집)를 사용하여 원하는 형상을 만드는 방법이다. injection molding machine(사출기)이라는 기계를 사용

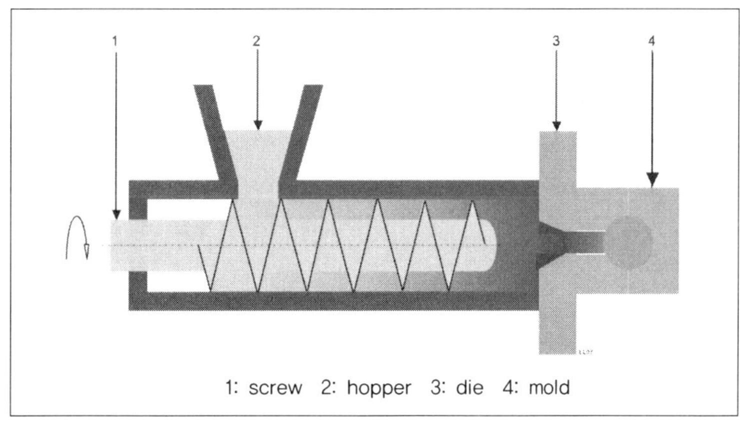

|그림 2.4 injection molding machine의 구조

하는데 thermoplastic 수지를 열을 가하여 용융하고 몰드로 주입하고 냉각하여 성형품을 만든다.

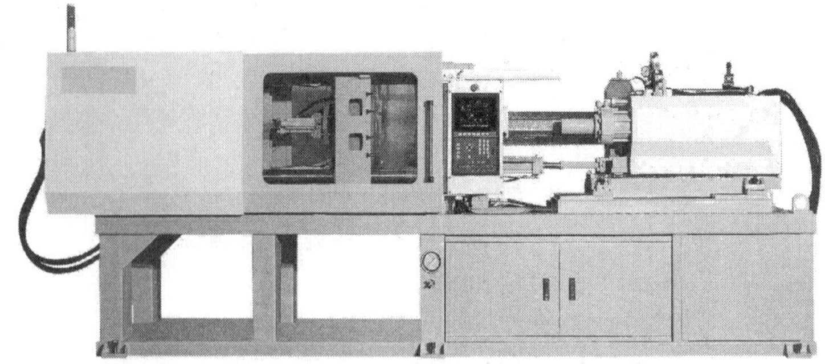

| injection molding machine

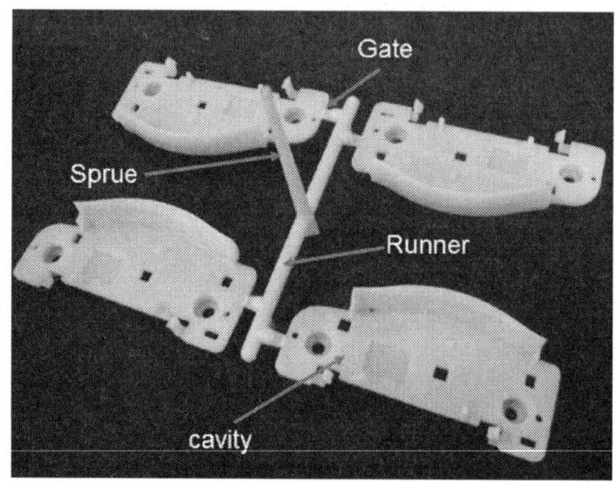

| multi-cavity runner system

일반적인 몰드의 모양은 그림 2.5와 같은데 캐비티(cavity, 성형 공간)로 녹은 수지를 보내는 역할을 하는 통로를 게이트(gate)라고 하고, 한 금형에 여러 개의 성

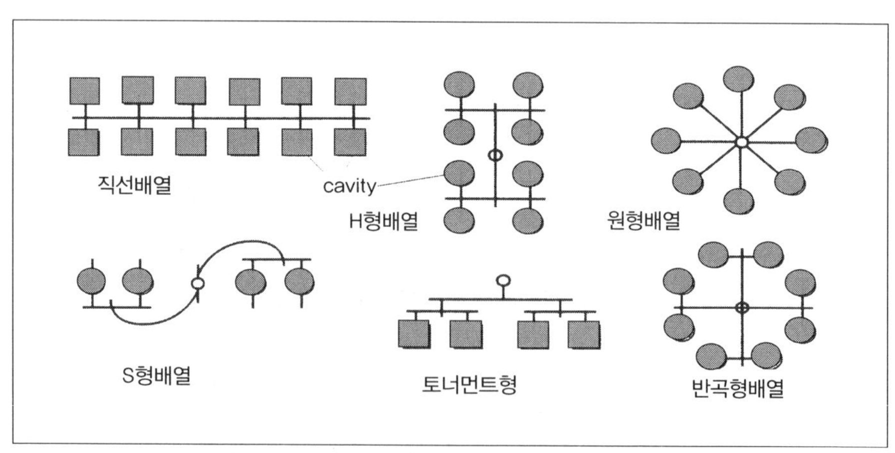

|그림 2.5 multi-cavity runner system의 종류

형품을 한꺼번에 성형하기 위해 러너(runner)가 각 캐비티로 연결되어 있다. 호퍼(hopper)로 주입된 수지는 스크루에 의하여 앞으로 밀어내어져서 노즐로 나와 몰드로 들어가서 냉각 후에 성형품을 이탈시킨다.

일정한 용융 수지의 주입과 냉각을 위하여 다양한 러너의 배열을 사용하게 된다. 8 캐비티 몰드의 다양한 예를 그림 2.5에 나타내었다. injection molding machine에서 스프루(sprue)가 절단되며 분리된 제품이 낙하하면 러너에서 게이트를 절단하고 제품만 분리한다.

3. blown film extrusion

가열하여 녹은 수지를 extruder의 도넛형 노즐을 통하여 나오게 하면서 그 안에 공기를 불어넣어 풍선으로 부풀게 하여 필름을 형성시킨다. inflation이라고도 부르며 이렇게 만든 필름을 blown film이라고 한다.

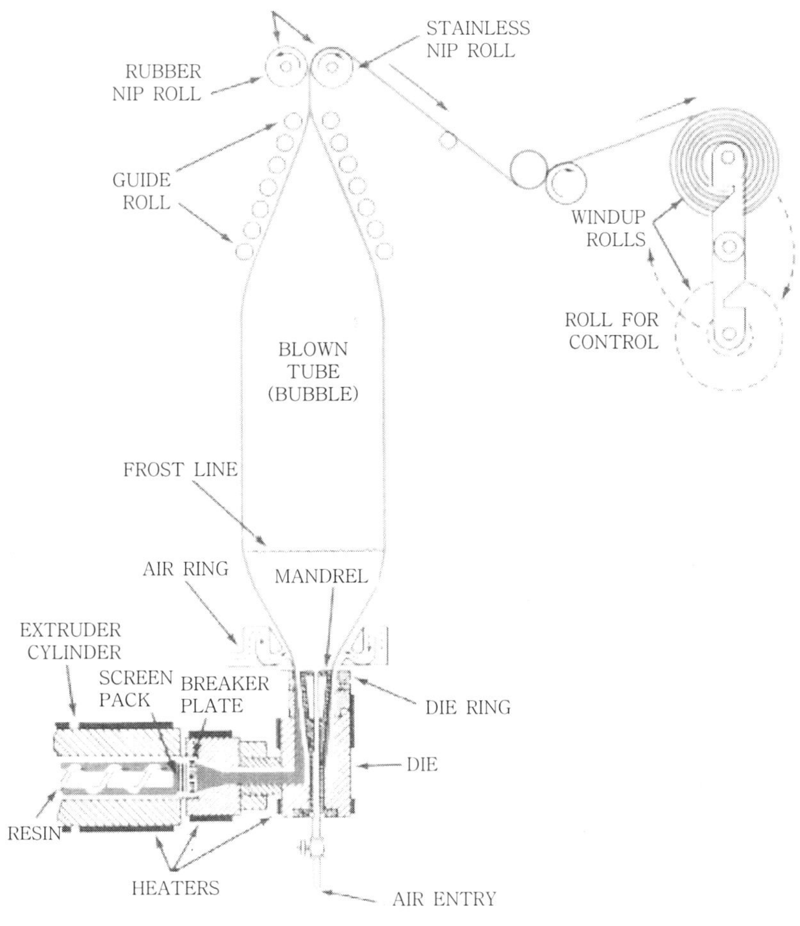

|그림 2.6 blown film extruder의 구조

| blown film extruder

| blown film extruder의 inflation 부분

4. calendering

수지 원료를 여러 개의 가열시킨 롤러(roller)로 압축하여 시트를 만드는 가공법이다. 비교적 두꺼운 필름을 만드는 데 사용한다. 양음각의 무늬를 넣으면서 가공할 수도 있다. 오징어를 납작한 포로 만드는 기계와 같은 원리이다.

| Calendering Machine

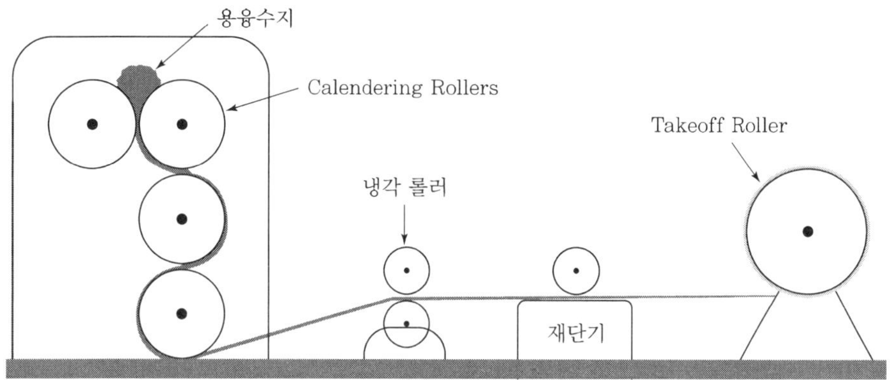

|그림 2.7 calender의 구조

5. compression forming

가열한 플라스틱 시트나 프레프레그(prepreg)를 암수 틀 사이에서 압축하여 모양을 성형하는 기술이다. 깊지 않은 굴곡을 성형하는 데 적당하다. 예를 들면 접시나 식판을 성형하는 데 사용한다. 프레프레그란 thermoset 원료를 완전 경화하지 않고 반쯤 경화한 것을 말하는데 이것을 가져다 틀에 넣고 열을 가하여 마저 경화를 완결하면 단단한 thermoset 제품이 된다.

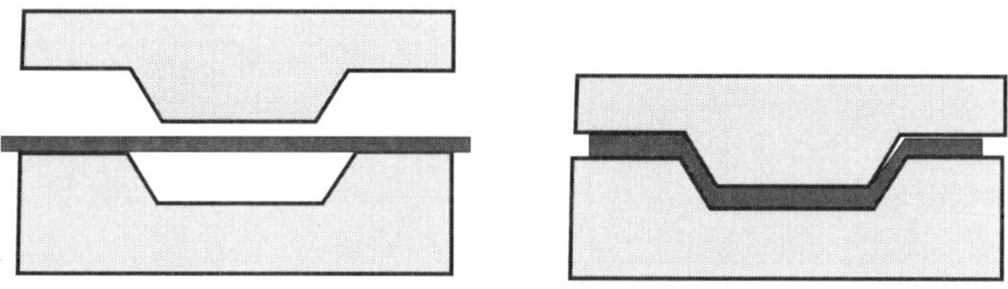
|그림 2.8 compression molding의 구조

6. vacuum forming과 compressed air forming

몰드에 밀착시키는 방법에 따라 두 가지 방법이 있는데 압축 공기를 불어넣어 아래 틀에 밀착시키는 compressed air molding과 아래 틀에서 진공으로 공기를 빼내며 틀에 밀착시키며 성형하는 vacuum molding으로 플라스틱 시트에 굴곡을 성형한다. 보통 깊이가 얕은 용기를 만들 때 사용한다.

7. blow molding(취입성형법, 중공성형법)

병이나 용기를 만드는 가공법으로 틀 안에 수지로 extrusion한 한쪽이 막힌 패

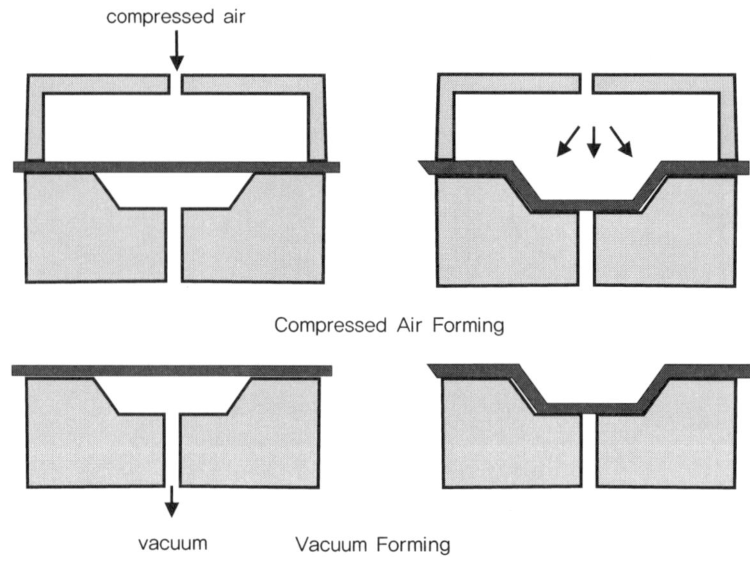

|그림 2.9 compressed air forming과 vacuum forming의 구조

리손(parison)을 넣어서 가열하고 바람을 불어넣어 틀에 밀착시켜 병을 만든다. 반대로 틀 바깥쪽에서 진공으로 틀 벽에 밀착시키는 blow molding으로 병을 만들 수도 있다. 이것을 현장에서는 '부르기'라고 한다.

parison→mold 닫음→공기 주입-팽창→mold 열기

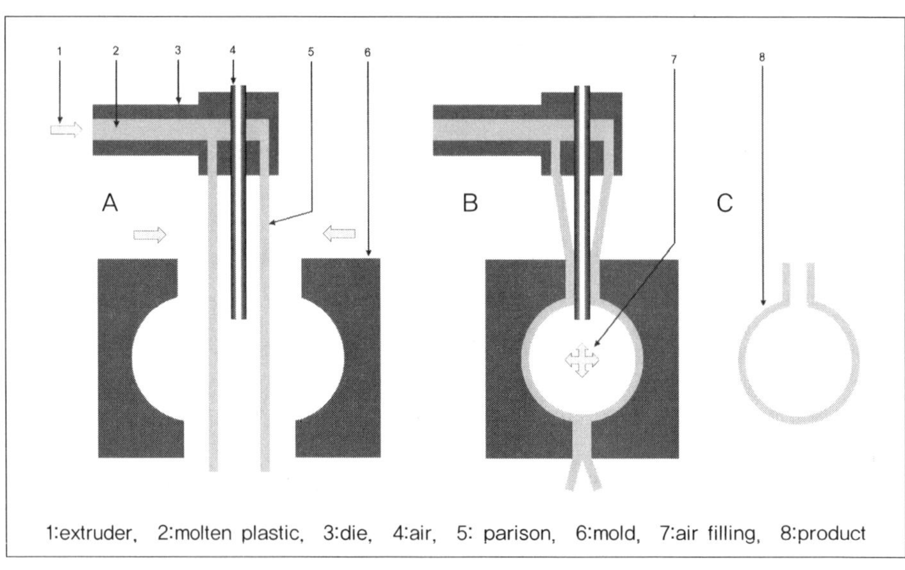

|그림 2.10 blow molding의 구조

8. dipping(함침)

필요한 형틀을 latex(고분자 용액)에 담궜다 뺐다를 반복하며 일정한 두께를 만드는 방법으로 고무장갑, 콘돔 등의 제조에 사용한다.

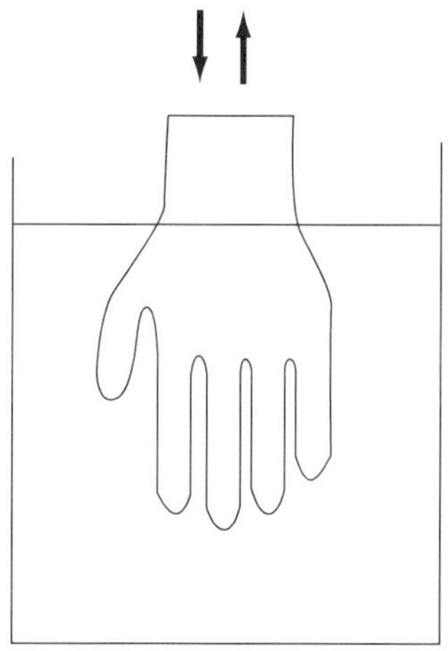

|그림 2.11 latex dipping

9. Processing agent와 Additive

폴리머의 물성은 가공하는 과정에서 다양하게 변화시킬 수 있다. 원활한 가공을 위해서나 물성의 개선이나 변화를 위하여 여러 가지 processing agent(가공조제)나 additive (첨가제)들이 가공 공정에 들어간다.

(1) filler(충진제)

부피를 늘이기 위해서나 강도를 보강할 목적으로 넣는 여러 가지를 통칭하여 필러라고 한다.

(2) plasticizer(가소제)

플라스틱 원료만으로는 용융해도 충분한 유동성(흐름성)이 안 나오므로 몰드에 잘 주입이 되지 않는다. 이 문제를 해결하기 위하여 넣어주는 저분자량의 첨가제이다. 예를 들어 PVC는 원래 아주 단단하고 깨지기 쉬운 플라스틱인데 plasticizer를 첨가하면 필름같이 부드럽게 된다. 80%까지도 첨가하는데 비닐 장판이나 인조가죽은 그렇게 만든 것이다.

(3) lubricant(윤활제)

plasticizer에 의하여 용융 상태를 부드럽게 만들어도 몰드로 미끄러지듯 구석구

석 잘 주입되기 힘들다. 그러므로 정밀한 구조의 제품을 만들려면 lubricant(윤활제)를 첨가하여 미세한 곳까지 잘 주입되도록 첨가한다.

(4) antioxidant(산화방지제)

플라스틱도 공기 중의 산소와 수분과 햇빛의 ultraviolet(자외선)의 영향으로 산화하여 aging(열화)하여 강도가 떨어지기도 한다. 이를 방지하기 위하여 넣는 첨가제이다.

(5) flame retarder(난연제)

플라스틱으로 만든 제품이 불에 너무 잘 타면 화재의 위험을 가중시킬 수 있으므로 불이 잘 붙지 않게 해주는 첨가제이다.

(6) blowing agent

얇은 필름을 만들기 위해 inflation(풍선성형)을 사용하는데 이때 두께가 고르게 되고 터지는 곳이 없도록 첨가한다.

(7) crosslinking agent(가교제)

사슬형 폴리머를 가교시켜 그물 구조로 변화시키는 역할을 한다.

(8) foaming agent(발포제)

플라스틱 foam(발포체)을 만들기 위하여 이 첨가제를 넣어주면, 몰딩하면서 기체를 발생시켜 폼이 되게 한다. 발포의 정도에 따라 조금 단단하게 더 가볍게도 조절이 가능하다.

(9) colorant(착색제)

플라스틱의 착색은 color master batch를 사용한다. 가공 공정 중에 직접 pigment(안료)를 넣으면 고르게 색이 분포하지 않기 때문에 미리 같은 종류의 수지에 원하는 색을 분산시킨 color master batch를 사용한다.

2-4 Polymer Composite(복합재료)

1. composite 입문

composite란 순수한 폴리머의 강도와 내열성을 reinforce(보강)하기 위해 matrix(모재)에 섬유나 입자를 filler(필러)로 첨가한 재료를 말한다. matrix로는 thermoset을 주로 쓰지만 thermoplastic도 사용한다. 필러로는 단섬유, 장섬유,

| composite로 만든 ultralight airplane

연속섬유나 입자를 넣는다. 가장 흔히 사용하는 필러로는 유리섬유를 들 수 있으며 탄소섬유나 Kevlar나 boron 섬유도 채용하고 있다.

섬유로 강화된 composite는 1950년대부터 우주 항공 분야를 위시한 여러 첨단 분야에서 폭 넓게 응용하여 왔다. composite는 자연계에서 그 원리를 차용한 것으로 나무가 그 대표적 예이다. 나무를 이루고 있는 탄수화물은 그 자체로서 강도는 충분하지 않지만 가벼우면서도 큰 강도는 섬유로 강화된 그 독특한 구조에 기인한다. 그 밖에도 거미줄, 연체동물의 껍데기, 시골의 토담집 등에서도 섬유강화의 구조를 볼 수 있다. 현재는 우주 항공, 방위 산업, 의료 보건, 스포츠, 건설 등의 분야에 없어서는 안 될 재료가 되었다.

2. composite의 종류와 구조

composite는 기본적으로 matrix(매트릭스)와 reinforcement(강화제)로 이루어진다. 매트릭스 수지로는 불포화 polyester를 가장 널리 사용하며, 강화섬유로는 값이 싸고 물성이 좋은 유리섬유가 가장 많이 사용된다.

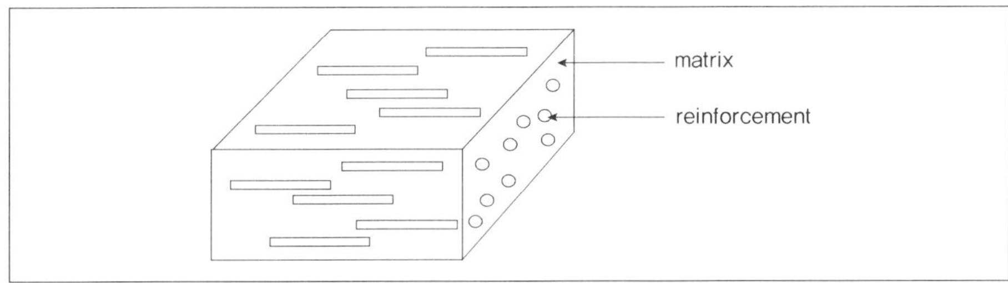

|그림 2.12 composite의 구조

reinforcement는 입자를 사용하기도 하고 섬유 형태를 사용하기도 하는데, 섬유도 단섬유와 장섬유(연속섬유) 모두 사용한다. 연속섬유를 가공 중에 삽입하는 경우도 있으나 일반적으로 미리 짠 woven mat(직조매트)를 사용하는 경우가 많다.

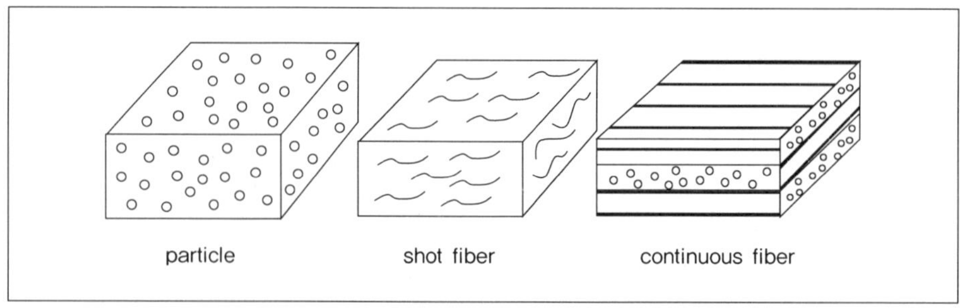

|그림 2.13 reinforcement의 종류

3. composite의 matrix resin

|표 2.3 thermosets과 thermoplastics

thermosets	thermoplastics
UPE(불포화 폴리에스터)	PSF(polysulfone)
Epoxy(에폭시)	PES(polyethersulfone)
Phenol(페놀)resin 260도 이상 고온 사용	PPS[poly(phenylene sulfide)]
PI(폴리이미드) 300도 이상 고온 사용	PEEK[poly(ether ether ketone)]

4. composite의 reinforcement

|표 2.4 particle과 fiber

particle	fiber
granule	chopped fiber
flake	woven mat, filament winding

|표 2.5 fiber의 종류

glass fiber	S-glass, E-glass
carbon fiber	pich계, Pan계(polyacrylonitrile)
kevlar	Aramide(aromatic polyamide)
boron fiber	고가, 가공 난이
silicon carbide	항공우주

5. fiber reinforcement effect(섬유 강화 효과)

두 종류의 서로 다른 재료를 섞어서 composite를 만들었을 때 섬유 강화 효과를 고려하지 않을 경우 일반적으로 다음과 같은 mixture rule에 따른다. 다시 말하면 함량에 따른 평균값을 갖게 된다.

composite density = (reinforcement density × content) + (matrix density × content)

composite elasticity = (reinforcement elasticity × content) + (matrix elasticity × content)

그러나 실제 composite의 strength는 이 법칙을 훨씬 뛰어넘는 값을 나타낸다. 그것은 structural reinforcement effect 때문이다. 표 2.6에 thermoplastic이나 thermoset을 glass fiber로 강화한 경우의 강도 상승 효과를 정리하였다.

|표 2.6 glass fiber reinforced thermoplastic

resin	glass fiber	specific gravity	tensile strength (kgf/mm²)	elong-ation (%)	bending strength (kgf/mm²)	Izod impact strength (kgf · mm/mm²)	thermal deforming temperature (℃)
PE	−	0.96	3.9	800	3.0	8.0	47
	20%	1.10	4.6	3	5.6	0.9	127
PP	−	0.91	3.9	300	4.5	3.0	60
	20%	1.04	5.6	3.2	7.0	1.5	139
PS	−	1.05	7.0	2	7.5	0.15	75
	30%	1.29	9.8	1	12.0	1.07	104
Nylon	−	1.13	8.9	250		2.0	70
	30%	1.37	14.8	2	19.0	1.29	216
PET	−	1.4	6.0	200			
	30%	1.6	15.5	4	20.0	1.1	242
POM	−	1.42	7.0	30	10.0	1.0	124
	20%	1.55	7.4	2.3	10.5	1.2	163
PC	−	1.2	7.5	70	9.5	6.0	130
	20	1.34	12.0	3	13.0	1.1	143

| 표 2.7 fiber reinforcement의 강도 증강 효과

resin	fiber		fiber content (%)	specific gravity	tensile strength (kgf/mm^2)	tensile modulus (kgf/mm^2)	bending strength (kgf/mm^2)
	class	shape					
unsaturated polyester	glass fiber	chopped	26	1.7	10~16	950~1,270	18~27
		mat	40		9.8	850	18
		nonwoven	67		31.7	2,220	36.3
epoxy	glass fiber	nonwoven	73	1.8	39.7	3,120	62.3
		long	83.5		129	5,440	122
	carbon fiber	long	60	1.8	74	15,400	53
phenol	glass fiber	nonwoven		1.9	15~20	14.5	
duralumin				2.8	38~44	13.6~15.5	
aluminum				2.7	7~11	2.6~4.1	
steel				7.8	58~70	7.4~8.9	
hard wood				1.3	19~20	14.3~14.6	

6. composite의 processing 방법

보통 composite는 제품의 형상을 갖춘 틀에 직조매트를 놓고 수지를 함침시킨 후 적당한 열을 가하여 경화시켜 만든다. 가끔 가압이나 진공을 도입하기도 한다. 더욱 간단히 사용하는 방법으로 프레프레그를 사용하는데, 프레프레그는 직조매트에 매트릭스 수지를 미리 함침시켜 반경화시켜 놓은 것을 말하는데 이것을 몰드에 넣고 가압가열하여 제품을 만든다.

(1) Open molding

몰드가 하나만 있고 그 표면 위에 직조매트나 프레프레그를 얹어서 성형하는 방법이다. 직조매트는 수작업(Hand Layup)으로 또는 자동으로 놓는다. 매트릭스 수지는 보통 pressure roller(Hand Layup)나 spray(Spray Layup)를 사용하여 코팅된다. 일반적으로는 상온, 상압에서 경화된다.

| composite 성형에 쓰는 유리섬유 직조매트

(2) Vacuum bag molding

암수 한쌍의 몰드를 사용하며, 보통 암몰드는 딱딱하고 수몰드는 silicon이나 플라스틱(nylon 등)으로 된 유연한 몰드를 사용한다. 프레프레그를 사용하며 일반적으로 고온 중에 진공을 걸어 몰드의 형태에 맞춰 성형된다.

(3) Pressure bag molding

딱딱한 몰드에 프레프레그를 놓고 유연한 틀을 덮고 그 위에서 압력을 가하면 고온 중에 성형된다.

(4) Autoclave molding

암수 한쌍의 몰드를 사용하며 진공의 autoclave(가압반응기) 안에 넣고 성형시킨다. 이 방법은 최대의 filling ratio와 강도를 보장할 수 있는 방법이나 제품이 대형일 경우 그 제품이 들어가는 대형 autoclave가 필요하다.

| 지름 10 m의 거대 autoclave(ASC)

(5) Resin transfer molding(RTM)

직조매트나 섬유를 채운 mold cavity에 extruder로부터 매트릭스 수지를 용융 상태에서 충진시키면서 동시에 가열하며 경화시키는 첨단 방법이다.

(6) Other

그 밖에 press molding, transfer molding, pultrusion molding, filament winding, casting, centrifugal casting and continuous casting 등이 있다.

2-5 Plastic Product Design(플라스틱 제품설계)

우리가 실제로 플라스틱을 제품에 활용하려면 제품의 필요 요건에 맞는 소재를 찾아서 적절하게 성형해야 한다. 의자를 만들려면 앉는 사람들의 몸무게, 행동양식, 사용 연한 등을 고려하여 충분한 strength(강도)를 갖도록 설계해야 한다. 그러나 플라스틱의 strength는 단순하지가 않다. 플라스틱에는 creep라는 독특한 물성이 있다. 시간에 따른 strength라고 할 수 있다. 단순히 80 kg의 무게를 견딘다는 것이 아니라 40 kg의 가벼운 무게도 오랜 기간 동안 누르면 천천히 deformation(변형)이 일어나는 것이다. 즉 플라스틱의 strength는 시간의 함수인데, 이것을 creep라고 한다. 그래서 플라스틱의 강도 계산은 그래프를 사용한다. 우선 복잡한 creep 계산에 들어가기 전 일반강도학부터 시작하자.

1. general strength mechanics

(1) deformation(변형량)과 strain(변형률)

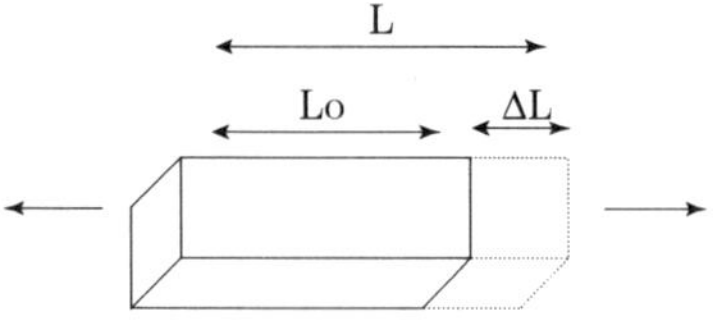

|그림 2.14 Tensile deformation

어떤 물체에 힘이 가해지면 늘어진다든지 휘어진다든지 하는 deformation이 일어난다. 그런데 여기에는 δ로 표현되는 deformation(변형량), ε로 표시되는 strain

(변형률 또는 변형이라고도 한다), deformation ratio(변형비)라는 세 가지 표현이 있다. 만일 10 cm인 막대기를 양쪽으로 당겨서 11 cm로 늘어났다고 하면 deformation은 1 cm이고, strain은 1/10, 즉 0.1 또는 10%가 된다. deformation ratio는 11/10, 즉 1.1 또는 110%가 된다. strain과 deformation ratio는 단위가 없다.

deformation(변형량) $\delta=\Delta L$
strain(변형(률)) $\varepsilon = \Delta L/Lo$ (무단위)
deformation ratio(변형비)=L/Lo (무단위)

플라스틱 조각을 굽혔다가 놓으면 원래로 돌아가는 것 같지만 어느 정도는 deformation이 남는다. external force가 제거된 후, 바로 되돌아가는 것을 elastic deformation(탄성변형) 또는 resilient deformation(회복변형)이라고 하고, 그 후에도 남아있는 deformation이 plastic deformation(소성변형) 또는 eternal deformation(영구변형)이다. 일반적으로는 elastic deformation과 plastic deformation이 동시에 나타난다.

external force와 deformation의 관계에 따라 tensile(인장)[그림 2.16의 A]과 shear(전단)[그림 2.16의 B]으로 나눌 수 있는데, 앞에서 설명한 것은 tensile이다. tensile은 힘의 방향과 deformation의 방향이 평행일 때를 말하며, shear는 force의 방향과 deformation의 방향이 직교하는 경우이다. 쉽게 이야기하면 tensile은 잡아 늘여서 늘어나거나, 눌러서 축소(−방향 인장)된 경우이고, shear는 비틀리거나 찌부러진 경우이다.

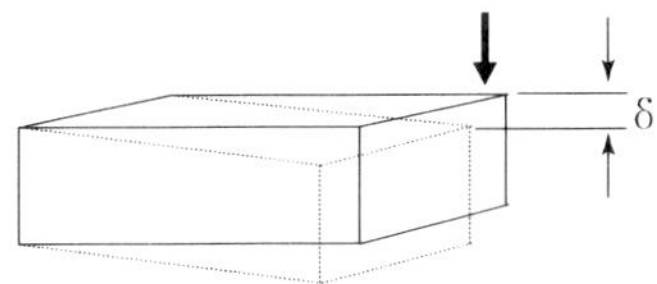

|그림 2.15 shear deformation

그림 2.16에서 보듯이, 비슷하지만 잘못 알기 쉬운 것으로 휘어지는(bending) 경우[C]는 shear가 아니라 tensile이다. 휘어진 안쪽은 축소되고, 휘어진 바깥쪽은 인장된 형태이다.

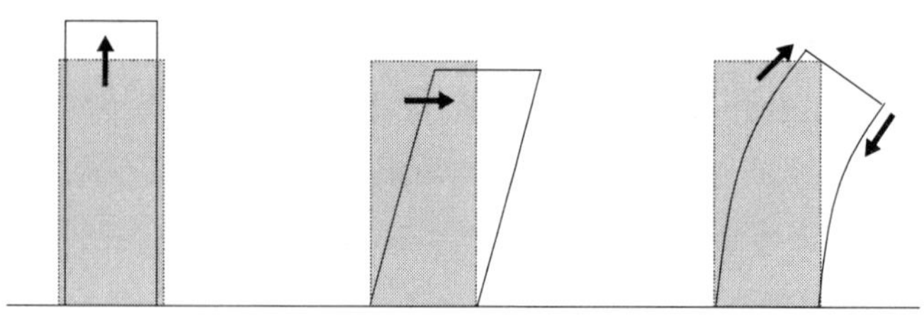

|그림 2.16 tensile[A], shear[B], bending[C]

시료를 잡아 늘이다 보면 더 이상 견디지 못하고 끊어진다. 그때까지의 deformation (strain)을 elongation-at-break(연신율, EB)이라고 하고, maximum strain (최대 변형)이라고도 한다. ε_M=EB=ΔL/L_0

예제

시료의 형태는 두께 4 mm, 폭 10 mm, 길이 50 mm이다. tensile 후 51 mm가 되었다면, deformation, strain, deformation ratio는 얼마인가? 또한 계속 연신하여 65 mm까지 tensile되고 시료가 끊어져 버렸다면 Elongation-at-Break는 얼마인가?

답 deformation은 51 mm − 50 mm = 1 mm
strain은 1 mm/50 mm = 0.02 = 2%
deformation ratio는 51 mm/50 mm = 1.02 = 102%

$$EB = \frac{(65-50)}{50} = 30\%$$

(2) stress(응력) σ

$$\frac{F}{A} = \frac{\text{힘}}{\text{단면적}} = \sigma \qquad (\text{식 } 2.1)$$

어떤 물체에 힘이 작용할 때 그 힘(F)을 작용하는 면적(A)으로 나누어 이것을 stress(응력)이라고 한다.

힘이 작용하여 나타난 deformation을 strain이라고 하는데, 이상적인 elastic body(solid)는 stress와 strain 간에 직선 관계가 있다. 그 비례값(gradient, 기울기)을 modulus(탄성률)라고 하며 특히 tensile 실험에서의 modulus를 E(Young's modulus, 영율)라고 하며, 이 식을 rule of Hook라고 하고, 이런 ideal elastic body를 Hookean elastic solid라고 한다. 일반적으로 Mega

Pascal(MPa)=MN/m^2= N/mm^2이라는 단위를 사용한다.

$$\frac{\sigma}{\epsilon} = \frac{\text{stress}}{\text{strain}} = E \qquad (식\ 2.2)$$

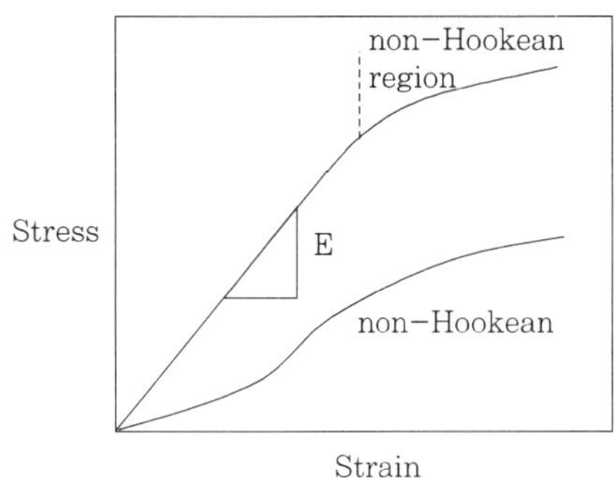

|그림 2.17 Hook's law on stress-strain curve

예제

지름이 6 mm인 강철 줄에 400 N의 추가 걸려 있다. tensile stress를 계산하라.

답

$$\sigma = \frac{F}{A} = \frac{F}{\pi r^2} = \frac{400}{(3.14 \times 0.003^2)} = 14.15\ \text{MPa}$$

예제

지름이 6 mm인 강철 줄에 400 kg의 추가 걸려 있다. tensile stress를 계산하라.

1 kg의 무게 = 1 kgf = 9.8 N 그러므로 F=400 × 9.8 = 3920 N

답

$$\sigma = \frac{F}{A} = \frac{F}{\pi r^2} = \frac{3920}{(3.14 \times 0.003^2)} = 138.7\ \text{MPa}$$

(3) stress-strain curve

stress와 strain을 그래프로 그리면 그 물체의 기계적 물성을 파악할 수 있다. 아래에 일반적인 3가지 물질의 stress-strain curve를 보였다. 세라믹처럼 딱딱한 물체는 그림 2.18에서 급격하게 오르는 곡선을 나타낸다. 고무처럼 잘 늘어나고 아주 부드러운 물체는 아래에 깔리는 곡선을 나타낸다. 플라스틱은 보통 가운데 S자 곡선을 나타낸다. stress와 strain이 직선관계를 유지하는 부분이 elastic 영역이며, 그 뒤에는 곡선이 되는데 이 영역을 plastic 영역이라고 한다.

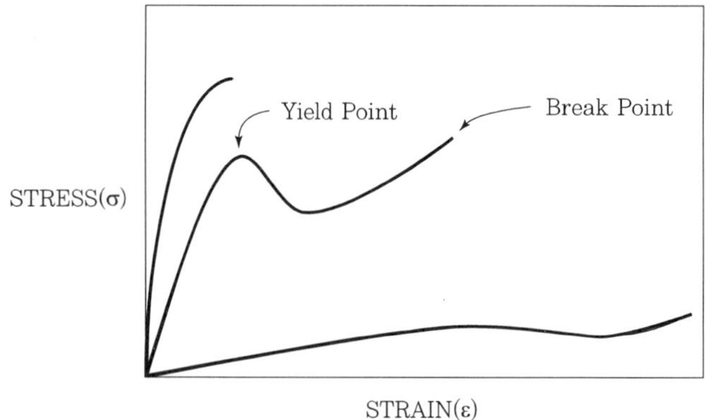

|그림 2.18 stress-strain curve

이 stress-strain curve에서 물체의 강도를 쉽게 나타내는 값으로 modulus를 사용하는데 이 값은 보통 stress와 strain의 기울기, 즉 stress/strain으로 계산한다. elastic 영역에서 plastic 영역으로 넘어가는 점을 yield point(항복점)라고 하는데 소재가 물러서 그 값이 분명치 않을 때는 0.1%나 0.2% 등 일정한 strain에서의 eternal(plastic) stress를 proof stress(보증응력)이라고 한다. yield point에서의 stress를 strength(강도)라고 표기하기도 한다. stiffness라는 용어도 사용하는데 이것은 일반적으로 modulus를 말하지만 좀 더 넓은 의미로 쓰인다. 즉, 힘을 받았을 때 deformation을 일으키지 않고 버티는 힘을 총체적으로 나타내는 용어이다. stress/strain의 gradient(기울기)가 급격하면 stiff하다고 하는데, 이렇게 modulus가 큰 물질을 brittle하다고 하며 잘 깨지는 물성을 갖는다. 반대로 soft하여 큰 deformation을 나타내면서도 fracture(break)되지 않는 물성을 ductile 또는 tough하다고 표현한다.

물체의 강약을 나타내는 용어를 서로 반대의 의미대로 묶어서 정리하면 다음과 같다.

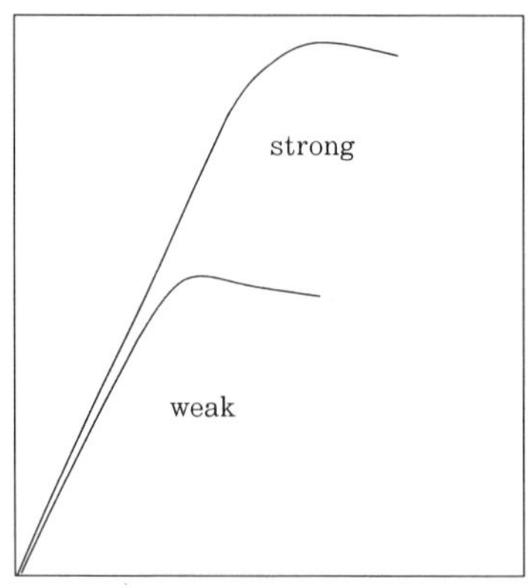

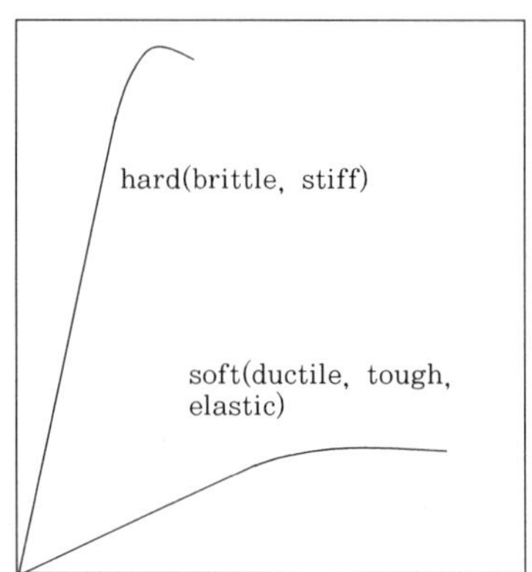

|그림 2.19 물체의 강약을 나타내는 용어

(4) Modulus(탄성계수)

stress-strain 곡선을 그리면 그 기울기가 modulus이다. 이 곡선이 소재의 물성을 나타낸다. 그러나 플라스틱처럼 stress와 strain의 관계가 직선이 아닐 수 있다. 이런 경우를 non-Hookean라고 하는데, 이때 modulus는 다음 두 가지로 계산할 수 있다. secant modulus(활선, 흔히 0.2%에서의 stress로 계산)나 tangent modulus(접선, 그림에서는 0.1에서 보임)를 사용한다. 이런 secant modulus나 tangent modulus는 순간 modulus이다. 직선비례인 구간까지가 elastic 영역이며 그 뒤에는 plastic deformation이 일어난다.

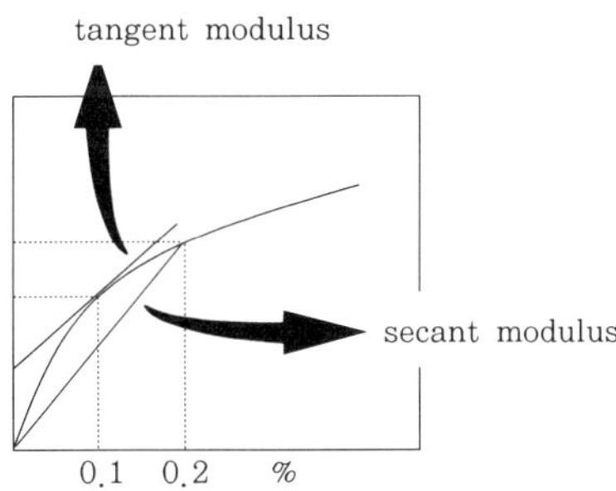

┃그림 2.20 secant modulus and tangent modulus

예제

지름이 1 mm인 강철선 10 m에 10 N의 force가 걸려서 0.2 mm가 늘어났다면 이 강철 줄의 modulus는?

답

$$\sigma = \frac{F}{A} = \frac{10}{\pi \times 0.5^2}\frac{N}{mm^2} = 12.74\ MPa \quad \epsilon = \frac{2 \times 10^{-3}}{10} = 0.0002$$

$$E = \frac{\sigma}{\epsilon} = \frac{12.74\ MPa}{0.0002} = 63700\ MPa = 63.7\ GPa$$

예제

단면적이 40 mm²이고 길이가 50 mm인 플라스틱 시료의 tensile 실험 결과가 다음과 같다.

deformation(mm)	0	0.03	0.055	0.09	0.14	0.20	0.37	0.61
force(N)	0	100	150	200	250	300	400	500

(1) 0.2% deformation에서의 tangent modulus를 구하라.
(2) 0.5% deformation에서의 secant modulus를 구하라.

답 우선 deformation을 strain으로 고쳐야 한다.

strain(ε)(%)	0	0.06	0.11	0.18	0.28	0.40	0.74	1.22
stress(N)	0	2.5	3.75	5	6.25	7.5	10	12.5

그 다음 stress-strain 곡선을 그려야 한다.

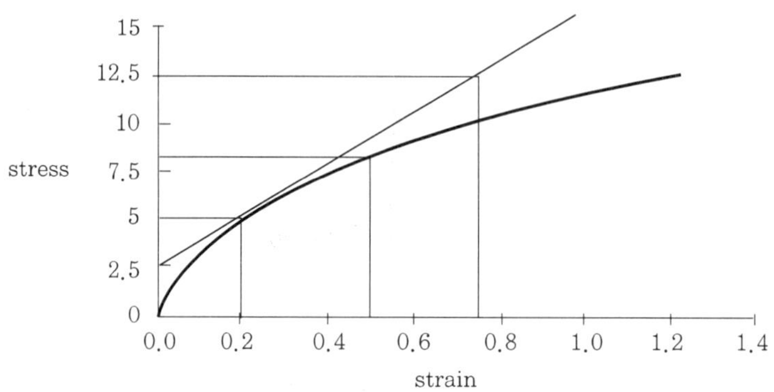

|그림 2.21 stress-strain curve

0.2 mm에서의 tangent를 그려서

$$\text{tangent modulus} = \frac{\sigma}{\epsilon} = \frac{12.5-2.5}{0.0074} = 1.35\text{ GPa}$$

$$\text{secant modulus} = \frac{\sigma}{\epsilon} = \frac{8.25}{0.005} = 1.65\text{ GPa}$$

(5) 실제 strength test

실제 tensile 실험을 해 보면 플라스틱은 necking이 일어나서 단면적은 작아지고 이를 감안하면(stress는 단면적으로 나눈 값으로 계산하므로) 실제는 더 큰 값의 stress-strain curve를 얻는다. 이것을 true stress-strain curve라고 하는데 실제 적용에 어려움이 있어서 원래의 단면적으로 단순 계산한 engineering stress-strain curve를 더 흔히 사용한다.

┃인장 강도를 재는 Tensile Tester

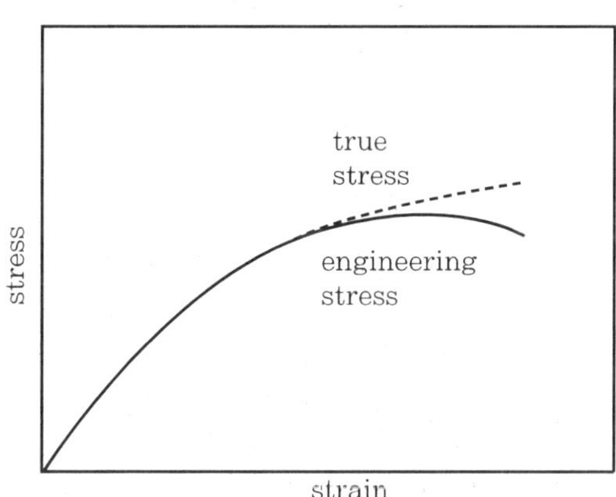

┃그림 2.22 true stress

① Tensile test – Young's Modulus(stiffness): E

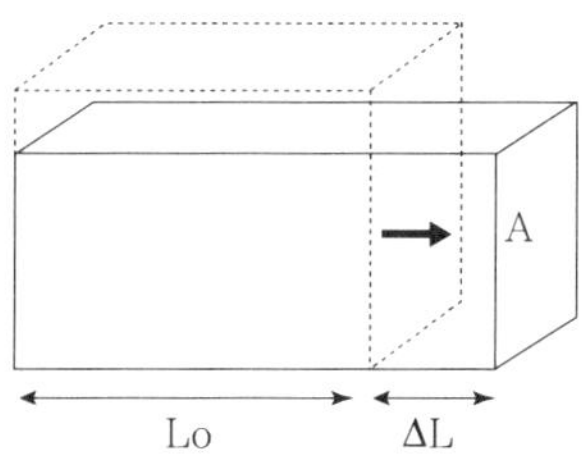

┃그림 2.23 Tensile test

$$\sigma = E\epsilon \qquad \text{Hook's rule}$$

$$\text{stress } \sigma = \frac{F}{A} = \frac{\text{load}}{\text{area}}$$

$$\text{strain } \epsilon = \frac{L - L_o}{L_o} = \frac{\Delta L}{L_o}$$

② Flexural test(Bending)

tensile 대신 사용할 수 있다.

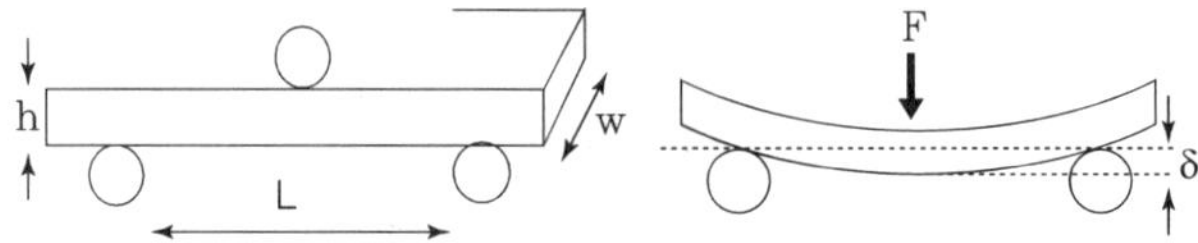

|그림 2.24 Bending test

| Three point flexural test

$$\text{Flexural strength} = \frac{3FL}{2wh^2}$$

$$\text{Flexural modulus} = \frac{L^3F}{4wh^3\delta}$$

③ Shear test – shear modulus: G(비틀림)

tensile과 shear는 전혀 다르다. tensile은 한 반향으로 늘어나는 실험을 말하고, shear는 물질 내부의 비틀림을 동반하는 전혀 다른 변형이다.

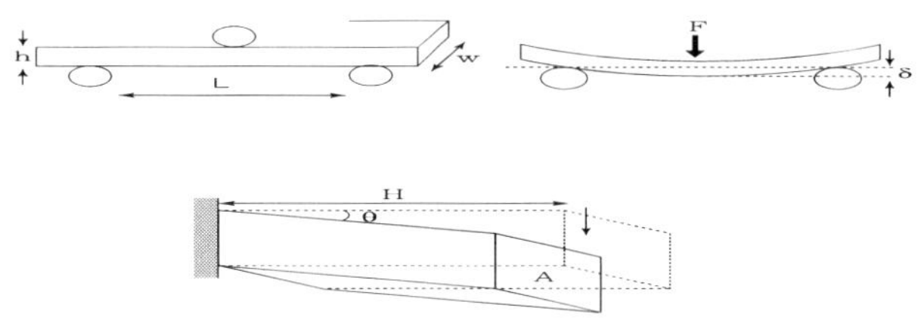

|그림 2.25 shear test

$$\tau = G\gamma$$

$$\tau = \frac{F}{A} = \frac{shear - force}{area - of - shear - force}$$

$$\gamma = \tan\theta = \frac{\delta}{H}$$

$$= \frac{amount - of - shear - displacement}{distance - between - shearing - surface}$$

stiffness E의 reciprocal(역수) 개념으로서 Compliance(J, 유연도)도 사용한다. 순응, 적응, 굴복의 뜻이다.

|표 2.8 여러 재료들의 Modulus(GPa)

metal	modulus (GPa)	ceramics	modulus (GPa)	polymers	modulus (GPa)
iron	196	glass(soda-lime)	69	polyethylene	0.2~0.7
cast iron	170~190	hard glass(SiO_2)	94	polystyrene	3~3.4
stainless steel	190~200	silicon	107	polyesters	1~5
bronze	103~124	diamond	1000	nylon	2~4
copper	124			polyimides	3~5
aluminium	69			rubber	0.01~0.1
tungsten	406				
titanium	116				

④ Viscosity η

액체에서 deformation은 shear로 나타나는데, viscosity로 표시하면 elasticity 표시와 같은 형태가 된다.

$\sigma = E\epsilon$ tensile elasticity

$\tau = G\gamma$ shear elasticity

$$\tau = \eta\left(\frac{d\gamma}{dt}\right)$$

viscosity는 시간의 함수이므로 단지 shear deformation을 시간으로 미분한 것이다.

⑤ Poisson's Ratio(υ, 단면 축소율): υ = dy/dx

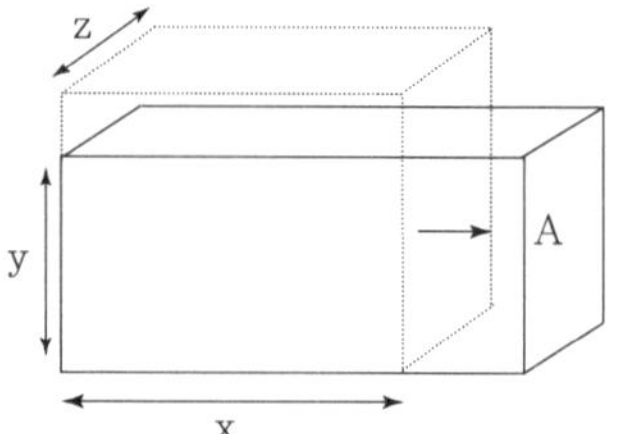

|그림 2.26 Poisson's ratio

tensile이나 compression 할 때 단면적의 변화가 있을 수 있다. 이상적인 탄성체는 부피 변화가 아주 없다고 하면 poisson's ratio는 0.5가 되지만 플라스틱은 부피 변화가 많이 일어나므로 0.2~0.4의 값을 갖는 것이 보통이다.

$$\nu = \frac{-\epsilon_{\perp}}{\epsilon}$$

$$-\nu\sigma_x = \sigma_y = \sigma_z$$

υ	tensile 등 deformation
0	단면 수축이 없는 경우
0.5	부피 변화가 없는 경우
0.49~0.499	general elastic body(0.5)
0.20~0.40	general plastics(1/3)

힘을 받을 때의 부피 변화에 대한 stress에서 기인하는 compression modulus를 Bulk Modulus(B)라고 하며 elastic deformation일 때 compression ratio β는 B와 상호변환이 가능하며 modulus E와는 E=3B(1−2υ)의 관계가 있으나 거의 같으며 실제 이 식에 플라스틱의 평균값 1/3을 넣으면 E=B가 된다.

$$1-2\upsilon = \frac{E}{3B} = \frac{E}{3}\beta$$

$$B = -V\left(\frac{\delta P}{\delta V}\right)_T$$

P = hydrostatic pressure

$$\beta = \frac{1}{B} = \text{compressibility}$$

또한 shear modulus G와 E는 G=E/2(1+υ)의 관계에 있다.

⑥ toughness(인성): fracture까지 흡수하는 총 energy 양

재료의 강도를 나타내는 값으로서 molulus와 strength는 혼동하지 말아야 한다. tensile strength는 S-S curve에서 가장 높은 stress(일반적으로 fracture strength)를 말한다. 측정 방법은 stress-strain 곡선의 면적이나 Impact tester로 측정한다. Izod나 Charpy법을 사용하는데 notch는 45×2 mm를 보통 사용한다.

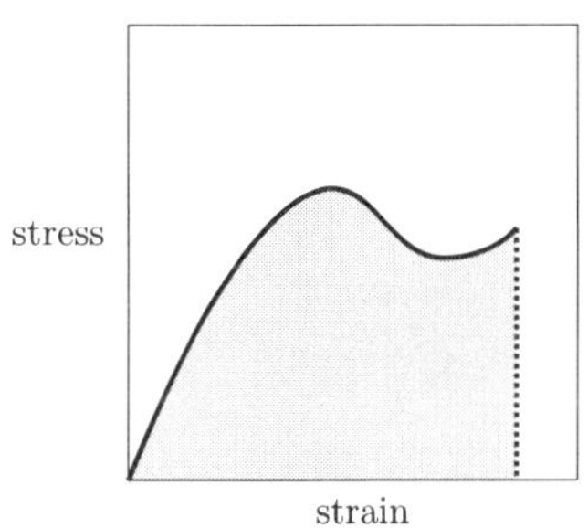

┃그림 2.27 Toughness

┃Izod impact tester

┃Charpy impact tester

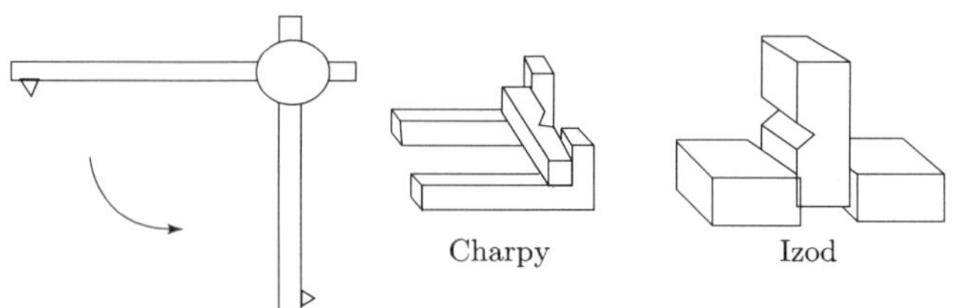

|그림 2.28 Impact tester

⑦ hardness(표면경도)

• Brinell hardness Index

광석의 경도로서 Moh's scale을 써 왔으나 1900년에 Sweden의 Brinell이 쇠구슬로 표면을 누르는 방법을 고안하였다. 그 흔적의 지름을 Brinell hardness Index라고 한다.

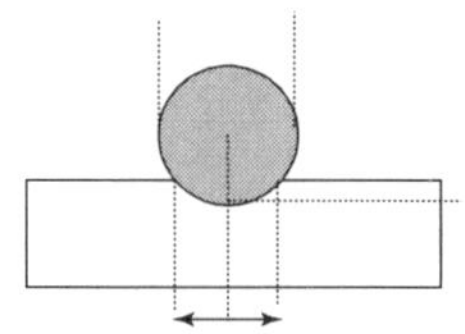

|그림 2.29 Brinell hardness tester

| Brinell Hardness Tester

D: 구슬의 지름, d: track(흔적)의 지름, 단위는 kgf/mm^2이지만 흔히 간단한 숫자로만 나타낸다.

표준 시료는 흔적의 중앙과 시료 끝과의 거리가 3D 이상, 시료 두께는 흔적 깊이 h의 8배 이상이어야 한다.

표준 구슬: 지름 10 mm로 실험할 때는 3000 kgf, 1 mm 구슬로 실험할 때는 30 kgf로 누른다.

Meyer Index로 표기하기도 한다.

$P = \lambda d^n$, $\log P = \log \lambda + n \log d$ λ는 상수, n은 2~2.5인 상수

$$H_B = \frac{P}{Surface-area-of-impression}$$

$$Surface-area-of-impression = \frac{\pi D}{2}(D - \sqrt{D^2 - d^2}) \quad \text{(식 2.3)}$$

• Vicker's Diamond Pyramid Test

구슬 대신 각도가 136°인 사각뿔을 사용하여 누른 후 흔적의 대각선을 측정한다.

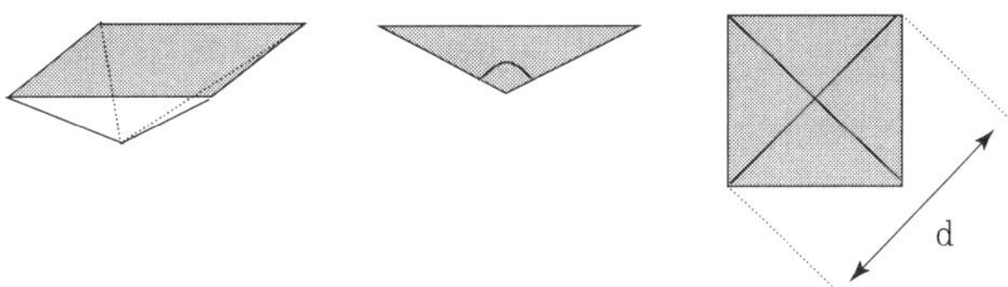

|그림 2.30 Vicker's Diamond Pyramid Tester

• Rockwell 시험

눌린 흔적의 깊이로 측정하므로 신속하고 간단하다. 구슬로 누르는 B scale과

| Rockwell hardness tester

사각뿔로 누르는 C scale이 있다.

⑧ fracture(파괴)와 fatigue(피로)

- brittle fracture: 응력 집중→균열 발생→균열 성장→취성 파괴
- ductile fracture: necking→cavity→break

yield point보다 적은 힘이라도 반복하여 가하면 파괴되는데 이것을 fatigue라고 한다. 보통 rotational cantilever test(회전외팔보시험법)을 쓴다. 한쪽 끝에 힘이 걸리기 때문에 초기에 윗면은 tensie, 아래면은 compression이 걸려 있던 것이 180도 회전 후에는 반대가 걸리므로 어떤 지점의 stress는 완벽한 sin cycle의 반복하중이 걸리는 셈이 된다. 이때 시료에 작용하는 maximum stress는 $\sigma = \dfrac{10.18LF}{d^3}$, 여기서 L은 시료의 길이, F는 힘, d는 시료의 지름이다. 실험 결과는 반복 수와 stress의 곡선으로 나타난다. 그러나 endurance limit(피로한계)는 fatigue failure가 절대로 일어나지 않는 stress, 즉 그래프에서 곡선이 평활에 도달한 값으로서 설계에 사용된다.

⑨ creep(크리프)와 relaxation(응력완화)

momental test로는 어느 힘에 대하여 fracture나 deformation이 일어나지 않을 정도의 작은 stress를 장기간 적용하면 deformation이 시간에 따라 커지는 재료들이 있다. 폴리머의 내부에서 사슬들의 얽힘이 풀어지거나 사슬이 손상을 입기 때문이다. 이러한 성질을 creep 또는 stress relaxation이라고 한다. 시간에 따른 변화를 측정하는 방법은 두 가지가 있는데, 일정 힘이 주어질 때 시간에 따른 deformation을 creep라고 하고, 일정 deformation 하에서 시간에 따른 stress의 감소를 stress relaxation이라고 한다.

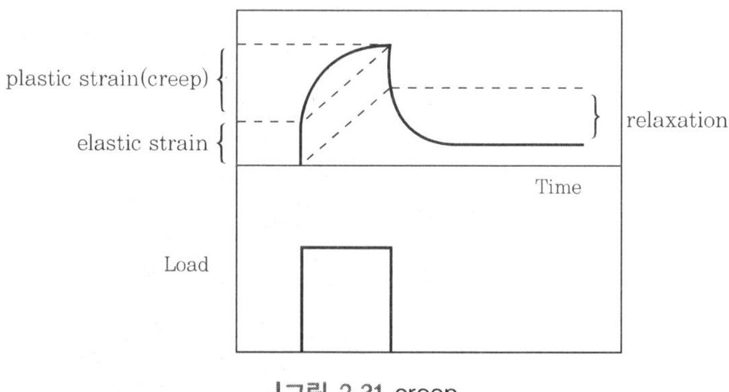

|그림 2.31 creep

앞의 그래프는 일반적인 플라스틱의 creep-relaxation curve인데 일정한 힘(load)을 일정 기간 적용하면 우선 elastic stress가 나타나고 천천히 증가하는 creep가 나타난다. 힘을 치우면 elastic stress만큼 stress가 감소한 다음에 천천히 relaxation이 나타난다.

creep 곡선은 미분 특성을 나타낸다. time-deformation 곡선을 대수로 바꾸면 곡선이 직선이 된다. creep 곡선은 stress와 온도의 함수이므로 일정 stress와 온도마다 독립된 곡선으로 나타내어 사용한다.

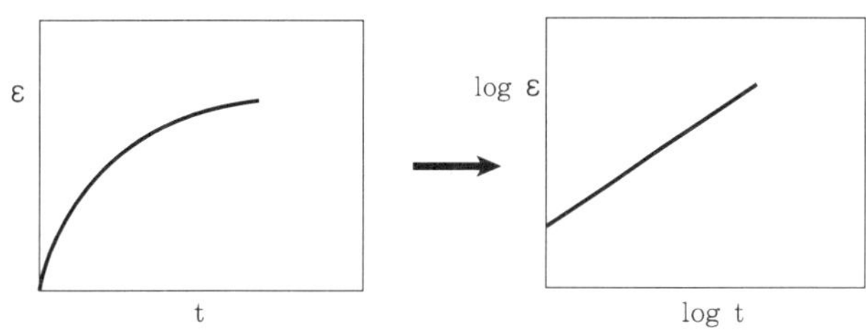

그림 2.32 Relaxation

⑩ Safety factor(안전계수)

최소의 값을 계산으로 구한 뒤 안전을 고려하여 2배 정도의 값을 실제 설계에 사용한다. 특별히 지정하지 않으면 2를 취한다.

2. product strength calculation

(1) Pipe(closed end)

plastic pipe를 수도관이나 가스관으로 사용하면 압력이 걸려 관이 부풀어 오르는 변형이 일어날 수 있다. 변형이 얼마 이상 일어나지 않게 하려면 관의 두께를 얼마로 설계해야 할지를 계산한다. 관은 closed pipe와 open pipe가 있는데, open pipe는 연속관을 말하고 closed pipe는 캔처럼 앞뒤가 막힌 관을 말한다. 관의 압력의 계산은 Hoop의 식으로 계산한다.

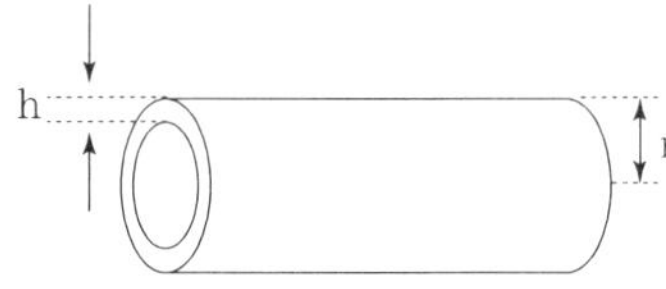

diametric stress(지름 방향에 걸리는 응력) σ_H

$$\sigma_H = \frac{rP}{h} \qquad \text{Hoop's rule}$$

h = wall thickness

P = internal pressure

(식 2.4)

longitudinal stress(길이 방향으로 걸리는 응력) $\sigma_L = \frac{1}{2}\sigma_H$

pipe에서 longitudinal strain은 diametric strain의 반, 즉 $\epsilon_L = \frac{\epsilon_H}{2}$ 이므로

total strain $\epsilon_D = \epsilon_H - \nu\epsilon_L = \epsilon_H - \nu\frac{\epsilon_H}{2} = (1-\frac{\nu}{2})\epsilon_H$

- 보통 압력이 걸리는 유체 파이프는 closed end로 설정한다.
- open end일 경우는 longitudinal stress가 zero이다.

예제

두께 3 mm, 안지름 50 mm, 길이 300 mm인 acryl(E = 3 GPa) 파이프에 기체 압력 1.0 MN/m²가 걸리고 있으면 지름은 어떻게 변하겠는가?

Hoop's rule $\sigma_H = \frac{rP}{h} = \frac{0.025 \times 10^6}{0.003} = 8.33\text{ M}$

$$\epsilon_H = \frac{\sigma_H}{E} = \frac{8.33\text{ M}}{3\text{ G}} = 0.0028$$

diametric strain(지름 방향의 변형)

$$\epsilon_D = \epsilon_H - \nu\epsilon_L = \left(1-\frac{\nu}{2}\right)\epsilon_H = \left(1-\frac{1}{3\times 2}\right)\times 0.0028 = 0.0023 \qquad (식\ 2.5)$$

diametric deformation(지름 방향의 변형량)은 $50\text{ mm}\times 0.0023 = 0.12\text{ mm}$, 즉 바깥 지름은 50 mm + 6 mm + 0.12 mm = 56.12 mm가 되었다.

예제

압력 1.0 MN/m^2인 기체가 흐르는 길이 300 mm인 acryl(E = 3 GPa) 파이프의 안지름 50 mm가 0.12 mm 이상 늘어나지 않게 하려면 파이프의 두께를 얼마로 해야 할까?

$$P = 1 \text{ MPa},\ r = 0.025 \text{ m},\ E = 3 \text{ GPa},\ \delta = 0.12 \text{ mm}$$

$$\epsilon_D = \frac{0.12 \text{ mm}}{50 \text{ mm}} = 0.0024 = \frac{5}{6} \times \epsilon_H$$

여기서 $\frac{5}{6}$는 식 2.5의 $\left(1 - \frac{1}{3 \times 2}\right)$

$$\epsilon_H = 0.0024 \times \frac{6}{5} = 0.00288$$

$$\sigma_H = E \times \epsilon_H = 3 \text{ GPa} \times 0.00288 = 0.0086 \text{ GPa}$$

$$\text{Hoop's rule} \qquad h = \frac{rP}{\sigma_H} = \frac{0.025 \text{ m} \times 1 \text{ MPa}}{0.0086 \text{ GPa}} = 0.0029$$

즉 3 mm 이상 되어야 한다. safety factor를 생각하면 6 mm로 만들면 된다.

(2) compression strength

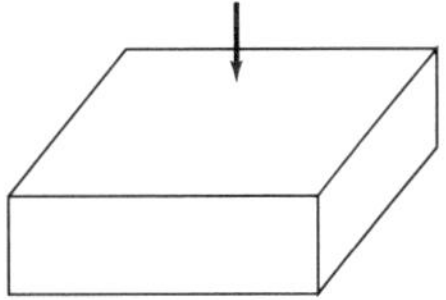

|그림 2.33 compression strength

$$Kc = \frac{EA}{h} \qquad \text{(식 2.6)}$$

E = tensile modulus

A = cross sectional area

h = thickness

(3) simple beam(단순보)

하중을 받치는 들보를 beam이라고 한다. beam에는 simple beam과 cantilever가 있다. beam에 걸리는 하중은 집중하중인 경우와 분산하중인 경우가 있다.

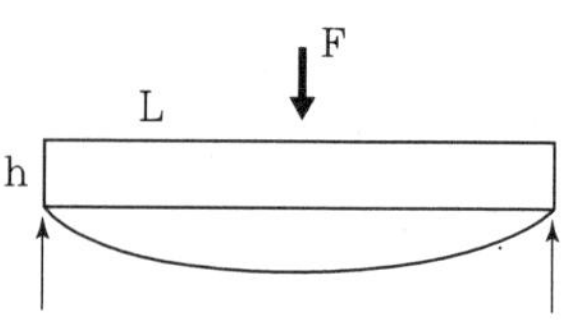

$$M = \text{maximum moment} = \frac{F}{2}\frac{L}{2} = \frac{FL}{4}$$

$$\sigma = \frac{My}{I} \qquad (식\ 2.7)$$

y = gravity center에서의 거리
(최대 h)
I = section factor(단면형상계수, 단면2차모멘트)

단면이 4각형이면 $I = \frac{wh^3}{12}$ 이므로

$$\text{maximum bending stress(최대굽힘응력) } \sigma = \frac{\frac{FL}{4}\frac{h}{2}}{\frac{wh^3}{12}} = \frac{3}{2}\frac{FL}{wh^2}$$

$$\delta = \frac{FL^3}{48EI} \text{ (concentrated load, 집중하중)}$$

$$\delta = \frac{5wL^4}{384EI} \text{ (spread load, 분산하중)}$$

예제

폭이 6 mm, 길이 100 mm인 PS(E = 3 GPa)로 된 수평 simple beam에 10 N의 힘이 걸린다. 0.2 mm 이상 처지지 않게 하려면 두께를 얼마로 해야 할까?

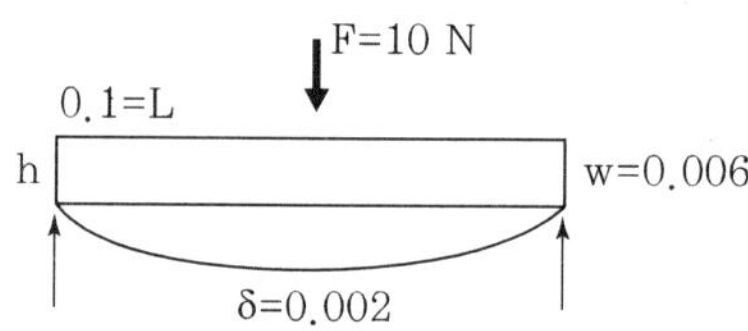

보통 집중하중이라고 가정한다.

$$\delta = \frac{FL^3}{48EI} = \frac{FL^3}{48E}\frac{12}{wh^3} = \frac{FL^3}{4Ewh^3}$$

이므로

$$h^3 = \frac{FL^3}{4Ew\delta} = \frac{(10\,N)(10^{-1})^3}{(4)(3\times10^9)(6\times10^{-3})(2\times10^{-4})} = 6.9\times10^{-7}$$

그러므로 h = 0.0088 m = 8.8 mm

(4) cantilever(외팔보)

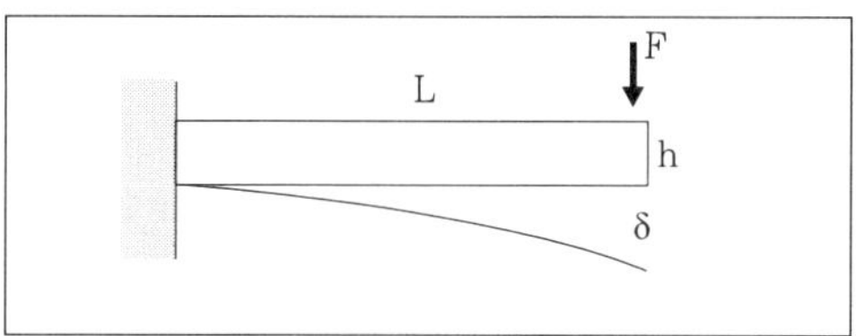

M = FL

maximum bending stress

$$\sigma = \frac{My}{I} = \frac{FL\frac{h}{2}}{\frac{wh^3}{12}} = \frac{6FL}{wh^2} \quad \text{(식 2.8)}$$

tetragonal section이면

$$\delta = \frac{FL^3}{3EI}\ \text{(concentrated load)},\quad \delta = \frac{wL^4}{8EI}\ \text{(spread load)} \quad \text{(식 2.9)}$$

예제

폭이 6 mm, 길이 100 mm인 PS(E = 3 MPa)로 된 cantilever에 10 N의 힘이 걸린다. 0.2 mm 이상 처지지 않게 하려면 두께를 얼마나 해야 할까?

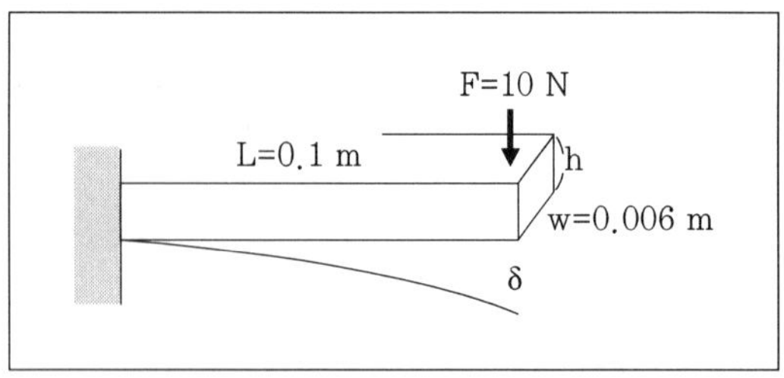

보통 집중하중이라고 가정한다.

$$\delta = \frac{FL^3}{3EI} = \frac{FL^3}{3E}\frac{12}{wh^3} = \frac{4FL^3}{Ewh^3}$$

이므로

$$h^3 = \frac{4FL^3}{Ew\delta} = \frac{(4)(10\,N)(10^{-1})^3}{(3\times10^6)(6\times10^{-3})(2\times10^{-4})} = 0.011$$

그러므로 h = 0.22 m = 220 mm

(5) column

기둥의 해석은 기둥의 상황에 따라 세 가지 다른 해석이 가능하다. 첫째 기둥의 아래만 고정되어 있을 때(그림의 A), 아래 위가 모두 고정만 되어 있어서 그림과 같이 휠 수 있는 경우(B), 아래 위가 모두 깊이 박혀서 고정되어 있어서 그림처럼 아래 위가 휘지 못하고 중간만 휠 수 있는 경우(C)들이 있다.

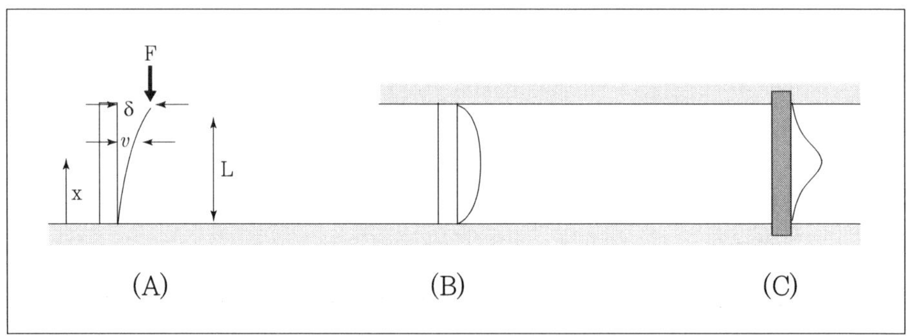

$$v = \delta(1-\cos\frac{\pi}{2L}x) \qquad v = \delta(1-\cos\frac{\pi}{L}x) \qquad v = \delta(1-\cos\frac{2\pi}{L}x)$$

여기서 x 지점에서의 deformation이 v라는 뜻이므로 maximum deformation

은 v=L인 지점에서이다.

A	B	C
$v = \delta(1 - \cos\frac{\pi}{2L}x)$	$v = \delta(1 - \cos\frac{\pi}{L}x)$	$v = \delta(1 - \cos\frac{2\pi}{L}x)$
x = L, v = δ	$L \rightarrow \frac{L}{2}$	$L \rightarrow \frac{L}{4}$
$P_{cr} = \frac{\pi^2 EI}{4L^2}$	$P_{cr} = \frac{\pi^2 EI}{L^2}$	$P_{cr} = \frac{4\pi^2 EI}{L^2}$

(6) Foam-Skin Sandwich

경량건축에 많이 쓰는 샌드위치패널은 보통 스티로폼 앞뒤에 철판을 붙인 것이다. 이같이 foam과 skin으로 만든 판을 sandwich라고 한다. 샌드위치패널의 강도를 계산하는 방법은 같은 면적에 통 재료로 패널을 만들었을 때 같은 강도를 가지려면 두께가 얼마나 되는지 계산한다.

| sandwich panel

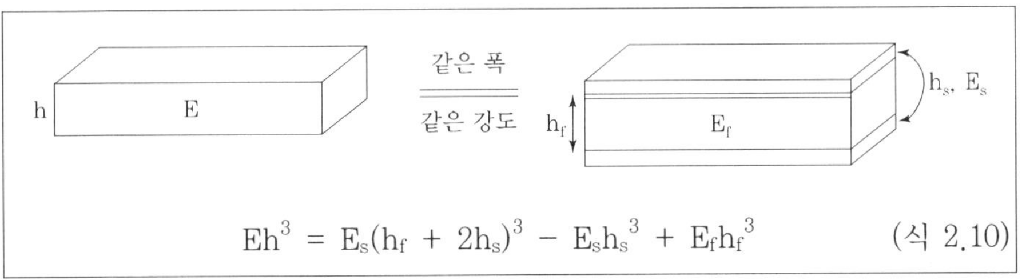

$$Eh^3 = E_s(h_f + 2h_s)^3 - E_s h_s^3 + E_f h_f^3 \quad (식\ 2.10)$$

위 식에서 각 수치는 다음과 같다.

	Modulus	두께
통 재료	E	h
skin	E_s	h_s
foam	E_f	h_f

보통 앞뒤로 붙이는 철판(아연도금강판)의 두께 hs는 0.4 – 0.5 mm를 많이 쓰므로 foam의 두께에 비하여 아주 작으므로 무시하고 계산해도 좋다. 또한 보통 쓰는 foam은 스티로폼이므로 그의 modulus 값 E_f는 철판의 값에 비해 아주 작으므로 무시하고 계산해도 된다. 그러므로 위의 식은 다음과 같이 아주 간단하게 정리되며 이 근사식으로 계산해도 실제 값과 크게 차이가 나지 않는다.

$$Eh^3 = E_s h_f^3$$

예제

현재 PS(E = 3 GPa)으로 두께 20 mm인 패널을 쓰고 있다. 두께가 0.4 mm 함석판(E = 200 GPa)을 skin으로 하는 sandwich panel로 바꿀 경우 foam(E = 0.05 GPa)의 두께를 얼마로 해야 할까?

풀이

문제에서 $E = 3$ GPa, $h = 20$ mm
$E_s = 200$ GPa, $h_s = 0.4$ mm
$E_f = 0.05$ GPa, $h_f = ?$

위 값들을 근사식에 넣으면 $3 \times 20^3 = 200 \times h_f^3$

$$h_f^3 = \frac{E \times h^3}{E_s} = \frac{3 \times 20^3}{200} = 120$$

그러므로 $h_f = 4.93$, 즉 스티로폼의 두께 5 mm인 sandwich panel을 쓰면 된다.

(7) section factor I

위의 역학 계산을 할 때 section factor I를 쓰는데 단면의 형상에 따라 단면적과 I 값을 그림 2.34에 정리하였다.

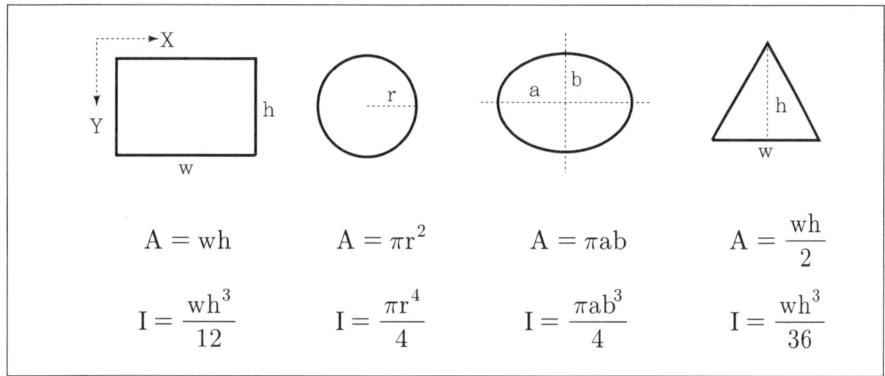

|그림 2.34 section factor I

(8) Creep curve

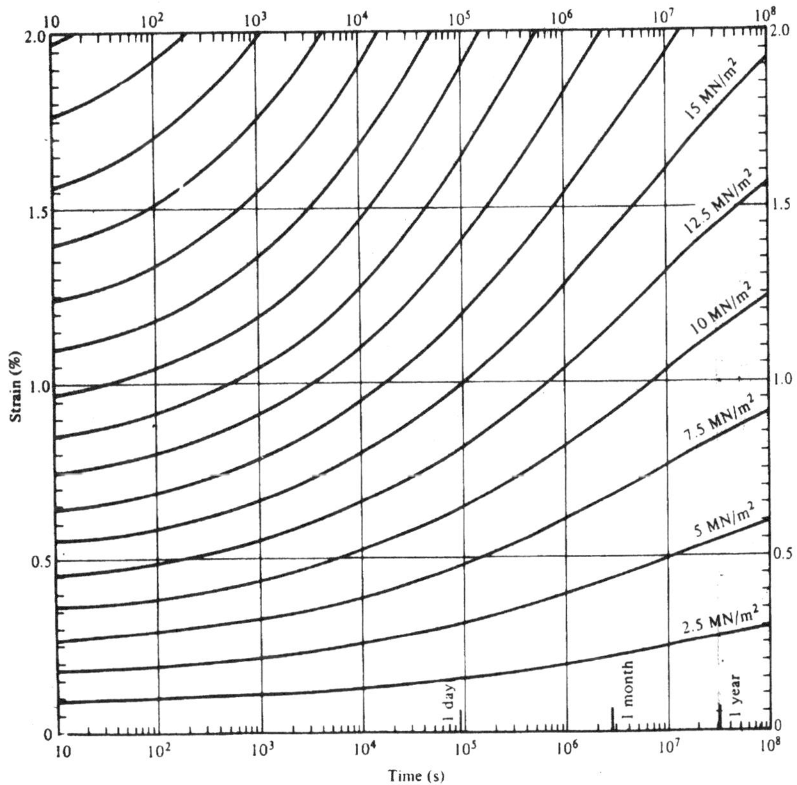

|그림 2.35 TensileCreep Modulus Curves of Polyacetal (20℃, 65% r.h. by Amsel Co.) curve=stress

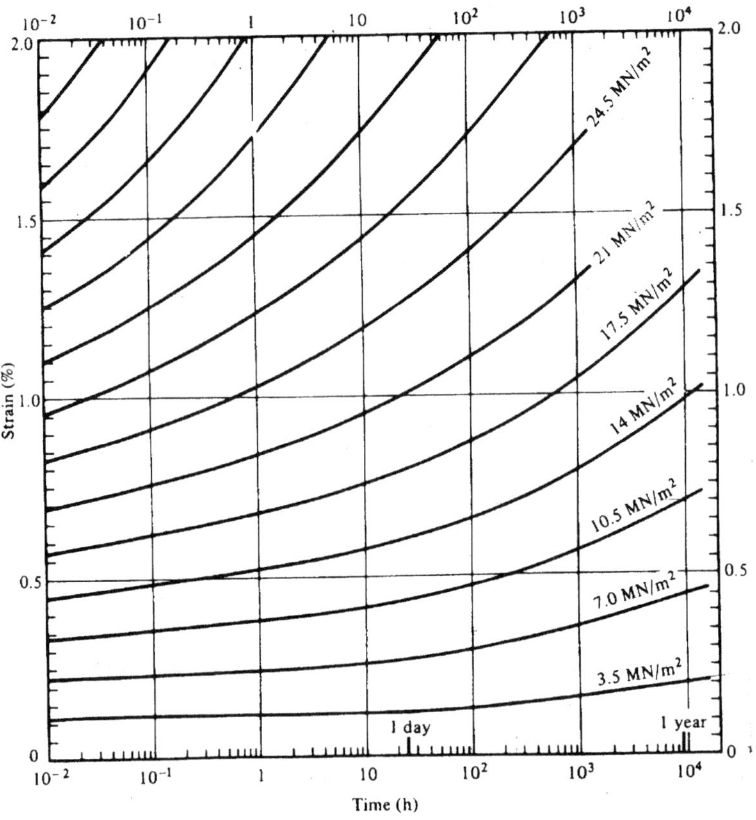

|그림 2.36 Tensile Creep Modulus Curves of Acryl sheet (20℃, 65% r.h. by ICI) curve=stress

3. creep인 경우 계산의 실제 예

(1) 두께 3 mm, 안지름 50 mm, 길이 300 mm인 acryl 파이프에 1.0 MN/m²의 압력이 걸리고 있을 때 1년 후의 지름은 어떻게 변하겠는가?

일반적인 압력관은 closed end로 해석한다.

$$\text{Hoop's rule:} \quad \sigma_H = \frac{rP}{h} = \frac{0.025 \times 10^6}{0.003} = 8.33\ \text{M}$$

그림 2.36에서 1년 8.3 M면 0.54%

유체가 파이프에 압력을 주는 것은 지름 방향(H)으로뿐만 아니라 길이 방향(L)으로도 걸린다. 파이프에서 longitudinal stress(길이 방향 응력)은 diametric stress(지름 방향 응력)의 반이므로

diametric strain $\epsilon_D = \epsilon_H - \nu\epsilon_L = (1 - \frac{\nu}{2})\epsilon_H = (1 - \frac{1}{3 \times 2}) \times 0.0054 = 0.0045$

external diameter 56 mm × 1.0045 = 56.25 mm

(2) 폭이 6 mm, 길이 100 mm인 acetal simple beam에 10 N의 힘이 걸린다. 2년 후에도 2 mm 이상 처지지 않게 하려면 두께를 얼마나 해야 할까?

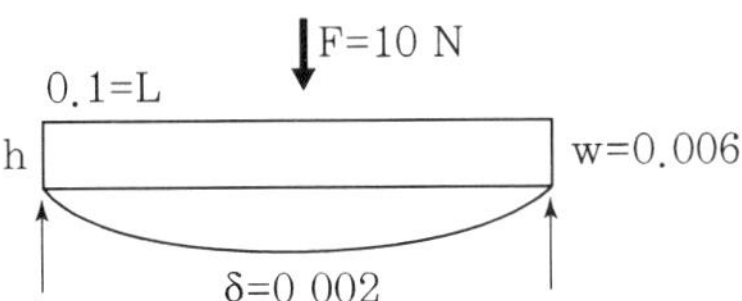

이 문제는 장시간의 creep에 관한 문제이므로 creep 곡선을 사용한다.
푸는 방법은 4가지가 있다.

① 낮은 deformation 가정법
재료가 상당히 강하고 시간이 비교적 짧아서 deformation이 적을 때 이용한다. 1%를 가정하고 그림 2.35에서 2년을 찾으면 stress가 8.5 MN/m²이 된다.

$$E = \frac{\sigma}{\epsilon} = \frac{8.5 \times 10^6}{0.01} = 0.85 \text{ GN/m}^2$$

$$\delta = \frac{FL^3}{48EI} = \frac{FL^3}{48E}\frac{12}{wh^3} = \frac{FL^3}{4wEh^3}$$

$$\therefore h^3 = \frac{FL^3}{4wE\delta} = \frac{10 \times 0.1^3}{4 \times 0.006 \times 0.85 \times 10^9 \times 0.002} = 2.45 \times 10^{-11}$$

$$h = 6.26 \text{ mm}$$

② 낮은 stress 가정법
σ = 2.5 MN/m²라고 가정하면 그림 2.35에서 ε = 0.3%

$$E = \frac{\sigma}{\epsilon} = \frac{2.5 \times 10^6}{0.003} = 0.833 \text{ GN/m}^2$$

$$\therefore h^3 = \frac{FL^3}{4wE\delta} = \frac{10 \times 0.1^3}{4 \times 0.006 \times 0.833 \times 10^9 \times 0.002} = 2.5 \times 10^{-7}$$

$$h = 6.3 \text{ mm}$$

③ maximum stress법(두께 가정)
h = 0.01이라고 가정하면

$$\sigma_{max} = \frac{3}{2}\frac{FL}{wh^2} = \frac{3}{2}\frac{10 \times 0.1}{0.006 \times 0.01^2} = 2.5 \times 10^6$$

그림 2.35에서 $\varepsilon = 0.3\%$

$$E = \frac{2.5 \times 10^9}{0.003} = 0.892 \times 10^9$$

$$h^3 = \frac{FL^3}{4wE\delta} = \frac{10 \times 0.1^3}{4 \times 0.006 \times 0.892 \times 10^9 \times 0.002} = 2.34 \times 10^{-7}$$

$$h = 6.16 \text{ mm}$$

④ simulation 법

• simple beam의 deformation $\delta = \dfrac{FL^3}{48EI}$

$$\therefore EI = \frac{FL^3}{48\delta} \quad \text{(식 2.11)}$$

• maximum bending stress $\sigma_{max} = \dfrac{My}{I} = \dfrac{hFL}{8I} = E\epsilon$

$$\therefore EI = \frac{hFL}{8\epsilon} \quad \text{(식 2.12)}$$

위의 식 2.11, 2.12로부터 $\dfrac{FL^3}{48\delta} = \dfrac{hFL}{8\epsilon}$

$$\therefore h = \frac{FL^3}{48\delta}\frac{8\epsilon}{FL} = \frac{L^2}{6\delta}\epsilon = 0.833\epsilon \quad \text{(식 2.13)}$$

또한

$$\sigma_{max} = \frac{hFL}{8I} = \frac{hFL}{8}\frac{12}{wh^3} = \frac{3}{2}\frac{FL}{wh^2} = \frac{250}{h^2} \text{ (사각단면일 때)} \quad \text{(식 2.14)}$$

식 2.13을 식 2.14에 대입하면

$$\sigma_{max} = \frac{250}{0.833^2\epsilon^2} = \frac{250}{0.694\epsilon^2} = \frac{360}{\epsilon^2} \quad \text{(식 2.15)}$$

우선 ε를 한번 가정하고 식 2.15로 σ_{max}를 계산하여 creep 곡선에서 2년 후의 ε를 다시 읽어서 원래 가정한 값과 비교하여 다시 새로운 ε로 계산하여 근접할 때까지 찾는다. 물론 이 방법으로 찾은 값이 가장 정확하다고 할 수 있다.

No.	ε	ε	σ(계산)	ε(graph)
1	1%	0.01	3.6 M	0.4%
2	0.7%	0.007	7.6 M	0.87%
3	0.8%	0.008	5.6 M	0.64%
4	0.75%	0.0075	6.4 M	0.75%

여기서 식 2.13에 의해 h = 6.24 mm

∴ safety factor 2를 적용하면 12.5 mm의 두께를 갖도록 설계하면 된다.

3 장

Polymer Properties

3-1 polymer의 기본 구조

폴리머는 거대한 분자이고 같은 부분이 반복되어 있다고 하는데 감이 잘 안 잡힐 것이다. 덩어리로 보이는 플라스틱도 탄소나 수소 등의 원소가 모여 된 것이다. 물은 산소 원자 한 개와 수소 원자 두 개가 결합된 분자들이 모여 있는 것이다. 폴리머도 원자들이 모여서 된 덩어리인데 도대체 어떤 모양일까? 만일 우리가 원자를 볼 수 있는 새로운 전자현미경으로 플라스틱의 내부를 확대하여 들여다본다면 어떤 모양일까? 한 마디로 표현하면 아주 긴 실 같은 모양일 것이다. 예를 들어 플라스틱 중에서 가장 많이 사용되는 polyethylene을 보자. $-CH_2-$라는 unit(단위)가 수없이 반복 연결되어 있다.

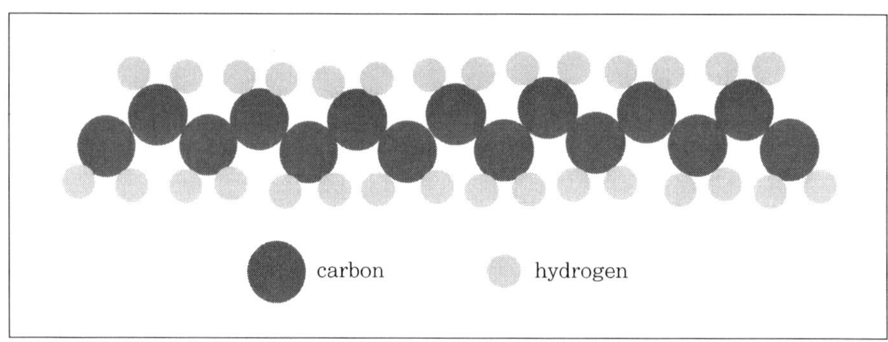

|그림 3.1 structure of polyethylene

이와 같이 폴리머는 반복된 구조로 길다. 그리고 일반적인 폴리머의 구성 원소는 탄소와 수소이다. 특히 탄소가 서로 연결되어 전체가 사슬 구조를 이룬다. 폴리머의

형태는 매우 다양하다. 물론 사슬형이 기본이지만 다양한 형태들이 있다.

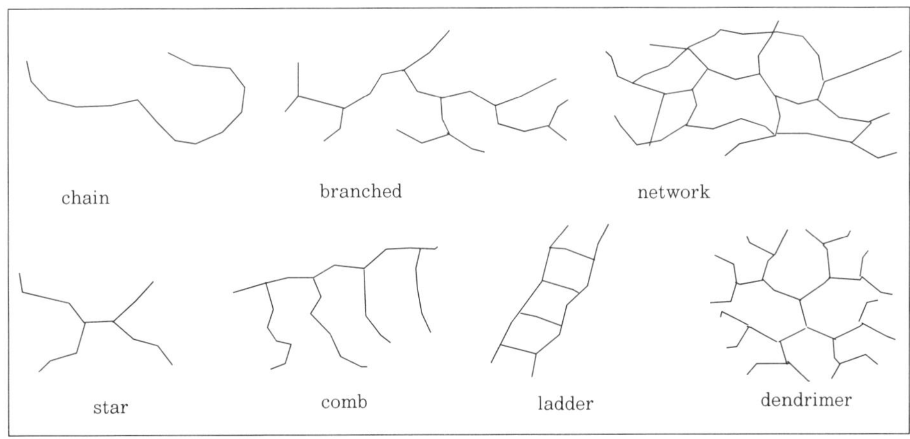

|그림 3.2 폴리머의 형태

폴리머는 같은 repeating unit(단위체)가 반복되어 큰 분자량(molecular weight)이 된다. 폴리머의 물성은 화학 구조보다 분자량에 더 큰 영향을 받는다. 위에 예로 든 polyethylene을 보면 길이만으로 그 특성이 아주 달라지는 것을 알 수 있다. 길이에 따라 기체에서 액체, 고체, 아주 단단한 고체까지 그 물성이 하늘과 땅 차이를 나타낸다.

| 표 3.1 Polyethylene의 물성

DP	$\overline{M}w$	softening point(℃)	state at 25℃	use
1	30	$-160(T_m)$	gas	fuel
6	170	$-12(T_m)$	liquid	gasoline
35	1,000	37	grease	lubricant
140	4,000	93	wax	candle
250	7,000	98	hard wax	plasticizer
430	12,000	104	plastic	film
750	21,000	110	tough plastic	film, molding
1,350	38,000	112	tough plastic	molding

DP = Degree of Polymerization(중합도)
$\overline{M}w$ = Molecular Weight(분자량)
T_m = Melting Point(녹는점)

폴리머가 아주 긴 사슬 구조라는 것은 대단히 중요한 의미가 있다. 같은 구조를 가지고 있으나 길이만 길어지면 아주 다른 물성을 갖는다. wax와 polyethylene은 길이만 다르다. 둘 다 고체이지만 물성은 아주 큰 차이가 있다. wax는 부스러지기 쉬운(brittle) 반면 polyethylene은 질기다(tough). 양초는 손만 대면 부스러지지만 polyethylene은 여러 번 굽혔다 폈다 해도 쉽게 끊어지지 않는다. 긴 사슬 구조를 갖기 때문이다.

폴리머는 아주 긴 사슬 구조라는 이유 때문에 다음 3가지의 기본적인 구조적 특성을 갖게 된다.

① 아주 길다(long) → 서로 엉킨다(entanglement) → 질기다(tough)

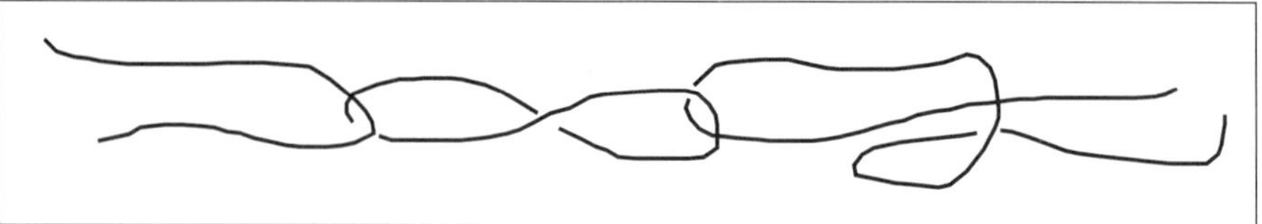

② 긴 것과 짧은 것이 섞여 있다 → strong(강)하면서도 soft(부드럽다)

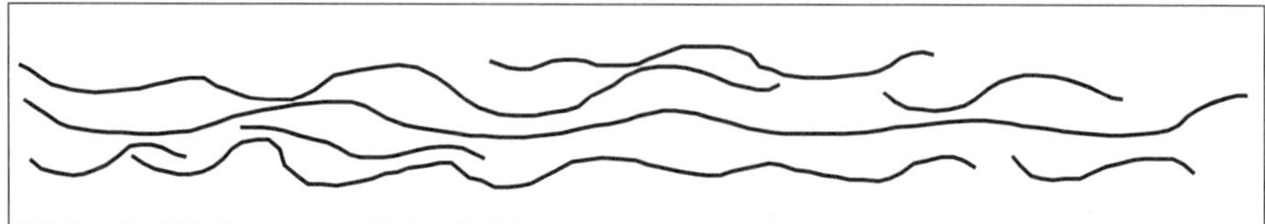

③ 종종 branch(가지)가 있다 → low density(저밀도) → light(가볍다)

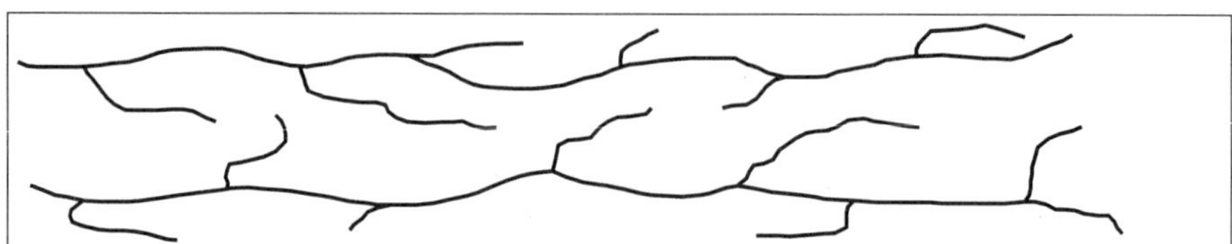

3-2 Viscoelasticity

1. 폴리머 사슬의 구조

조금 큰 관점에서 보면, 다시 말하면 사슬 뭉치가 어떤 모양을 하고 있나 보면, 조금 다른 두 가지 형태를 발견할 수 있다. 폴리머 사슬은 아주 길기 때문에 전체가 곧게 펴져 있을 수 없다. 그래서 어느 정도 접히게 된다. 여러 번 접히면 아주 단단한 뭉치가 된다. 그렇지 않은 부분은 자유로이 움직일 수 있다. 이렇게 접혀서 고밀도로 촘촘하게 뭉친 부분은 crystalline(결정)이고 자유로이 움직일 수 있는 저밀도 부분은 amorphous(비정질)하게 된다. 폴리머는 이렇게 crystalline 부분과 amorphous 부분을 함께 가지고 있다. 그래서 polymer는 강하면서도 부드럽고 질긴 것이다.

분자가 나란히 모여 있는 것을 micelle이라고 하므로 폴리머의 crystalline/ amorphous 구조를 'fringed micelle(술 달린 미셀)'이라고도 한다.

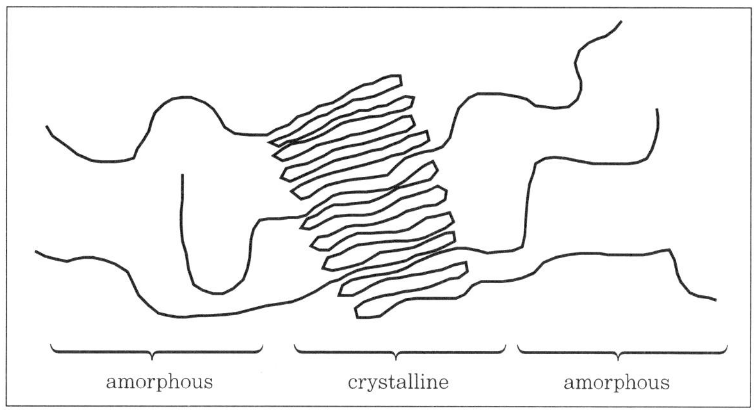

| 표 3.2 crystalline and amorphous

structure	crystalline	amorphous
state	solid	liquid
properties	elasticity	viscosity
model	spring	dashpot

이렇게 elasticity를 나타내는 crystalline 부분과 viscosity를 나타내는 amorphous 부분을 함께 갖고 있기 때문에 폴리머의 물성을 viscoelasticity(점탄성)라고 한다. 그 두 부분을 각각 spring과 dashpot로 모델링할 수 있는데, 이들을 serial(직렬)로 연결하는 Maxwell model(맥스웰 모형)로 설명할 수도 있고, parallel(병렬)로 연결한 Voigt model(브와 모형)로도 가능하며, 둘을 섞은 표준 선형 고체 모형도 유용하다. 복잡하게 연결할수록 실제 폴리머의 dynamics(동력학)을 잘 설명하지만 해석하기에 복잡해져서 실용성이 떨어진다.

crystalline 부분은 고체로서 elasticity(탄성)을 띤다. amorphous 부분은 유동성 액체와 같이 viscosity(점성)를 가진 액체의 성질을 갖는다. 그래서 폴리머는 단단하면서도 부드럽다. 이같이 모든 폴리머는 다소간의 비율 차이는 있을지라도 elasticity과 viscosity(점성)라는 두 가지 성질을 모두 가지기 때문에 폴리머의 물성을 viscoelasticity(점탄성)라고 한다. 이 viscoelasticity만 잘 이해하면 폴리머의 물성을 거의 다 안다고 할 수 있을 정도로 중요한 개념이다. spring으로 대표되는 elasticity는 Hook's rule에 의해 표현된다.

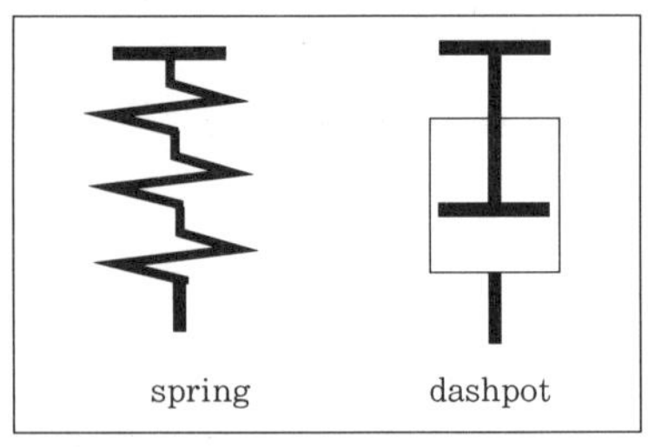

|그림 3.3

$$\sigma = E\epsilon \qquad \text{(식 3.1)}$$

여기서 E는 탄성체의 modulus로 Yong's modulus라고도 한다. σ는 stress로서 외부에서 가해지는 힘이다. ε는 외력에 의해 response로서 나타나는 deformation(변형)이고 strain(변형율)이라고 한다.

또한 dashpot로 표현되는 viscosity는 Newton's rule로 나타낼 수 있다.

$$\sigma = \eta \frac{d\epsilon}{dt} \qquad \text{(식 3.2)}$$

이 식은 액체의 성질을 표현한 것으로서 외력 σ에 의하여 나타나는 deformation은 점도(η)를 가지고 시간의 함수로 나타난다.

2. viscoelasticity의 실제 적용

플라스틱으로 만든 선반은 무거운 물건을 올려놓고 당장은 처지지도 않고 아무 변형이 없지만 몇 달 지나 보면 축 처져 있는 경우를 볼 수 있다. 이렇게 처음엔 아무 변형도 일으킬 수 없을 만큼 작은 힘이라도 시간에 따라 점점 변형이 커지는 현상을 creep라고 한다.

또한 팽팽하게 걸어 놓은 고무줄이 장기간 후에는 탄력을 잃어서 축 늘어지는 경우를 본 적이 있을 것이다. 이렇게 일정한 변형을 강제로 걸어 놓았을 때 시간이 지나면서 탄성, 즉 tension이 줄어드는 현상을 stress relaxation(응력완화)이라고 한다. 이들 같이 독특한 폴리머의 물성은 viscoelasticity를 갖기 때문이다. 이들은 정적인 측정이다. 그밖에도 재료의 동적 역학 물성을 측정하는 방법은 일정 속도 변형법과 동역학적 측정이 있다. 동역학적 측정은 주기적인 힘을 주어 재료가 나타내는 fatigue(피로)를 측정한다.

정적 측정	creep (일정 응력 → 변형 변화) stress relaxation (일정 변형 → 응력 변화)
동적 측정	일정 속도 변형 (stress-strain curve) fatigue 측정 (주기적 외력 → 강도 저하)

(1) creep

creep 실험은 t_1에 힘(σ)을 가하면 시간이 흐름에 따라 변형(ε)이 서서히 증가하다가 t_2에 힘을 제거하면 elastic deformation만큼 즉시 감소하고 그 다음은 시간에 따라 서서히 감소하게 된다. t_1에서 t_2까지의 변형이 증가하는 것을 creep라고 한다. creep 실험에서는 변형은 시간의 함수이다.

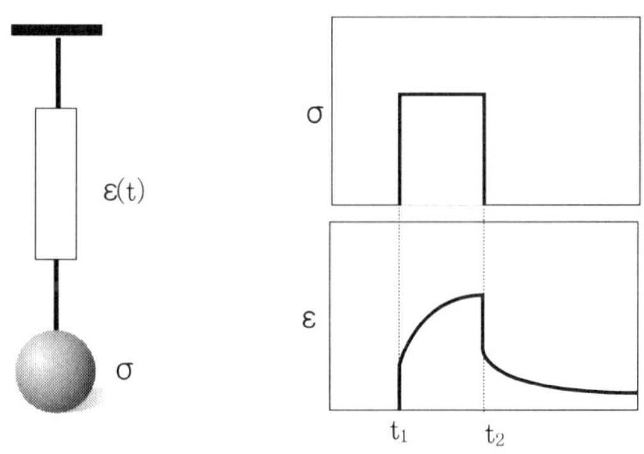

(2) stress relaxation

시료를 강제로 늘여서, 즉 힘을 가하여 변형을 걸어 놓으면 처음에는 stress가 최고치에 달하지만 시간이 흐르면서 점차 stress가 감소한다.

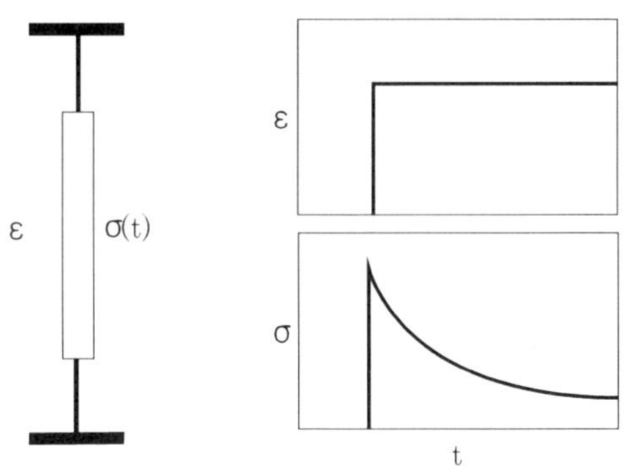

(3) 일정 변형 속도 실험

시료를 일정한 속도로 변형시키면 재료의 stress도 변화할 것이다. 그 두 factor, stress와 strain의 관계 그래프를 얻을 수 있는데 이 곡선을 stress-strain curve라고 한다. 이 곡선만 있으면 이 재료의 물성을 알 수 있다.

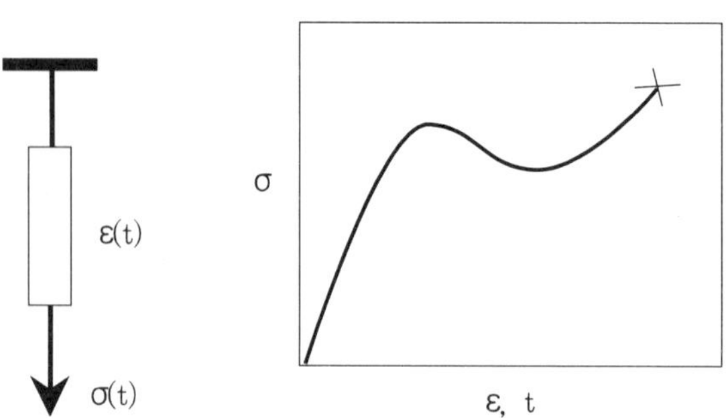

3. viscoelasticity의 수학적 모델

(1) Maxwell model

폴리머는 spring의 성격과 dashpot의 성격을 모두 갖고 있기 때문에 수학적 모델도 이 두 모델을 합해야 한다. 가장 간단한 것은 직렬연결한 Maxwell 모델이다.

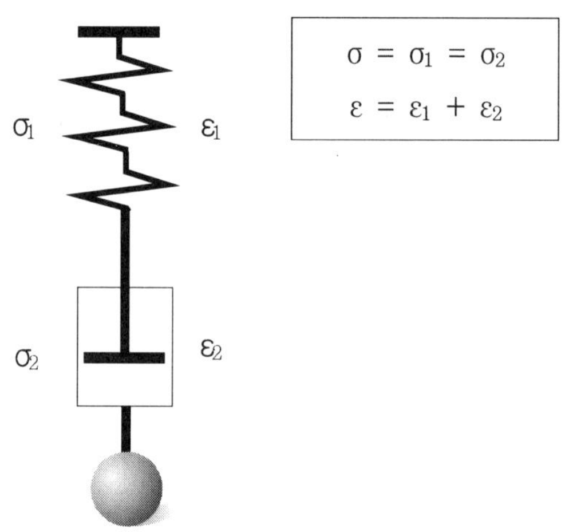

dashpot 요소가 포함되어 있기 때문에 시간의 함수이므로 미분하면

$$\frac{d\epsilon}{dt} = \frac{d\epsilon_1}{dt} + \frac{d\epsilon_2}{dt}$$

spring에서 $\epsilon_1 = \frac{\sigma}{E}$

미분하면 $\frac{d\epsilon_1}{dt} = \frac{1}{E}\frac{d\sigma}{dt}$

dashpot에서 $\frac{d\epsilon_2}{dt} = \frac{1}{\eta}\sigma$

직렬연결하면

$$\boxed{\frac{d\epsilon}{dt} = \frac{1}{E}\frac{d\sigma}{dt} + \frac{1}{\eta}\sigma} \qquad \text{(식 3.3)}$$

creep 실험에 실제 적용을 해 보면 σ는 일정하므로 $\frac{d\sigma}{dt} = 0$이 되므로 식 3.3은 $\frac{d\epsilon}{dt} = \frac{\sigma_0}{\eta}$이 된다. 이 식을 보면 시간에 따라서 strain(ε)의 변화량이 stress(σ)에 비례하는 것(비례 상수는 1/η)으로 나타난다. 이것은 실제 플라스틱이 나타내는 creep 현상과는 다르다. 실제는 직선 관계가 아니라 처음에는 급격히 증가하다가 점점 수렴하는 곡선 관계가 된다. 즉, 이 식은 creep 특성을 잘 나타내지 못한다. creep 실험이란 그림과 같이 일정한 추를 가하면 시간에 따라 점차 deformation (strain)이 커지는 현상을 말한다. 플라스틱은 분자 사슬들이 엉켜 있는 내부 구조를 갖기 때문에 힘이 장기간 가해지면 얽힘이 풀리면서 deformation이 점점 커진다.

식 3.3을 stress relaxation 실험에 적용해 보자. stress relaxation은 강제로 일정한 변형을 주면 시간에 따라 stress가 감소하는 현상을 말한다.

ε이 일정하므로

$$\frac{d\epsilon}{dt} = 0$$

그러므로 식 3.3은

$$0 = \frac{1}{E}\frac{d\sigma}{dt} + \frac{\sigma}{\eta}$$

$$\frac{d\sigma}{dt} = -\frac{E}{\eta}\sigma$$

t=0에서 σ=σ_0이므로 적분하면 $\sigma = \sigma_0 \exp(-\frac{E}{\eta}t)$

여기서 $\eta/E=t_r$은 relaxation time이다. 그러므로 위 식은

$$\sigma = \sigma_0 \exp(-\frac{t}{t_r})$$

이 식의 그래프는

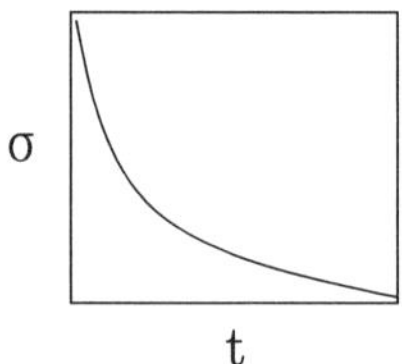

가 되어 실제와 잘 맞는다.

즉 Maxwell 모델은 creep를 잘 나타내지는 못하지만 stress relaxation은 잘 나타낸다.

(2) Voigt model

spring과 dashpot을 연결하는 또 다른 간단한 방법은 병렬연결이다. 병렬연결을 Voigt 모델 또는 Kelvin 모델이라고 한다.

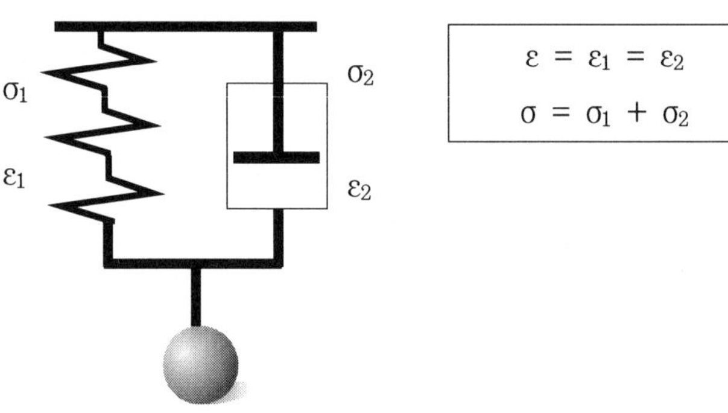

$\sigma_1 = E\varepsilon$이고 $\sigma_2 = \eta \frac{d\epsilon}{dt}$ 이므로

$$\sigma = E\epsilon + \eta \frac{d\epsilon}{dt}$$

정리하면

$$\boxed{\frac{\sigma}{\eta} = \frac{d\epsilon}{dt} + \frac{E}{\eta}\epsilon} \qquad \text{(식 3.4)}$$

이 식을 creep 실험에 적용해 보자. $\sigma = \sigma_0$로 일정하므로

$$\frac{\sigma_0}{\eta} = \frac{d\epsilon}{dt} + \frac{E}{\eta}\epsilon$$

시간에 따라 적분하면

$$\epsilon = \frac{\sigma_0}{E}[1 - \exp(-\frac{E}{\eta}t)] = \frac{\sigma_0}{E}[1 - \exp(-\frac{t}{t_r})]$$

여기서 $\frac{\eta}{E} = t_r$은 relaxation time이다. 그래프를 그리면

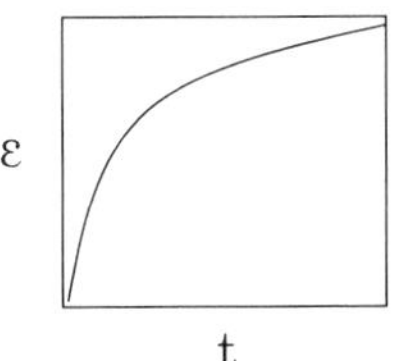

이것은 실제와 잘 부합한다.

이번에는 stress relaxation 실험에 적용해 보자.

ε는 일정하므로 $\frac{d\epsilon}{dt} = 0$

그러므로 식 3.4는 $\sigma = E\varepsilon_0$

그래프를 그리면 비례상수 E인 직선관계가 되는데 실제와 맞지 않는다. 즉 Voigt 모델은 creep는 잘 나타내지만 stress relaxation에는 잘 맞지 않는다.

결론적으로 이야기하면 직렬연결인 Maxwell 모델은 creep를 잘 나타내지는 못하지만 stress relaxation은 잘 나타낸다. 반면에 Voigt 모델은 creep는 잘 나타내지만 stress relaxation에는 잘 맞지 않는다. 그러므로 플라스틱의 역학거동을 잘 계산하기 위해서는 이 두 모델을 적절히 섞어야 할 것이다. 그래서 직렬과 병렬을 함께 연결한 표준 선형 고체 모델 등이 제시되었지만 이것도 역시 근사적으로만 맞을 뿐이다. 모델이 복잡할수록 실제와 근접하지만 계산이 어렵고, 모델이 간단하면 실제에 잘 부합하지 않는다. 학자들은 여러 모델들을 제안하고 복잡한 계산을 수행하며 플라스틱을 잘 나타내는 수학적 모델을 찾는 일은 계속한다.

(3) $\overline{M}_w$와 물성 간의 관계

이 장에서 검토해 본 폴리머의 두 가지 특성을 두 마디로 요약한다면 long chain

과 viscoelasticity이다. 이 두 구조적 특성 때문에 폴리머의 모든 복잡하고 특이한 물성들이 생긴다.

폴리머의 $\overline{M}w$(분자량)이 커질수록, 즉 사슬 길이가 길어질수록 물성에 어떤 변화가 생기는지는 일정하지 않다. $\overline{M}w$와 물성 간의 관계는 다소 복잡하다. 간단히 이야기하면, 대부분의 물성(strength, modulus, viscosity..)은 $\overline{M}w$에 따라 계속 증가하지 않고 어느 정도 커지면 더 이상 증가하지 않는다(그림 3.4). 그러나 폴리머 사슬의 entanglement(엉킴)와 disentanglement(풀림)에 연관되는 물성인 가열과 용매에 의한 swelling(팽창)에 따라 나타나는 물성은 분자량에 따라 계속 증가한다(그림 3.5). melting process temperature(용융가공온도), 내열강도, 내약품성, solvent swelling(용매팽윤성) 같은 몇 가지 물성이 이에 속한다.

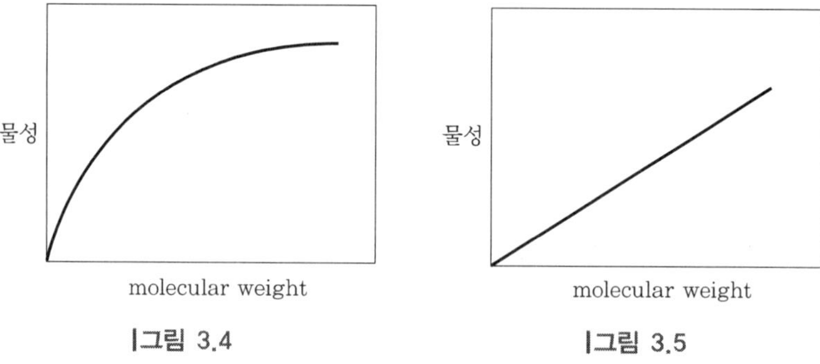

|그림 3.4 |그림 3.5

3-3 Average Molecular Weight(평균 분자량)

1. 두 가지 평균값

폴리머의 molecular weight은 단순하지 않다. 분자량이 매우 크기 때문에 하나의 수량으로 정해지는 것이 아니라 여러 값의 평균값이 된다. 즉 평균 분자량이 10,000인 폴리머는 9,000이나 8,000, 심지어는 몇 백짜리도 있으며 20,000이나 30,000도 있어서 그 전체의 평균이 10,000이라는 뜻이다. 평균 분자량을 표시하는 방법에는 여러 가지가 있는데 가장 중요한 것은 number average molecular weight(수평균 분자량)과 weight average molecular weight(무게평균 분자량)이다.

그 둘의 차이를 이해하기 위해 정원이 10명인 두 학과가 과대항 농구시합을 한다고 하자. 한 반은 모든 학생의 키가 거의 같아서 170 cm라고 하자. 또 다른 반은 평균 키는 같이 170 cm이지만 140 cm 안 되는 친구도 여럿 있고 200 cm 넘는 친구

| 농구 경기는 5명이 한 팀이다.

도 여럿 있다고 하자. 실력은 비슷비슷해서 키의 영향을 많이 받는다고 할 때 어느 반이 유리하겠는가? 평균 키가 같다고 두 반의 농구 시합 결과가 무승부에 가깝게 나올까? 아닐 것이다. 농구는 5명이 하는 경기이므로 200 cm가 넘는 장신이 몇 명 있는 반이 유리할 것이다. 이런 경우 통계적으로 두 반의 평균 키만 제시해서는 경기에 대한 어떤 예측도 불가능할 것이다. 이 단순한 평균 키 170 cm라는 것이 바로 number average(수평균) 값이다. 소수의 장신들의 영향을 드러내는 평균이 필요하게 되는데 이 값이 weight average(무게평균) 값이다. 무게평균은 몸무게의 평균이란 말이 아니고 값을 가중처리하였다는 뜻이다. 두 반에 대한 값을 실제 넣어 계산해 보자.

A반: 170 cm × 10명
B반: 140 cm(3명), 170 cm(4명), 200 cm(3명)

A반의 평균 키 number average $= \dfrac{170 \times 10}{10} = 170$

B반의 평균 키 number average $= \dfrac{(140 \times 3 + 170 \times 4 + 200 \times 3)}{10} = 170$

그러나 장신에 가중치를 넣어 계산한 weight average 값은 다르게 계산된다. 값의 가중치를 계산하기 위해 각 값의 제곱의 평균을 계산한다. 계산은 다음과 같다.

A반의 가중평균 키 weight average $= \dfrac{170^2 \times 10}{170 \times 10} = 170$

B반의 가중평균 키 weight average $= \dfrac{140^2 \times 3 + 170^2 \times 4 + 200^2 \times 3}{140 \times 3 + 170 \times 4 + 200 \times 3} = 173.18$

계산 결과와 같이 B반의 가중평균이 더 크게 나오므로 B반이 유리함을 알 수 있다.

2. polymer의 average molecular weight의 가장 간단한 방법

앞에서 든 비유처럼 폴리머의 물성도 적은 수이지만 아주 긴 폴리머가 큰 영향을 준다. 그러므로 폴리머에서도 무게평균 분자량은 매우 중요하다. 수평균 분자량과 무게평균 분자량을 수식으로 나타내면 다음과 같다. 여기서 윗선은 평균을 나타내는 표시이다.

$$\overline{M}n = \frac{\sum MiNi}{\sum Ni}, \quad \overline{M}w = \frac{\sum Mi^2 Ni}{\sum MiNi} \qquad (식\ 3.5)$$

일반적인 고분자 교과서에는 이들 식부터 나온다. 그러나 사실 수평균 분자량은 훨씬 더 쉽게 계산할 수 있다.

$$\overline{M}n = \frac{W}{N} = \frac{전체\ 무게}{전체\ 분자수} = 폴리머\ 1개의\ 무게 \qquad (식\ 3.6)$$

더 복잡한 식이 많지만 가장 중요한 것은 가장 기초적인 정의이다. 일반적인 방법으로 잘 풀리지 않는 문제를 만났을 때 가장 기초적인 정의로 돌아와서 보면 의외로 쉽게 풀리는 경우가 많다.

3. molecular weight보다 간단한 degree of polymerization

여기서 분자량 대신에 degree of polymerization(DP, 중합도)라는 개념을 사용하면 더 쉽다. 폴리머의 분자량을 반복 단위의 분자량으로 나눈 수로서 반복 단위가 몇 개인가, 그 구조가 몇 번 반복되어 있나. 즉 그 폴리머의 길이를 나타내는 수이다. 폴리머의 화학적 구조를 몰라도 폴리머의 길이를 말할 수 있으므로 매우 편하다. 역시 DP도 수평균($\overline{DP}n$)과 무게평균($\overline{DP}w$)이 있다.

$$\overline{DP}n = \frac{\overline{M}n}{M} \qquad (식\ 3.7)$$

위의 두 식을 DP로 표현하면 다음과 같이 된다.

$$\overline{DP}n = \frac{No}{N} = \frac{\text{monomer 수}}{\text{전체 분자수}} = \text{폴리머 1개의 길이} \quad (\text{식 } 3.8)$$

Mi = iM이다. i는 반복 단위의 수이다. 이것은 dimer일 경우 i = 2이고 trimer는 i=3이다. M은 모노머 하나의 무게(molecular weight)이다.

$$\overline{M}n = \frac{\Sigma MiNi}{\Sigma Ni} = \frac{\Sigma iMNi}{\Sigma Ni} = M\frac{\Sigma iNi}{\Sigma Ni} = M \cdot \overline{DP}n \quad (\text{식 } 3.9)$$

이므로

$$\overline{DP}n = \frac{\Sigma iNi}{\Sigma Ni} \quad (\text{식 } 3.10)$$

$$\overline{M}w = \frac{\Sigma Mi^2Ni}{\Sigma MiNi} = \frac{\Sigma(iM)^2Ni}{\Sigma(iM)Ni} = \frac{M^2\Sigma i^2Ni}{M\Sigma iNi} = M \cdot \overline{DP}w \quad (\text{식 } 3.11)$$

이므로

$$\overline{DP}w = \frac{\Sigma i^2Ni}{\Sigma iNi} \quad (\text{식 } 3.12)$$

4. conversion

폴리머에서의 평균 분자량의 개념을 이해하기 위해 아주 작은 수로 예를 들어 설명해 보자.

이해를 위해 10개의 모노머가 있다고 하자. polymerization으로 dimer 5개가 만들어졌고, 분자 하나를 막대기 ╱ 하나로 표시한다면 이 polymerization은 다음과 같이 그릴 수 있다.

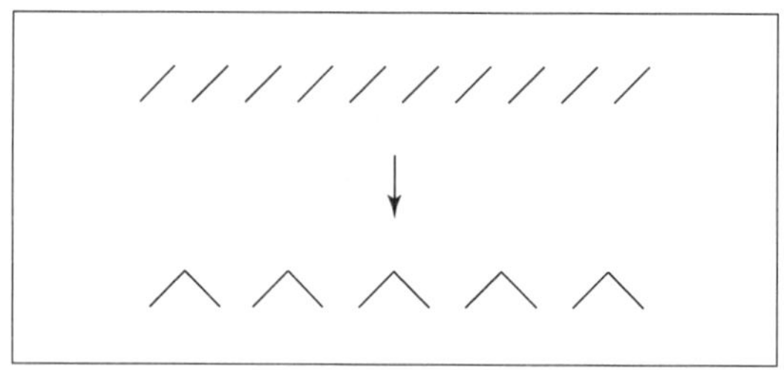

|그림 3.6 Monomer와 Polymer

이때 reaction conversion(반응 전환율) p는 반응할 수 있는 총 분자수 중에 반응한 분자의 수로 계산된다. 반응한 분자수는 초기 총 분자수에서 현재의 분자수를 뺀 값이다. 왜냐하면 한 번 결합 반응할 때마다 하나의 분자가 없어지기 때문이다. 즉 10개의 모노머가 있다가 한 번 반응하여 dimer가 하나 생겼다면 현재 분자 수는 9개이다. 초기의 분자수를 No, 반응 후의 분자수를 N이라고 하면 다음과 같다.

$$\text{conversion } p=\frac{\text{반응한 분자수}}{\text{반응할 수 있는 총 분자수}}=\frac{No-N}{No}=1-\frac{N}{No} \quad (\text{식 } 3.13)$$

위 그림대로 5개의 dimer가 생겼다면 conversion은 다음과 같이 계산할 수 있다.

$$p=\frac{No-N}{No}=\frac{10-5}{10}=\frac{5}{10}=0.5$$

즉 conversion이 50%이면 오직 dimer만 생긴 상태이다.

5. 실제 polymer의 molecular weight 계산

실제는 이렇게 단순하지 않고 복잡한 양상을 띤다. 즉 폴리머는 길이가 일정하지 않다. conversion이 50%라고 해도 dimer만 있는 것이 아니라 monomer도 있고 trimer도 있어서 그 평균이 dimer가 되는 식이다. 이 상태를 그림으로 그리면 다음과 같다.

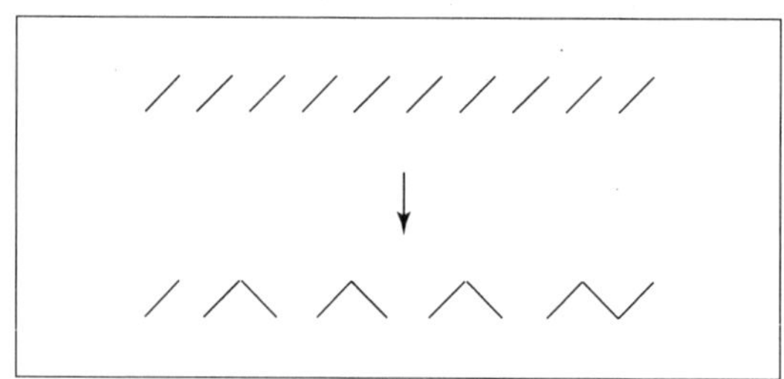

|그림 3.7 Monomer와 Polymer

monomer 1개, dimer 3개, trimer 1개이면 전체 분자수가 5개로서 그림 3.6과 같이 conversion은 50%이다.

길이가 1인 모노머가 10개 있었으니까 반응 후 폴리머가 된 뒤에 dimer나 trimer가 되더라도 이 계 전체 길이는 10이다. 지금 1, 2, 2, 2, 3이므로 모두 더해서 전체수로 나누면 된다. 즉 1 + 2 + 2 + 2 + 3 = 10을 분자수 5로 나누면 평균은 2가 된다. 이것을 식으로 표현하면 다음과 같다.

$$\overline{DP}n = \frac{No}{N} = \frac{10}{5} = 2 \tag{식 3.14}$$

두 번째 식으로도 계산할 수 있다.

$$\overline{DP}n = \frac{\Sigma iNi}{\Sigma Ni} = \frac{1\times1+2\times3+3\times1}{1+3+1} = \frac{10}{5} = 2$$

$\overline{DP}$w도 계산할 수 있다.

$$\overline{DP}w = \frac{\Sigma i^2Ni}{\Sigma iNi} = \frac{1^2\times1+2^2\times3+3^2\times1}{1\times1+2\times3+3\times1} = \frac{22}{10} = 2.2$$

6. molecular weight distribution

이제 위에서 이야기한 것과 마찬가지로 10개의 모노머를 중합하여 다음과 같은 결과를 얻었다고 해 보자.

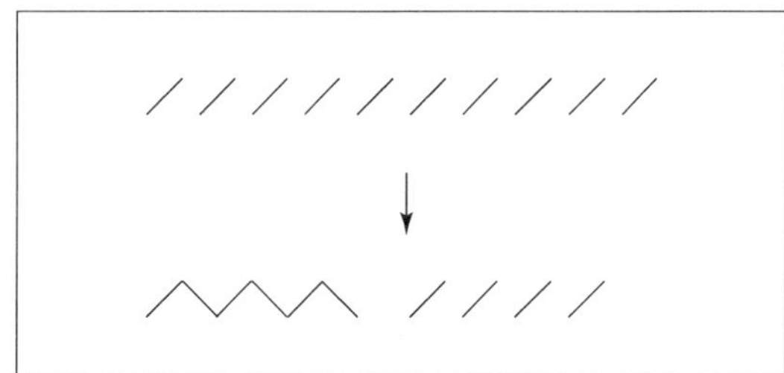

|그림 3.8 Monomer와 Polymer

즉 hexamer(6−mer) 하나와 모노머 4개가 남았다면, 이 경우에도

$$p = \frac{No - N}{No} = \frac{10-5}{10} = \frac{5}{10} = 0.5$$

앞의 예와 마찬가지로 conversion이 50%로 같다.

$\overline{DP}n$을 계산하면

$$\overline{DP}n = \frac{No}{N} = \frac{10}{5} = 2$$

로서 앞의 경우와 같다. 그런데 $\overline{DP}w$를 계산하면

$$\overline{DP}w = \frac{\Sigma i^2 Ni}{\Sigma iNi} = \frac{1^2 \times 4 + 6^2 \times 1}{1 \times 4 + 6 \times 1} = \frac{40}{10} = 4$$

그림 3.7과 그림 3.8의 $\overline{DP}n$은 똑같이 2인 $\overline{DP}w$는 2.2와 4로 크게 차이가 난다. 이렇게 $\overline{DP}w$가 크면 분자량 분포가 넓다고(wide) 한다. 그 분포의 정도를 나타내기 위하여 $\overline{DP}w$와 $\overline{DP}n$의 비를 쓰는데 그것을 Polydispersity Index(I)라고 한다. 여기서 앞의 경우는 I = 2.2/2 = 1.1이고 뒤의 경우는 I = 4/2 = 2이다. 뒤의 경우가 앞의 경우보다 분포가 더 넓다. 항상 I 값은 1보다 크게 된다.

$$I = \frac{\overline{M}w}{\overline{M}n} = \frac{\overline{DP}w}{\overline{DP}n} \qquad \text{(식 3.15)}$$

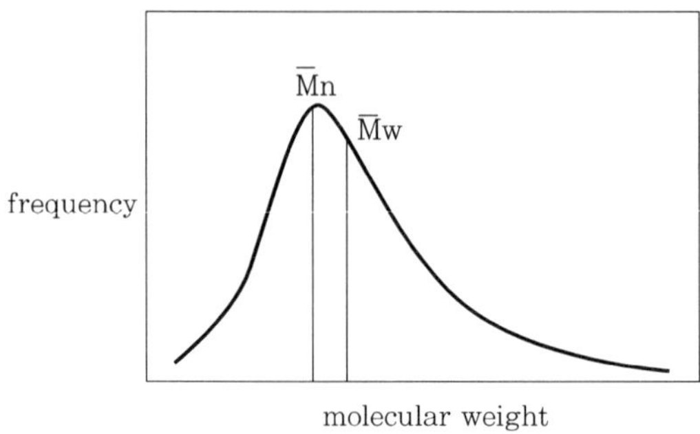

|그림 3.9 molecular weight distribution

 예제

분자량이 1만인 폴리머 1드럼과 분자량이 2만인 폴리머 2드럼을 섞으면 전체 폴리머의 $\overline{M}n$과 $\overline{M}w$은 얼마인가?

답

로트 1과 로트 2의 합을 구하는 문제이다. 각 로트를 위의 i group으로 보면 쉽다. 드럼 비는 부피 비므로 Ni의 비로 나타낼 수 있다. 즉 $\overline{M}n$이 1만인 폴리머 1개와 $\overline{M}n$ 2만인 폴리머 2개를 더한 전체의 평균 분자량을 구하는 문제이다.

$$\overline{M}n = \frac{\Sigma MiNi}{\Sigma Ni} = \frac{1\times 1+2\times 2}{1+2} = \frac{5}{3} = 1.67$$

$$\overline{M}w = \frac{\Sigma Mi^2Ni}{\Sigma MiNi} = \frac{1^2\times 1+2^2\times 2}{1\times 1+2\times 2} = \frac{9}{5} = 1.8$$

예제

$\overline{M}n$이 1만인 폴리머 1 kg과 $\overline{M}n$이 2만인 폴리머 2 kg을 섞으면 전체 폴리머의 $\overline{M}n$과 $\overline{M}w$은 얼마인가?

답

분자수 Ni나 N을 알면 쉽게 계산할 수 있을텐데 이 문제에서는 Ni, No, N 등이 주어지지 않았다. 이럴 경우 어떻게 계산해야 할까? 우선 식이 안 풀리면 가장 간단한 기초로 돌아와서 생각한다. 가장 간단한 식은

$$\overline{M}n = \frac{W}{N} = \frac{\text{전체 무게}}{\text{전체 분자수}}$$

이다. 여기서 전체 무게는 $W = \Sigma MiNi$ 으로 계산된다.

그래도 N을 어떻게 알 수 있을지 알 수 없다. 식이 주는 의미를 다시 생각해 보자. $\overline{M}n = \frac{\sum MiNi}{\sum Ni}$ 에서 MiNi는 i-mer(또는 i group)의 전체 무게를 말한다.

즉 전체 무게 $W = \Sigma MiNi$ 을 i-mer(또는 i group) 별로 나누어 생각하면 각 i에 대해 $Wi = MiNi$ 인 것을 알 수 있다. 그러므로 N을 계산할 수 있다.

$$Ni = \frac{W_i}{M_i} \qquad (\text{식 } 3.16)$$

문제로 다시 돌아와서 다음과 같이 풀 수 있다.

$$\overline{M}n = \frac{\Sigma MiNi}{\Sigma Ni} = \frac{\Sigma W_i}{\Sigma \frac{W_i}{Mi}} = \frac{1+2}{\frac{1}{1}+\frac{2}{2}} = \frac{3}{2} = 1.5$$

$$\overline{M}w = \frac{\Sigma Mi^2Ni}{\Sigma MiNi} = \frac{\Sigma W_iMi}{\Sigma W_i} = \frac{1\times 1+2\times 2}{1+2} = \frac{5}{3} = 1.67$$

7. fraction을 응용한 방법

계가 복잡해지면 fraction(분율)을 쓰는 것이 더 쉽다. 분율이란 전체를 1로 놓을 때 얼마나 차지하는가를 나타낸 값이다. 이 방법의 장점은 그 값들을 모두 더하면 항상 1이 된다. 이 분율도 number fraction(수분율, ni)과 weight fraction (무게분율, wi)이 있다. fraction은 소문자로 표시한다.

첫 번째 예를 다시 보자.

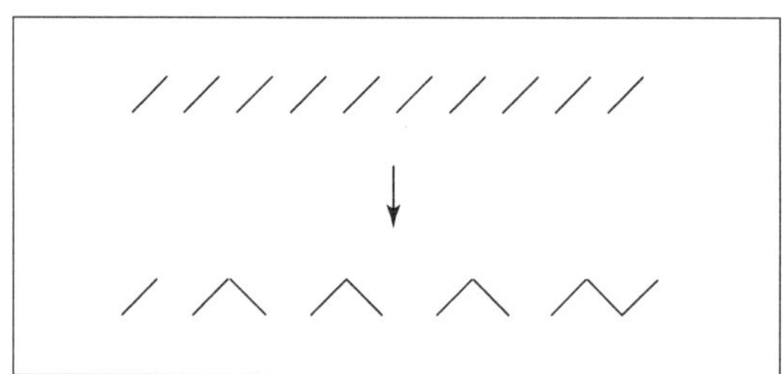

|그림 3.10 Monomer와 Polymer

통계처리를 쉽게 하기 위해 도수분포표를 만들자.

이해를 위하여 M, 즉 한 모노머의 무게(또는 한 반복 단위의 분자량)가 20이면 다음과 같이 표로 표시할 수 있다.

	monomer	dimer	trimer	sum
i	1	2	3	
Mi=iM	1×20=20	2×20=40	3×20=60	
Ni	1	3	1	N=ΣNi=5
Wi=MiNi	20×1=20	40×3=120	60×1=60	W=ΣWi=200
ni=Ni/N	1/5=0.2	3/5=0.6	1/5=0.2	1
wi=Wi/W	20/200=0.1	120/200=0.6	60/200=0.3	1

이 표로부터 $\overline{M}n$과 $\overline{M}w$를 아주 쉽게 계산할 수 있다.

$$\overline{M}n = \frac{W}{N} = \frac{\Sigma W_i}{N} = \frac{\Sigma NiMi}{N} = \Sigma\frac{Ni}{N}Mi = \Sigma n_i Mi$$
$$= 20\times0.2+40\times0.6+60\times0.2 = 40$$

$$\overline{M}w = \frac{\Sigma Mi^2Ni}{\Sigma MiNi} = \frac{\Sigma W_iMi}{\Sigma W_i} = \frac{\Sigma W_iMi}{W} = \Sigma\frac{W_i}{W}Mi = \Sigma w_i Mi$$
$$= 0.1\times20+0.6\times40+0.3\times60 = 44$$

DP(중합도)로 표시할 수도 있다.

$$\overline{M}n = \Sigma n_i Mi = \Sigma n_i iM = M\Sigma in_i = M \cdot \overline{DP}n$$
$$\overline{M}w = \Sigma w_i Mi = \Sigma w_i iM = M\Sigma iw_i = M \cdot \overline{DP}w$$

그러므로 간단한 식으로 정리된다.

$$\overline{DP}n = \Sigma i n_i \qquad \overline{DP}w = \Sigma i w_i \tag{식 3.17}$$

3-4 Molecular weight의 측정

분자량을 측정하는 방법으로는 직접적인 절대 분자량 측정법과 간접적인 상대 분자량 측정법이 있다. viscosity(점도)나 Gel Permeation Chromatography (GPC)은 상대 분자량을 측정한다. 절대 분자량을 측정하는 원리는 분자량에 의해 영향 받는 solution colligative properties(용액 총괄 물성)를 측정하는 것이다.

- 절대 측정법
  - colligative properties를 측정하는 방법-삼투압, 녹는점, 끓는점, 증기압 등
  - 직접법-말단기 분석, NMR, Mass 등
- 상대 측정법 -점도, GPC

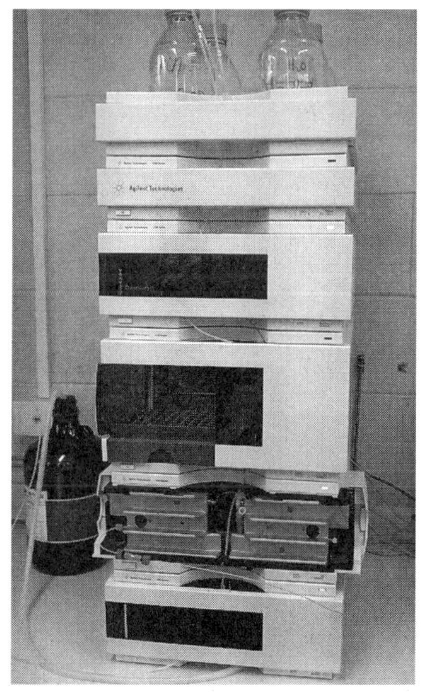

| Agilent사의 GPC

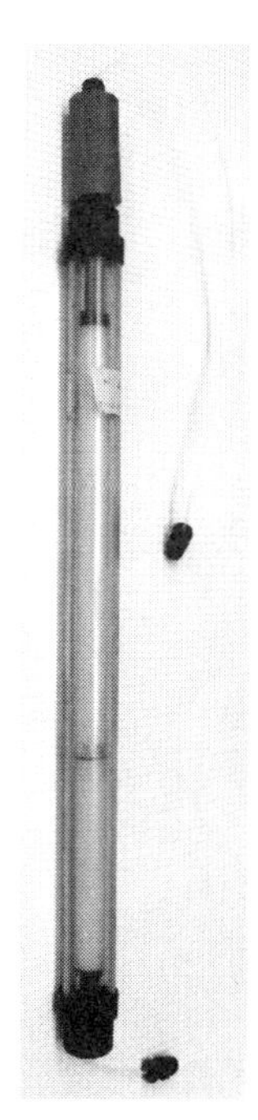

| GPC용 컬럼

1. chain-end analysis(말단기 분석법)

일반적으로 indicator(지시약)나 potential difference(전위차)를 이용한 titration (적정)으로 측정한다. 또는 특정 원소를 말단에만 가질 때는 Element Analysis, IR, UV, NMR 등의 방법을 사용한다. 분자량이 클수록 정확도가 떨어지고 말단의 구조에 따라 제한적이다.

2. Membrane Osmometer(막삼투압 측정법)

순수한 용매와 폴리머를 용해시킨 용액은 Osmotic Pressure(삼투압)가 차이를 나타낸다. 일정한 농도의 폴리머를 용해시키고 그 차이를 측정하면 그 폴리머의 분자량을 측정할 수 있다.

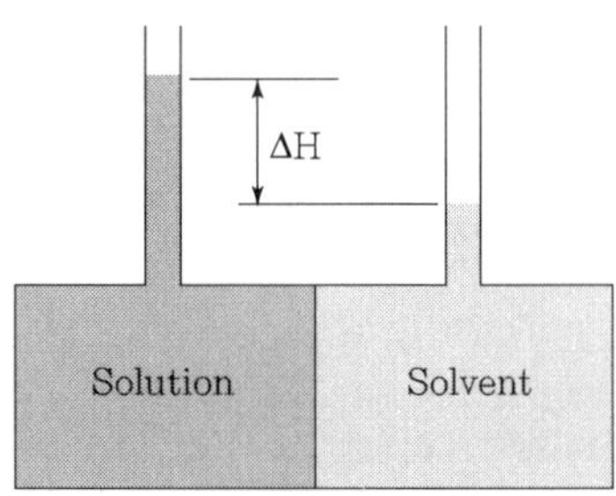

|그림 3.11 Membrane Osmometer

| Membrane Osmometer

Van't Hoff는 분자량과 삼투압이 다음의 관계가 있음을 알아냈다.

$$\left(\frac{\pi}{C}\right)_{C=0} = \frac{RT}{M_n} + A_2C \qquad \text{(식 3.18)}$$

여기서 삼투압 $\pi = \rho g \Delta H$, R은 0.082 L·atm/mol·K, 8.314 J/mol·K, T는 절대 온도, C는 용매의 리터 당 그램농도, ρ는 용매 밀도, g는 중력 가속도 9.81 m/s^2, A_2는 2차 비리얼(virial) 계수이다.

이 식은 외울 필요가 없다. 이상 기체 방정식으로부터 간단히 유도할 수 있다.

$$\text{이상 기체 방정식} \quad PV = nRT \qquad \therefore\ P = \frac{n}{V}RT$$

여기서 $\frac{n}{V} = \frac{C}{Mn}$ 이므로 위 식은

$$P = \frac{C}{Mn}RT \qquad \therefore \frac{P}{C} = \frac{RT}{Mn}$$

여기서 압력이 삼투압이면

$$P \rightarrow \pi \text{이므로} \ \frac{\pi}{C} = \frac{RT}{Mn}$$

여기서 농도의 영향을 없애려면 C = 0인 값을 얻어야 하므로 C = 0으로 외삽하면 $\left.\frac{\pi}{C}\right)_{C=0} = \frac{RT}{Mn}$ 여러 농도 C에 대한 π/C를 구하여 그래프로부터 외삽한다.

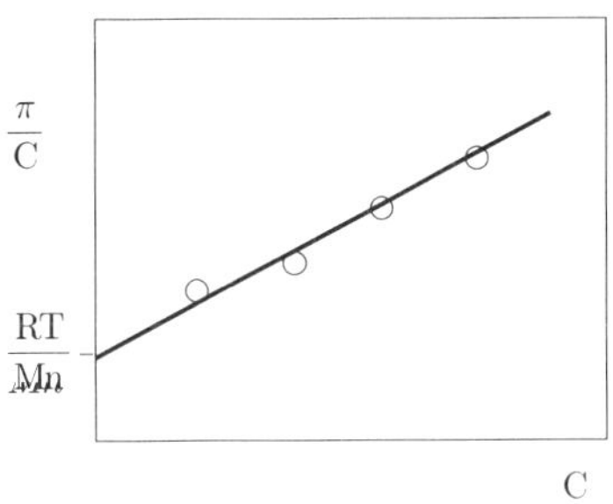

| 그림 3.12 농도와 삼투압 graph

 예제

밀도 1 g/cc의 용매에 폴리머를 concentration 2×10^{-3} (g/cc)로 녹여서 30°C에서 0.30 cm의 삼투압을 나타냈다면 분자량은 얼마인가?
(단, 기체 상수는 8.48×10^{4} g·cm/mol·K이다.)

답

삼투압 $\pi(\mathrm{g/cm^2}) = \Delta H(\mathrm{cm}) \times \rho(\mathrm{g/cm^3})$, 여기서 ΔH = osmotic pressure 높이 차이, ρ=solvent density

$$\frac{\pi}{c} = \frac{RT}{Mn} = \frac{8.48\times10^{4}\frac{\mathrm{g\,cm}}{\mathrm{mol\,K}}\times(273+30)\mathrm{K}}{Mn} = \frac{0.30\ \mathrm{g/cm^2}}{2\times10^{-3}}$$

$$\overline{Mn} = 1.6\times10^{5}\ \mathrm{g/mol}$$

3. boiling point increase(끓는점 오름)과 freezing point decrease(어는점 내림)

생선가게에서 생선 위에 얼음을 뿌리고 소금도 같이 뿌리면 영하의 낮은 온도를 유지할 수 있다. 이렇게 순수한 용매에 solute(용질)를 첨가하면 boiling point(bp, 끓는점)는 오르고 freezing point(fp, 어는점)는 내려간다. 따라서 동일한 농도의 용액을 만들 경우 그 용질의 분자량이 크면 bp은 더 오를 것이고 fp은 더 내릴 것이다. 이 bp 오름와 fp 내림을 측정하면 분자량을 계산할 수 있고 Vapor Pressure Osmometer로 측정할 수 있다. 그 관계식은 다음과 같다.

| Vapor Pressure Osmometer

이상 기체 방정식에서 얻은 식 $\frac{P}{C} = \frac{RT}{Mn}$, 즉 $\frac{1}{C} = \frac{RT}{PMn}$

bp, fp의 증기압 P와 evaporation heat(기화열) 또는 melting heat(용융열) ΔH 사이에는 $P = \rho\Delta H$ 관계가 있다.

단위로 봐도 $\frac{N}{m^2} = \left(\frac{g}{m^3}\right)\left(\frac{N\cdot m}{g}\right)$인 것을 알 수 있다. 그러므로 농도에 따라서 bp 오름와 fp 내림 온도차를 측정한 값 $\Delta T/C$는

$$\frac{\Delta T}{C} = \frac{RT^2}{\rho \Delta H \overline{M}n} \qquad \text{(식 3.19)}$$

여기서 농도의 영향을 배제하기 위해 C = 0으로 외삽하면

$$\left.\frac{\Delta T}{C}\right)_{C=0} = \frac{RT^2}{\rho \Delta H \overline{M}n} \qquad \text{(식 3.20)}$$

위 식의 Mn 외의 모든 값을 virial화하면

$$\frac{\Delta T}{C} = K\left[\frac{1}{\overline{M}n} + A2c + A3c^2 + \ldots\right] \qquad \text{(식 3.21)}$$

ref) 단위

힘 = (무게)(중력 가속도) = kgf, N

일 = (힘)(거리) = Nm = 열 cal, joule

압력 = 단위 면적당 힘 = N/m^2

enthalpy 열용량 = 단위 무게당 열량 = cal/g, Nm/g

마력 = 시간당 능력 = Nm/s

4. Light scattering(광산란법)

빛을 용액에 비출 때 포함되어 있는 용질에 의하여 scattering(산란)하는 정도를 측정한다. 산란의 정도는 용질인 폴리머의 분자량과 농도, 입사각에 의하여 달라지므로 절대 무게 분자량이 측정된다. 농도와 입사각의 영향을 배제하기 위해 Zimm plot을 그려서 외삽하는 방법을 사용한다.

5. Ultracentrifugation(초원심분리법)

centrifugation(원심분리)하면 무게에 따라 침전 속도가 다르게 되는 점을 이용하여 무게평균 분자량을 측정한다. 기기 가격이 매우 높다.

6. viscosity(점도)

분자량이 커서 사슬이 길어지면 점도가 높아질 것이고 분자량이 작아서 사슬이 짧으면 점도가 낮아질 것이다. 이같이 분자량에 따라 점도가 달라지는데 이 값은 절댓값이 아니라 상대값이다. 즉 점도를 측정한 값으로 분자량을 바로 알 수는 없지

만, 두 폴리머를 비교하면 점도가 높은 쪽이 분자량이 더 클 것이다. 점도를 재는 가장 간단하고 저렴한 방법은 점도를 측정할 액체를 모세관(capillary)을 통해 흘려 내리는 것이다. 점도가 높은 것은 천천히 흐를 것이고 점도가 낮은 것은 빨리 흐를 것이다. 흔히 쓰는 모세관 점도계는 Ostwald와 Ubbelohde가 있다.

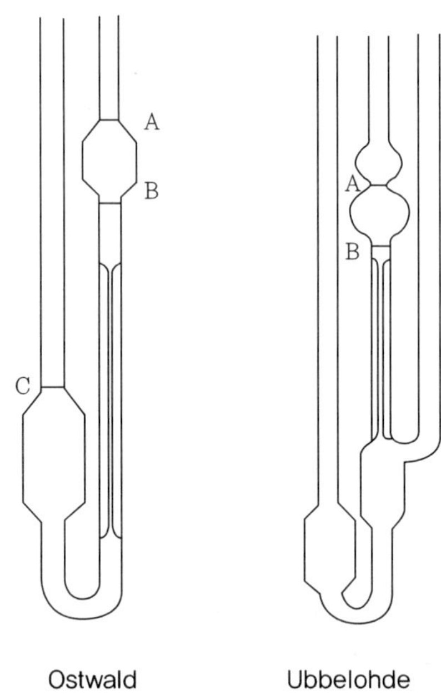

| 그림 3.13 Ostwald 점도계와 Ubbelohde 점도계의 구조

모세관을 통과하는 시간(그림에서 A에서 B까지의 시간)을 측정하여 점도를 계산한다. 여러 점도값을 사용하는데 다음 점도를 순차적으로 계산하면 쉽다.

relative(상대) viscosity $\eta_{rel} = \dfrac{\eta}{\eta_o} = \dfrac{t}{t_o}$

specific(비) viscosity $\eta_{sp} = \dfrac{\Delta\eta}{\eta_o} = \dfrac{\eta - \eta_o}{\eta_o} = \dfrac{\eta}{\eta_o} - 1 = \eta_{rel} - 1$

reduced(환산) viscosity $\eta_{red} = \dfrac{\eta_{sp}}{C}$

inherent(대수) viscosity $\eta_{inh} = \dfrac{\ln\eta_{rel}}{C}$

intrinsic(고유) viscosity $[\eta] = \eta_{red})_{C=0} = \eta_{inh})_{C=0}$

첨자 0은 용매만의 점도 또는 capillary(모세관) 통과속도를 나타낸다. 여기서 농도의 영향을 없애면 폴리머 고유의 점도인 inherent viscosity(대수점도)나 intrinsic viscosity(고유점도)를 얻을 수 있다.

1938년 Mark와 Houwink는 분자량과 intrinsic viscosity 사이의 실험식을 얻었다.

$$[\eta]=KM^{\alpha} \qquad \text{(식 3.22)}$$

여기서 얻은 분자량은 수평균도 무게평균도 아닌 제 3의 값이므로 따로 점도평균 분자량(Mv)이라고 부른다. 여기서 K와 α는 특정한 폴리머-용매에 대하여 정해지는 상수이다. 이 식 3.22를 대수식으로 고치면 직선식이 되고 계산하기도 편하다. 식 3.22를 대수식으로 고치면

$$\ln[\eta]=\ln K + \alpha \ln M \qquad \text{(식 3.23)}$$

표 3.3 고유점도-분자량 상수표

고분자	용매	온도(℃)	분자량 범위	$K \times 10^2$	α
아밀로스	다이메틸설폭사이드	25	$1.5\times10^3\sim1.2\times10^6$	0.850	0.76
젤라틴	물	35	$3\times10^4\sim2.1\times10^5$	0.166	0.885
천연고무	톨루엔	25	$4\times10^4\sim1.5\times10^6$	5.0	0.67
폴리아크릴로니트릴	다이메틸폼아마이드	25	$3\times10^4\sim3.7\times10^5$	2.33	0.75
폴리(*p*-브로모스타이렌)	벤젠	20	$3\times10^4\sim3.7\times10^5$	9.4	0.53
폴리뷰타다이엔	사이클로헥세인	20	$2.3\times10^5\sim1.3\times10^6$	3.6	0.70
폴리다이메틸실록산	톨루엔	25	$3.6\times10^4\sim1.1\times10^6$	0.738	0.72
폴리아이소뷰틸렌	사이클로헥세인	30	$5\times10^2\sim3.2\times10^6$	2.88	0.69
	다이아이소뷰틸렌	20	$5\times10^2\sim3.2\times10^6$	3.63	0.64
	톨루엔	25	$1.4\times10^5\sim3.4\times10^5$	8.70	0.56
폴리메틸메타아크릴레이트	아세톤	25	$8\times10^4\sim1.4\times10^6$	0.75	0.70
	클로로폼	25	$8\times10^4\sim1.4\times10^6$	0.48	0.80
	메틸에틸케톤	25	$8\times10^4\sim1.4\times10^6$	0.68	0.72
폴리프로필렌	벤젠	25	$1\times10^3\sim7\times10^4$	9.64	0.73
	사이클로헥세인	25	$1\times10^3\sim7\times10^4$	7.93	0.81
폴리스타이렌	벤젠	20	$1.2\times10^3\sim1.4\times10^5$	1.23	0.72
	메틸에틸케톤	20~40	$8\times10^3\sim4\times10^6$	3.82	0.58
	톨루엔	20~30	$2\times10^4\sim2\times10^6$	1.05	0.72
폴리아세트산비닐	아세톤	30	$2.7\times10^4\sim1.3\times10^6$	1.02	0.72
	메탄올	30	$2.7\times10^4\sim1.3\times10^6$	3.14	0.60
폴리비닐알코올	물	25	$8.5\times10^3\sim1.7\times10^5$	30.0	0.50
폴리브로민화비닐	사이클로헥산온	20	$1.9\times10^4\sim1.0\times10^5$	3.28	0.55

여기서 보면 α값은 0.5~0.9 정도의 값을 가진다.

예제

ostwald 점도를 측정하는 데 농도 0.100, 0.200, 0.300, 0.400(g/dl)에서 27.16, 28.75, 30.36, 32.00초 동안 점도계를 통과하였고, 순용매일 때 25.60초였다. [η]와 Mv를 계산하라. 여기서 K=0.007, α=0.7이다.(PMMA, in toluene)

- 농도 0.1: $\eta_{rel} = \frac{\eta}{\eta_o} = \frac{t}{t_o} = \frac{27.16}{25.60} = 1.061$

$$\eta_{sp} = \eta_{rel} - 1 = 0.061$$

$$\eta_{inh} = \frac{\ln\eta_{rel}}{C} = \frac{\ln 1.061}{0.1} = 0.59$$

$$\text{or } \eta_{red} = \frac{\eta_{sp}}{C} = \frac{0.061}{0.1} = 0.61$$

- 농도 0.2: $\eta_{rel}\frac{\eta}{\eta_o} = \frac{t}{t_o} = \frac{28.75}{25.60} = 1.123$

$$\eta_{sp} = \eta_{rel} - 1 = 0.123$$

$$\eta_{inh} = \frac{\ln\eta_{rel}}{C} = \frac{\ln 1.123}{0.2} = 0.58$$

$$\text{or } \eta_{red} = \frac{\eta_{sp}}{C} = \frac{0.123}{0.2} = 0.615$$

- 농도 0.3: $\eta_{rel} = \frac{\eta}{\eta_o} = \frac{t}{t_o} = \frac{30.36}{25.60} = 1.186$

$$\eta_{sp} = \eta_{rel} - 1 = 0.186$$

$$\eta_{inh} = \frac{\ln\eta_{rel}}{C} = \frac{\ln 1.186}{0.3} = 0.57$$

$$\text{or } \eta_{red} = \frac{\eta_{sp}}{C} = \frac{0.186}{0.3} = 0.620$$

- 농도 0.4: $\eta_{rel} = \frac{\eta}{\eta_o} = \frac{t}{t_o} = \frac{32.00}{25.60} = 1.250$

$$\eta_{sp} = \eta_{rel} - 1 = 0.250$$

$$\eta_{inh} = \frac{\ln\eta_{rel}}{C} = \frac{\ln 1.250}{0.4} = 0.56$$

$$\text{or } \eta_{red} = \frac{\eta_{sp}}{C} = \frac{0.250}{0.4} = 0.625$$

이상과 같이 구한 4개의 η_{inh}나 η_{red}를 그래프로 그리고 외삽한다.

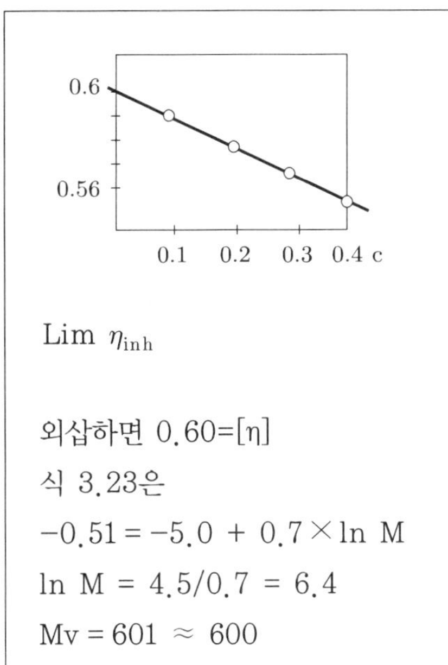

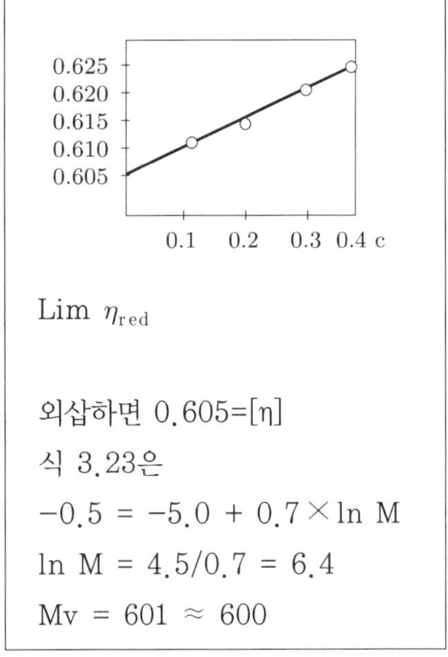

7. GPC

column chromatography 기술인 Gel Permeation Chromatography는 관에 pore size(동공 크기)가 비교적 일정한 다공질 필러를 충진시켜 분자의 크기에 따라서 관을 통과하는 속도를 다르게 만든 HPLC의 일종이다. 즉 각각 다른 분자량을 갖는 관을 여러 개 붙여서 마치 채를 쳐서 분별하는 것과 같은 원리로 분자량에 따라 분별한다. 분자량이 큰 것이 포어에 덜 걸려서 더 빨리 통과하고 작을수록 늦게 통과하여 봉우리 모양의 크로마토그램을 출력한다. 기록지가 일정한 속도로 출력되므로

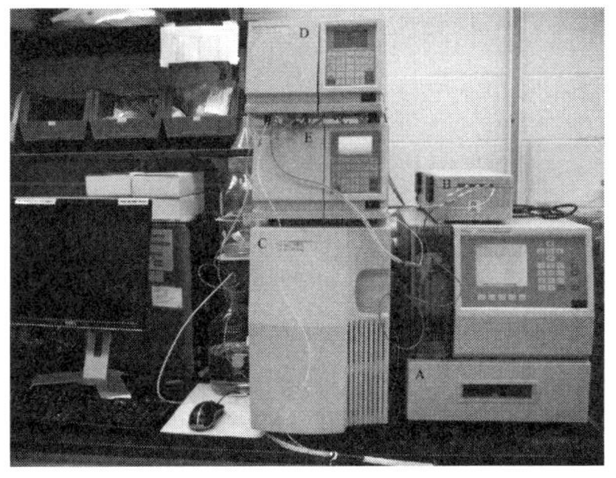

| Waters사의 GPC

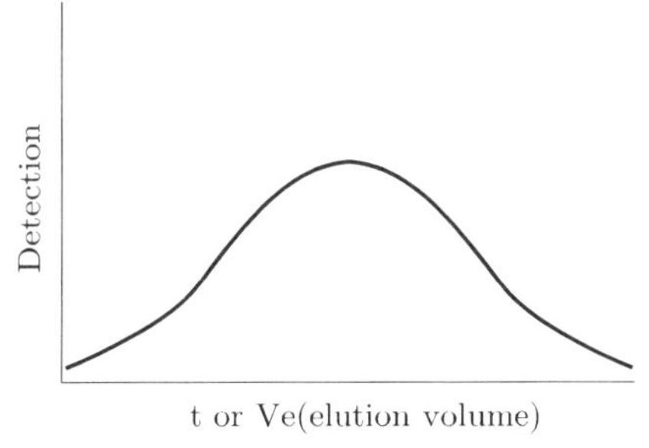

| 그림 3.14 GPC Chromatogram

elution volume(배출량)은 배출 시간과 같게 된다. y축은 시료의 양이므로 그대로 분자량 분포 곡선이 된다.

문제는 필러로 사용하는 표준 시료의 분자량 분포가 거의 1인 것이 많지 않다는 점인데, 현재 polystyrene을 가장 널리 사용한다. 그러나 분자량과 intrinsic viscosity의 곱의 대수값을 쓰면 폴리머의 종류에 상관없이 거의 직선이 되어 Universal Calibration Curve(만능교정곡선, 그림 3.15)이라고 부른다.

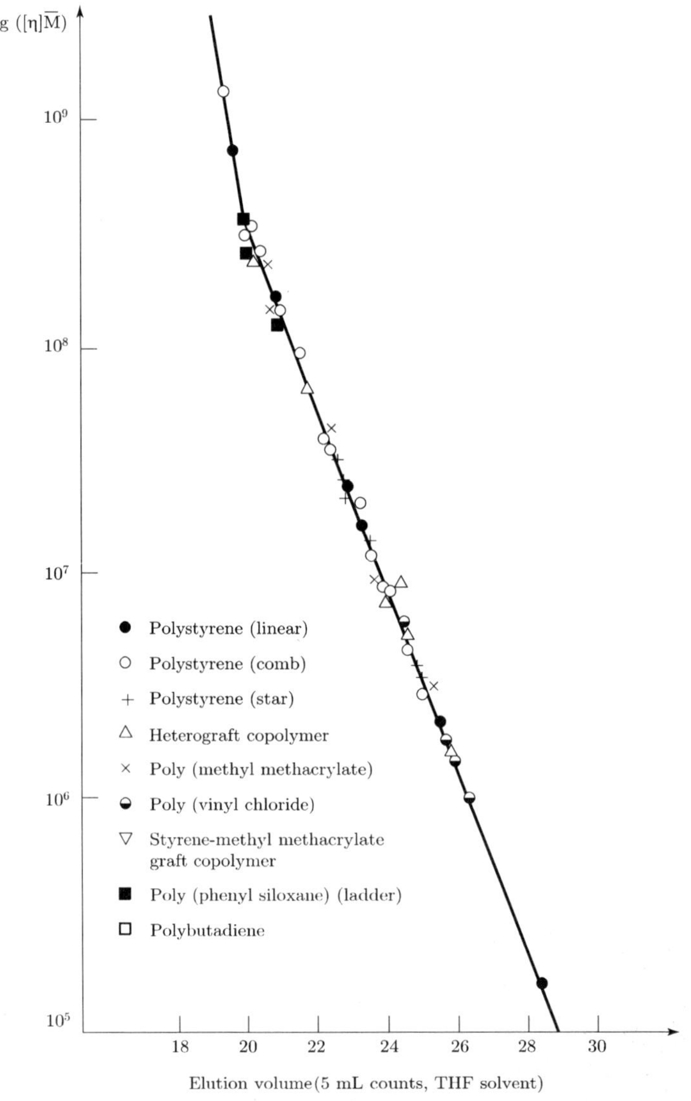

| 그림 3.15 Universal Calibration Curve for GPC
[THF(tetrahydrofuran, from Grubisic, rempp and Benoit, Copyright 1976, Reprinted by permission of John Wiley & Sons, Inc.)

8. solution properties

폴리머는 어떤 용매에 잘 녹는가? 이 질문에 답을 하려면 열역학을 동원해야 한다. 모든 용해 과정에는 다음 열역학 식이 적용된다.

$$\Delta G = \Delta H - T\Delta S \qquad \text{(식 3.24)}$$

자유 에너지가 음의 값이면 자발적으로 녹는다. 그러면 엔트로피는 증가하므로 $T\Delta S$는 늘 양의 값이 되므로 ΔH에 따라서 전체 자유 에너지 값이 음이 될 수 있는지가 결정된다. 폴리머(p)를 용매(s)에 용해할 때의 엔탈피는

$$\Delta H = VmVpVs(\delta p - \delta s)^2 \qquad \text{(식 3.25)}$$

여기서 Vm은 용액의 부피, Vp, Vs는 각각의 부피 분율, δp, δs는 각각의 solubility factor(용해도 인자)이다. 용해가 잘 일어나려면 ΔH가 작아야 하고 (δp−δs)가 작아야 하므로 δp, δs가 비슷할수록 잘 녹는다.

3-5 Tg(glass Transition Temperature, 유리 전이 온도)

1. crystalline(결정)과 amorphous(비정질)

보통 물질은 고체상이었다가 가열하면 melting point(Tm, 녹는점)에서 액체상이 된다. 폴리머는 가열하면 녹기 전에 Tg라는 또 다른 transition point(전이점)를 갖는다. 폴리머가 사슬처럼 길기 때문에 생기는 현상이다. 여기서 Tm을 정확히 이야기히면 액화 온도이다. 액화란 물처럼 유동성을 가지며 각 분자들이 완전히 이동하는 온도를 말한다. 그런데 폴리머는 매우 길어서 전체 분자가 자리를 옮기기는 쉽지 않다. 그런데 온도가 높아지면 열운동 경향이 커져서 각 원자들이 진동을 하는데 몇 개의 원자를 포함하는 어느 정도 길이의 제한된 사슬이 진동하거나 좁은 범위의 자리를 옮길 수 있게 된다. 이 온도를 Tg라고 한다. 일반적으로 고체는 결정 상태이다. 결정 상태가 아닌 비정질 고체 – 유리와 같은 – 도 있다. 이 상태를 glassy state(유리상)이라고 하며 얼어 붙은 상태라고 할 수 있다.

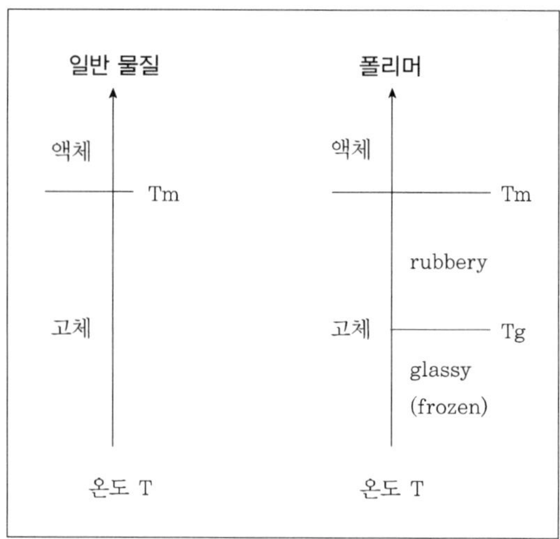

| 그림 3.16 Tm, Tg of Polymer

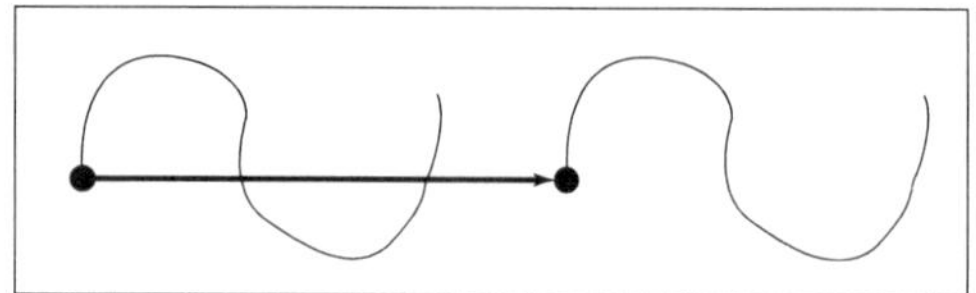

| 그림 3.17 Tm 이상에서 polymer chain의 움직임

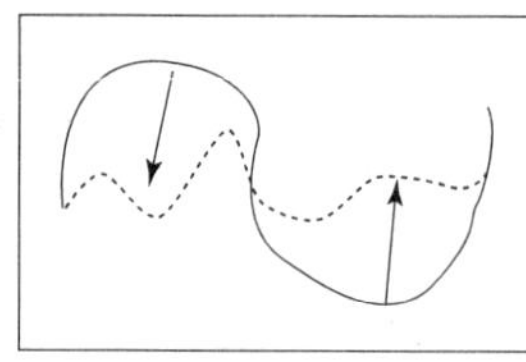

| 그림 3.18 Tg 이상 Tm 이하에서 polymer chain의 움직임

2. glassy state와 rubbery state

폴리머는 사슬이 길기 때문에 완벽한 결정이 되지 못한다. 상당 부분은 비정질 구조이다. 이런 폴리머가 아주 낮은 온도, 즉 Tg 아래에서는 glassy state(유리상)가 될 것이다. 온도를 높이면 Tm에 이르기 전에 Tg에 이르는데 이 온도가 되면 폴리머 전체의 긴 사슬이 이동하지는 못하지만 부분적으로 어느 정도 제한된 범위의 짧은 사슬이 조금씩 움직일 수는 있다. 이 상태에서는 유체와 같은 유동성까지는 갖지 못한다. 그래서 역시 고체 상태이지만 내부적으로는 분자적 크기의 움직임이 있으므로 유리상과는 달리 좀 부드러운 상태가 된다. 이 상태를 rubbery state(고무상)라고 한다. 실제 폴리머의 예를 보자.

3. Tg의 실제 예

PS(polystyrene)은 상온에서 딱딱한 고체이다. 순수한 PS은 화투곽의 투명한 뚜껑에서 볼 수 있다. 상온에서 유리상이므로 잘 깨진다. 그래서 화투곽의 뚜껑은 늘 금이 가 있기 마련이다. polyethylene은 상온이 Tg보다 높다. 그러므로 보통 때 PE는 부드럽고 잘 휘어진다. 상온은 고무의 Tg보다 한참 높다. 그러므로 대부분의 경우 고무는 매우 부드럽고 유연하다.

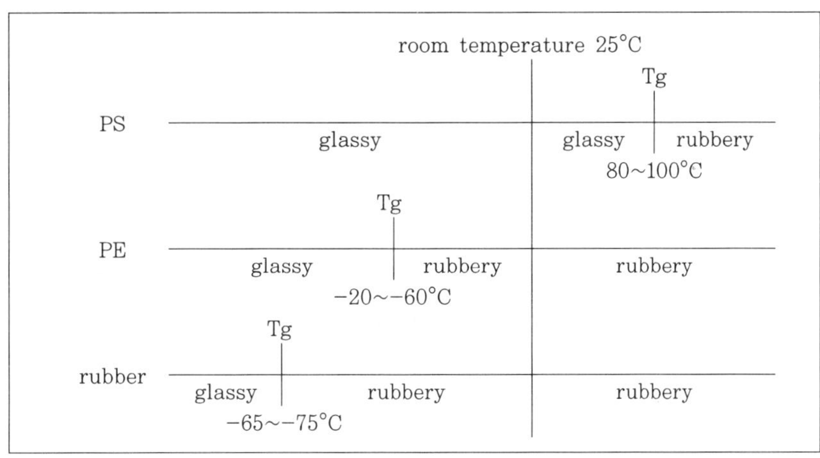

| 그림 3.19 PS, PE, rubber의 Tg

딱딱한 플라스틱은 잘 깨진다. 부드러운 플라스틱은 강도가 약하다. 우리가 어떤 플라스틱의 깨지는 단점을 보완하려면 Tg를 낮춰 주면 된다. 어떤 플라스틱의 강도가 너무 낮으면 Tg를 조금 높여 주면 도움이 될 것이다. 어떤 플라스틱은 Tg가 높고 어떤 것은 낮은가 하는 것은 그 폴리머 사슬의 유동성에 달려 있다. 폴리머 사슬이 유연하면 쉽게 움직일 수 있으므로 Tg가 낮아지고 폴리머 사슬이 뻣뻣하면 Tg가 높아진다.

Tg를 낮춰 주기 위해서는 어떻게 해야 할까? 보통 두 가지 방법을 쓴다. 첫째는 bulky한 치환체를 도입하여 밀도를 낮추어 주면 Tg가 낮아진다. 두 번째 방법은 폴리머의 구조에 유연한 사슬을 도입하면 된다. 예를 하나 들면 poly(phenylene sulfone)은 너무 강직하여 특정한 Tg를 측정하기 힘들 정도이다. 500°C 이상의 열을 가해도 녹지 않으며 더 이상 열을 가하면 분해되고 만다. 그러므로 heat

| 그림 3.20 poly(phenylene sulfone)

molding(열성형)이 거의 불가능하다.

여기에 Bisphenol-A를 반응시켜 poly(ether sulfone)으로 만들면 Tg가 낮아진다. bulky한 치환체(methyl)로 인해 밀도가 낮아진 덕분이다. 더구나 Bisphenol-A는 유연한 ether기도 포함하고 있어 Tg가 190°C로 낮아지게 되어 열성형을 할 수 있게 된다.

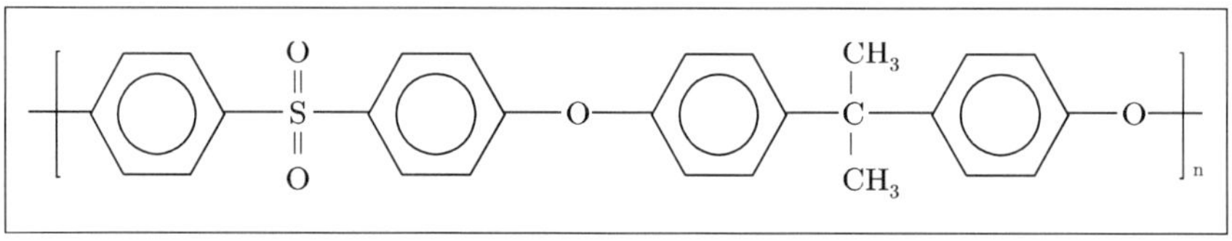

| 그림 3.21 poly(ether sulfone)

다음으로 Tg를 낮추기 위해 유연한 사슬을 곁가지에 도입하는 방법이 있다. metacrylate 폴리머에 긴 곁사슬을 도입할수록 Tg는 점점 더 낮아진다.

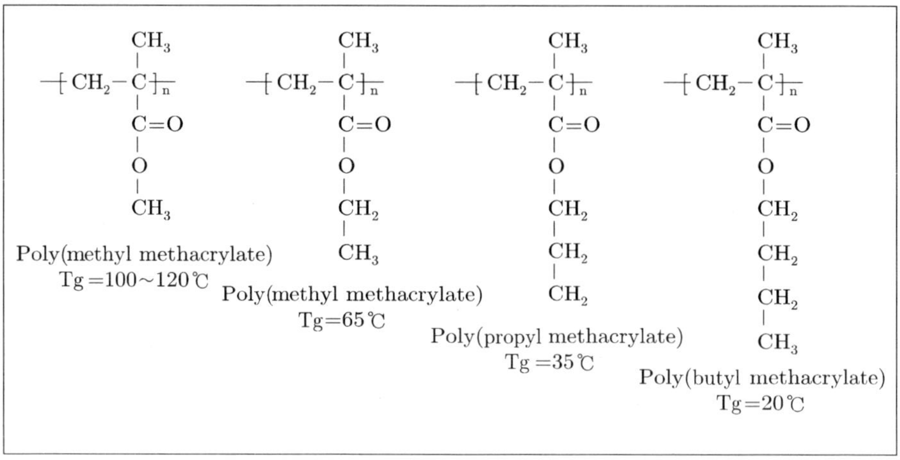

Poly(methyl methacrylate)
Tg =100~120℃

Poly(methyl methacrylate)
Tg=65℃

Poly(propyl methacrylate)
Tg =35℃

Poly(butyl methacrylate)
Tg=20℃

| 그림 3.22 Poly(alkyl methacrylate)의 Tg 변화

반대로 Tg를 높이려면 어떻게 해야 하는가? 매끈한 사슬보다 작은 곁가지가 있는 고분자는 나무의 가시처럼 움직임을 방해할 것이다. 그래서 매끈한 구조의 PE은 Tg가 -20 ~ −60°C이지만 PP는 -4 ~ −40°C로 10°C 이상 올라간다. phenyl을 도입하면 더욱 높아진다.

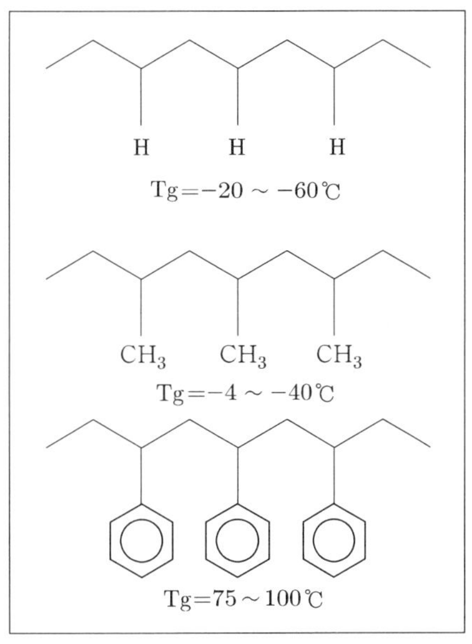

| 그림 3.23 Bulky substituent에 따른 Tg의 변화

이런 화학적인 방법 말고 더 간단한 방법도 있다. 이미 만들어진 폴리머에 plasticizer(가소제)를 섞으면 Tm과 함께 Tg를 낮출 수 있다. plasticizer가 폴리머 사슬이 움직일 수 있는 공간을 확보해 주기 때문이다.

4. Tg의 측정

Tg는 DSC로 측정할 수 있다. DSC (Differential Scanning Calorimeter)는 일정 속도로 온도를 높이기 위한 열의 흐름을 측정한다. 유리상의 폴리머를 가열하면서 온도를 높이면 폴리머는 일정한 속도로 열을 흡수한다. Tg 전에는 유리상이고 Tg 후에는 고무상이므로 열용량이 다르다. 즉 열진동이 크기 때문에 움직이지 않는 유리상보다 많은 열을 흡수한다. 그러므로 heat flow 값이 오르게 된다. 온도를 더 높이면 폴리머는 정렬하여 recrystallization(재결정)을 하게 되는데 이 변화는 발열(exothermic) 반응이므로 온도를 높이기 위해 열을 가할 필요가 없고 오히려 열을 제거해야 하므로 아래로 처진 곡선(Tc)이 된다. 재결정이 끝나면 다시 평평해졌다가 Tm(melting

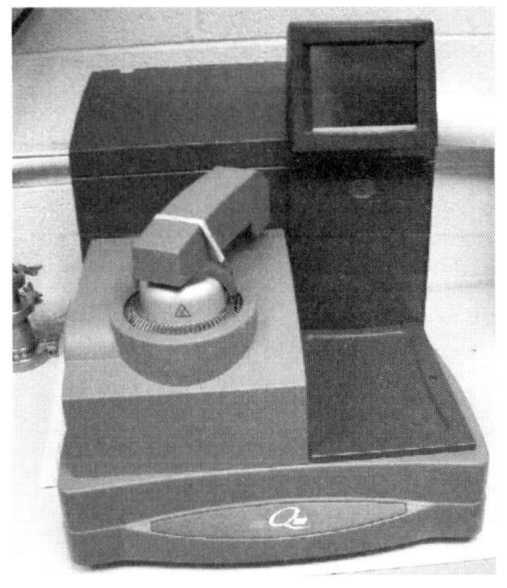

| DSC

point)이 되면 액체상이 되면서 많은 열을 흡수하므로 봉우리가 된다. DSC 다이아그램을 다음에 나타내었다. 봉우리는 흡열 반응, 구덩이는 발열 반응이다.

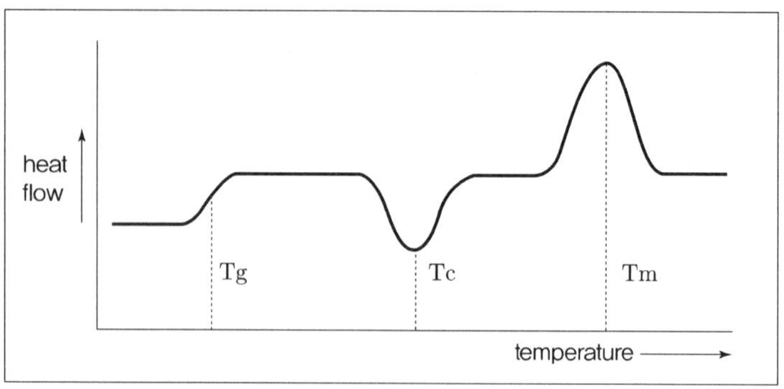

| 그림 3.24 전형적인 고분자의 DSC diagram

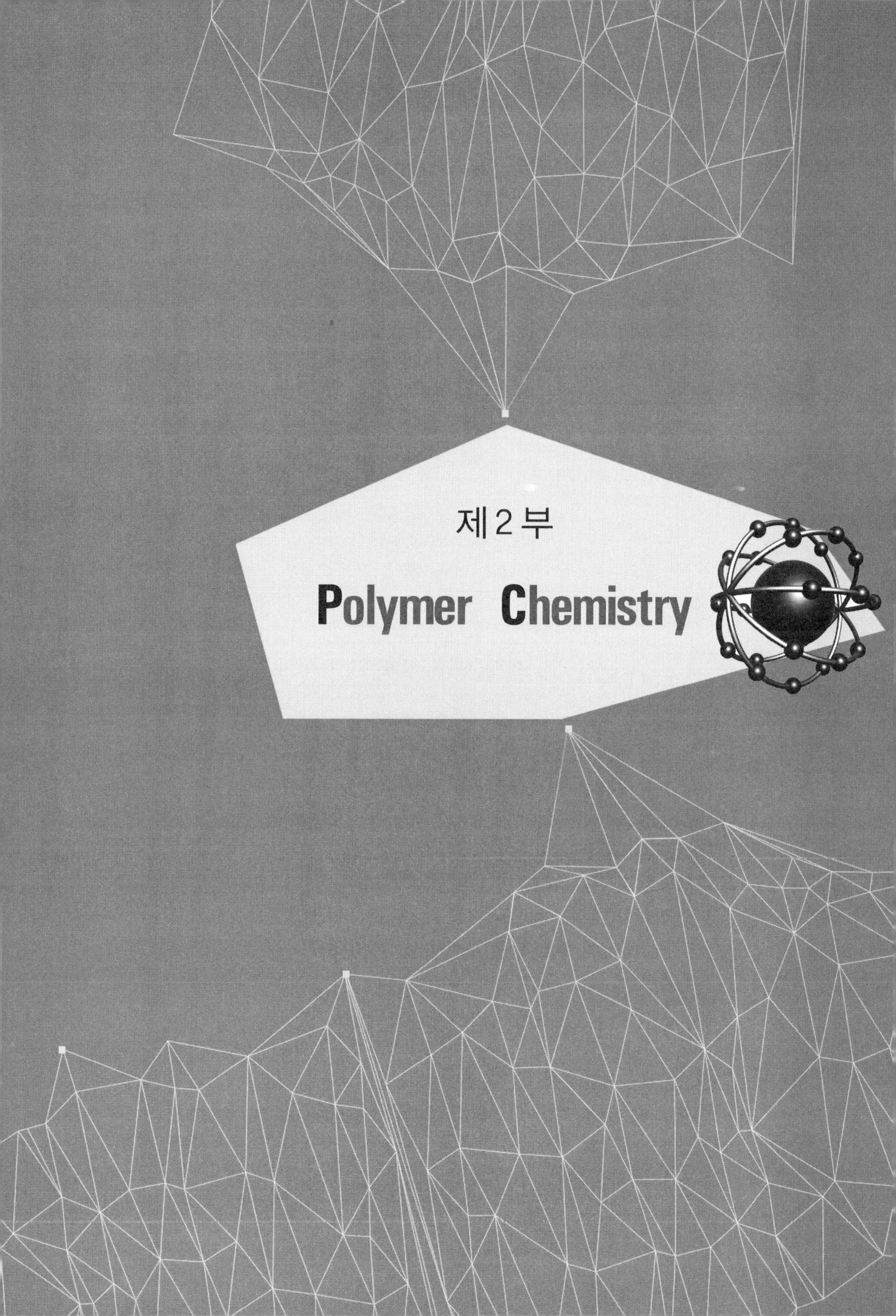

제 2 부

Polymer Chemistry

4 장

Polymerization 개론

4-1 Introduction

폴리머를 부르는 이름은 여러 가지가 있다. macromolecule(고분자)은 분자량이 큰 물질을 부르는 이름이다. 어떤 과정을 거쳐 그렇게 큰 분자가 되었는지는 생각하지 않는다.

macromolecule	=	macro	+	molecule
(고분자)		(큰)		(분자)

그러나 polymer란 말은 monomer가 여러 개 결합되어 만들어졌다는 의미를 내포하고 있다. monomer(단량체)를 반복하여 결합시키는 반응을 polymerization(중합)이라고 한다. 모노머 하나하나의 구조는 폴리머 안에서 repeating unit(반복 단위)로 나타난다.

polymer	=	poly	+	mer
(중합체)		(많은)		(분자)

$$\text{monomer} + \text{monomer} + \cdots \xrightarrow[\text{polymerization}]{} \text{polymer}$$

중합 반응을 위와 같이 표현하려면 모노머를 반복적으로 써야 하므로 불편하여 특별한 삼중화살표를 사용한다. 이 화살표는 중합을 나타낸다.

monomer ⟶ polymer

이들은 일반적으로 plastics(플라스틱)이라고 부르는 것으로서 공장에서는 resin 또는 수지(樹脂)라고 부른다. 나무에서 얻는 송진 같은 수지와 물성이 비슷하기 때문이다.

수	지
(樹)	(脂)
나무 수	기름 지

4-2 Polymerization Process

중합시킬 때 reactor(반응기) 안에 모노머, 경우에 따라 initiator(개시제)나 catalyst(촉매)나 solvent(용매)를 넣고 반응시킨다. 중합 공정에서 꼭 따져 보아야 할 두 가지는 폴리머 사슬이 길어짐에 따라 점도가 증가한다는 점과 중합은 결합 반응이기 때문에 exothermic(발열) 과정이라는 점이다. 점도가 증가하면 반응계 전체의 유동성이 감소하면서 반응물들끼리 만나서 중합을 하기가 어려워진다. 또한 반응열이 잘 분산되어 소거되지 않으면 국부적인 고열에 의하여 분해 반응 등을 일으켜 문제를 야기한다. 그러므로 중합 공정은 이 두 가지 점을 고려하여 적당한 공정을 정한다. 일반적으로 사용하는 공정은 용매를 쓰지 않는 방법, 용매를 쓰는 방법, 그리고 어떤 용매를 어떻게 쓰는가에 따라 몇 가지로 나눌 수 있다.

1. Bulk Polymerization(벌크중합)

용매를 쓰지 않는 가장 간단한 방법이다. 그러나 반응이 진행됨에 따라 점도가 증가하여 반응해야 할 분자들이 쉽게 만나지 못하여 반응성이 낮아져 중합 속도가 급격히 떨어진다. 더구나 중합이 일어나는 지점에서 발생한 열이 잘 분산되지 못하여 폴리머들이 분해되기도 한다. 그래서 작은 규모의 실험실 반응으로는 많이 사용하나 산업적 적용에는 문제가 많다. 그럼에도 불구하고 polyethylene이나 polystyrene, poly(methyl metacrylate)는 이 방법으로 상업적 생산을 한다. polyethylene은 특별히 gas phase polymerization(기상중합)이라는 방법으로 중합되므로 일반적인 벌크중합의 문제점이 발생하지 않는다. 즉 ethylene이라는 모노머가 기체이므로 점도의 문제나 발열 문제가 없다. 어느 정도 압력을 준 반응기 내에서 별 촉매나 initiator없이 폴리머가 합성된다. 공중에서 중합된 알갱이는 바닥으로 떨어진다. polystyrene과 poly(methyl metacrylate)도 polyethylene의 gas phase polymerization을 응용한 방법으로 이런 문제들을 극복하고 상업적 생산에 성공하였다.

2. Solution polymerization(용액중합)

열 및 물질 분산이 잘 되면서 고르게 반응시킬 수 있는 가장 널리 쓰는 방법은 대부분의 유기화학 반응들과 마찬가지로 적절한 용매를 사용하여 반응시키는 것이다. 그러나 이 방법을 사용하려면 모노머를 잘 녹이고도 적절한 bp를 가지는 유기 용매를 선택해야 한다. 또 반응 중에 용매로 인한 부반응이 일어날 가능성이 크다. 대부분 유기 용매는 값이 비싸다. 더구나 반응이 끝난 후에 용매를 온전히 제거하는 데에도 비용이 든다.

3. Suspension polymerization(현탁중합)

대규모의 상업적 생산에서 용액중합의 용매 가격은 상당한 압박이 된다. 이를 해결하기 위한 방법으로 가장 값이 싼 용매를 쓰면 되는데, 그것은 바로 물이다. 물에서 반응을 시키면 열 및 물질 분산은 용액 반응처럼 잘 되며, 유기 용매에 의한 부반응도 감소하여 일석이조이다. 강력하게 교반시키면 반응은 작은 suspension drops(현탁입자) 안에서 일어나게 되며 최종 결과물은 여과나 centrifugation(원심분리)으로 얻을 수 있다. 그러나 반응이 끝난 후에 폴리머가 함유한 물을 제거하기가 쉽지 않다.

4. Emulsion polymerization(유화중합)

현탁중합은 강력한 교반에 의하여 분산시키지만 유화중합에서는 emulsifier(유화제)라는 dispersant(분산제)의 도움으로 더욱 미세한 방울을 형성한다. 생성된 폴리머는 더 이상 에멀젼이 아닌 latex가 되어 분리가 쉽다. 가장 발전된 방법이고 상업적으로도 중요하다. 그러나 폴리머가 함유한 물을 제거해야 하는 문제점은 남아 있다. 액체 상태의 latex 상품을 만드는 경우에 더욱 효과적일 것이다. 페인트나 접착제 공업에서 특히 중요하다.

5. Interfacial Polymerization(계면중합)

nylon 66은 hexamethylenediamine과 adipic acid($HOOC-CH_2-CH_2-CH_2-CH_2-COOH$)를 반응시키면 얻을 수 있는데 acid를 acid chloride($-COCl$)로 바꿔주면

반응성이 훨씬 좋아진다. hexamethylenediamine은 물에 녹이고 adipoyl chloride는 tetrachloroethylene(C_2Cl_4) 등의 유기 용매에 녹여서 함께 섞으면 두 층으로 분리되는데 두 층의 계면에서 중합이 일어나 폴리머가 필름으로 형성된다. 이것을 핀셋으로 집어내면 계속 계면에서 중합이 이루어진다. 이것을 계면중합이라고 한다.

6. 네 가지 Polymerzation Process의 비교

이들 공정의 정확한 구별이 필요한데 다음과 같이 정리하였다.

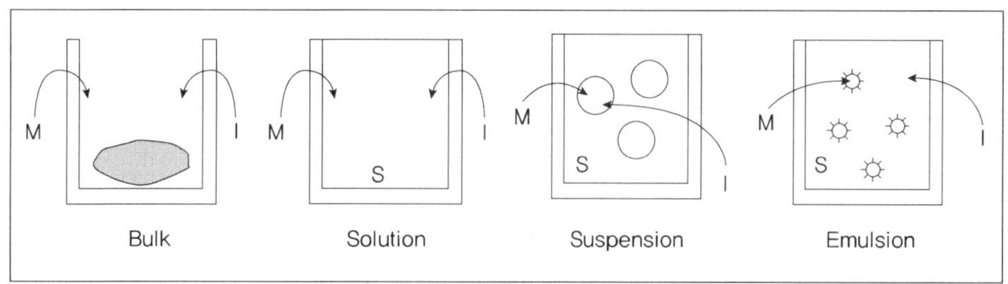

| 그림 4.1 polymerization process(M: monomer, I: initiator, S: solvent)

그림 4.2에 모노머/initiator/용매 사이의 miscibility(용해성)를 보기 쉽게 정리하였다.

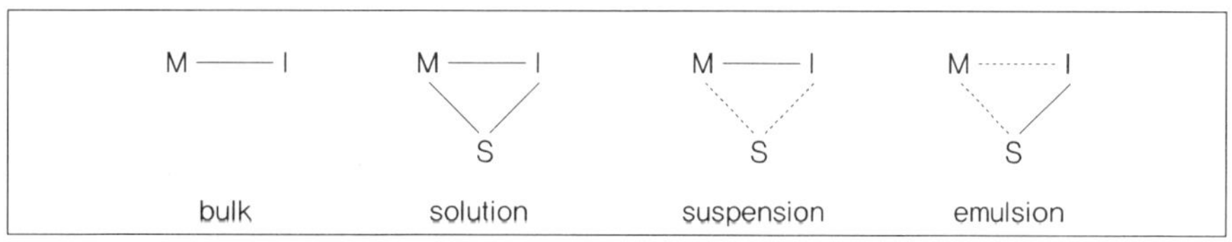

| 그림 4.2 miscibility의 관계(—: miscible, ···: unmiscible)

Monomer(M), Initiator(I), Solvent(S)들이 서로 섞이는지에 따라 적절한 공정을 선택해야 한다. 각 방법들의 장단점을 표 4.1에 정리하였다. 마지막의 계면중합은 이상(two phases)중합으로서 서로 섞이지 않는 두 상에 모노머를 각기 용해하여 접촉시키면 그 계면에서 중합이 일어나는 반응이다.

|표 4.1 Polymerization Process들의 상호간 miscibility 비교

Polymerization Process	Bulk (벌크중합)	Solution (용액중합)	Suspension (현탁중합)	Emulsion (유화중합)	Interfacial (계면중합)
solvent and Additives	×	Organic Solvent	Water, Dispersant	Water, Emulsifier	Water, Organic solvent
Solubility (Monomer/Solvent)		○	×	×	○
Solubility (Catalyst*/Solvent)		○	×	○	
Solubility (Monomer/Catalyst*)		○	○	×	

*initiator or catalyst

|표 4.2 각 Polymerization Process의 장점과 단점

Polymerization Process	Bulk (벌크중합)	Solution (용액중합)	Suspension (현탁중합)	Emulsion (유화중합)	Interfacial (계면중합)
Advantages	pure product, avoid a expenses for solvent, emulsifier	effective heat and mass dispersion	effective heat dispersion, easy to separate granular polymer	effective heat dispersion, easy to separate particular polymer, high molecular weight	effective heat and mass dispersion, continuous process,
Disadvantages	poor mobility of heat and mass	expense for solvent	expense for eliminating water and dispersant after reaction	expense for eliminating water and emulsifier after reaction	expense for eliminating water and solvent after reaction
Uses	small scale, pyropolymerization, photopolymerization	liquid polymer, paint, adhesive	granular resin(PVC, PS, PMMA...)	latex product	nylon fiber

4-3 Step-Growth와 Chain-Growth

1. step-growth와 chain-growth의 차이

큰 분자량을 갖는 폴리머, 즉 긴 사슬 형태의 폴리머를 합성하는 방법은 우선 유기화학적으로 하나하나 모노머를 붙여 가는 방법을 생각할 수 있다. 인류 최초의 진정한 의미의 합성 폴리머는 1934년에 Carothers가 합성한 나일론이다. 그는 유기화학적 방법에 의하여 모노머의 양 말단에 반응성 높은 functional group을 붙인 모노머를 사용하면 폴리머를 얻을 수 있을 것으로 예상하고 alcohol기와 acid기를 결합하는 polyester의 합성에 착수하였으나 실패하였다. 결국 그는 acid와 amine의 반응을 이용하여 나일론을 만들 수 있었고 자신이 몸담고 있던 Du Pont사에 엄청난 경제적 성공을 안겨 주었으며 인류에게도 엄청난 혜택을 주었다. 이 방법은 step-growth 공정으로 진행한다. 첫 step에서 모노머끼리 반응하여 dimer가 되고 그 dimer들끼리 반응하여 tetramer가 되고 다음 step에서 tetramer들끼리 반응하여 8-mer가 되는 식이다. 이런 방식을 step-growth polymerization이라고 한다.

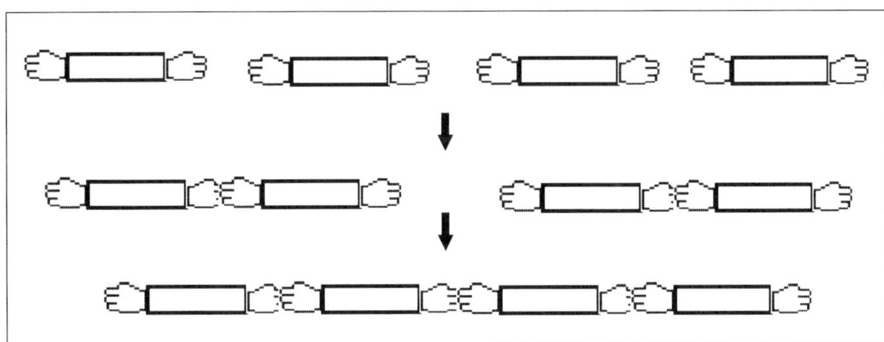

| 그림 4.3 Step-growth Polymerization

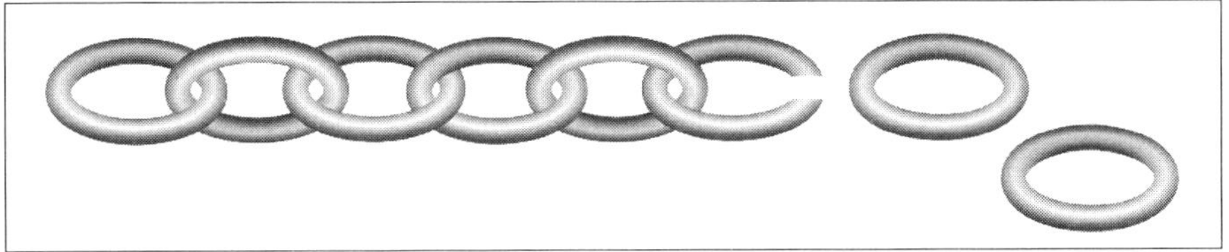

| 그림 4.4 Chain-growth Polymerization

이에 반하여 Chain-growth polymerization이라는 전혀 다른 방식의 중합 반응이 있는데, 이것은 모노머 중에서 극소수가 활성화되어 그 각각이 긴 사슬로 성장

한다. 몇 개의 사슬이 되는가는 초기에 생성된 활성화 모노머의 수에 달려 있다. 그러므로 이 둘의 차이를 숫자로 나타내 보면 이렇게 비교할 수 있다.

Step-growth: 1-2-4-8-16-32-64-128-256--- Chain-growth: 1-2-3-4-5-6-7-8-9-10-11----

여기서 몇 가지 질문을 해 볼 수 있다.

2. 두 반응 중에 어느 것이 빨리 길어질까?

step-growth polymerization는 1-2-4-8-16-32-64 이렇게 기하급수적으로 증가하므로 1-2-3-4-5-6처럼 증가하는 chain-growth polymerization보다 더 빠를 것 같다. 그러나 아니다. chain-growth polymerization이 훨씬 더 빠르다. 왜 그런가? reaction dynamics(반응 동력학)를 생각하면 그렇지 않다. 화학 반응은 기본적으로 반응물들, 여기서는 모노머와 성장하는 폴리머가 만나야 반응이 이루어진다. 두 분자가 만나기 위해서는 두 분자의 유동성이 커야 한다. 모노머는 크기가 작으므로 유동성이 커서 쉽게 만나 반응할 수 있지만 dimer만 되도 그렇게 쉽지 않고 tetramer, 8-mer, 16-mer, 32-mer가 되면 분자의 크기가 크고 점도가 커져서 유동성이 낮아지므로 반응 속도는 급격하게 떨어져 만날 수 있는 확률이 거의 없어지기까지 한다. 그러나 chain-growth polymerization에서 addition(부가)되는 개체는 항상 모노머이다. 그래서 반응 속도가 매우 빠르다. 실제로 chain-growth polymerization은 거의 순식간에 긴 사슬을 만들어 내는데, step-growth polymerization 반응 속도는 매우 느리다. 느린 정도가 아니라 어느 정도 길이가 되면 더 반응이 진행되지 않는 것이 보통이다.

3. 반응이 다 완성되었을 때 두 반응으로 만드는 폴리머는 어떻게 다를까?

만일 완벽하게 반응이 끝났다면 step-growth polymerization의 결과는 단지 한 개의 아주 긴 폴리머 사슬이 생긴다. 반면에 chain-growth polymerization의 결과는 초기에 활성화된 모노머의 숫자만큼 폴리머 사슬들이 만들어질 것이다.

4. 반응이 반만 진행되었을 때(반응을 일부러 중단시키거나, 여러 상황으로 인하여 반응이 완결되지 못했을 때) 둘의 결과는 어떻게 다를까?

step-growth polymerization이라면 계 안에는 거의 비슷한 길이의 폴리머들이 있을 것이다. 그러나 chain-growth polymerization이라면 몇 개의 아주 긴 폴리머들과 미반응 모노머들이 섞여 있는 상태가 되어 있을 것이다.

두 중합은 전혀 다른 방식으로 폴리머 사슬이 성장하므로 많은 점에서 차이가 난다. 이 차이를 잘 이해하는 것이 중요하다. 표 4.3에 두 polymerization의 차이를 정리하였다.

| 표 4.3 step-growth와 chain-growth polymerization의 차이

	step-growth	chain-growth
reactive site(반응점)	functional group	radical or ion
monomer의 소모	초기에 다 소모	말기까지 상당수 남음
Overall average molecular weight	천천히 증가	초기에 높은 값
initiator	필요 없음	필요
reaction rate	점차 감소	초기에 증가 후 일정하게 유지

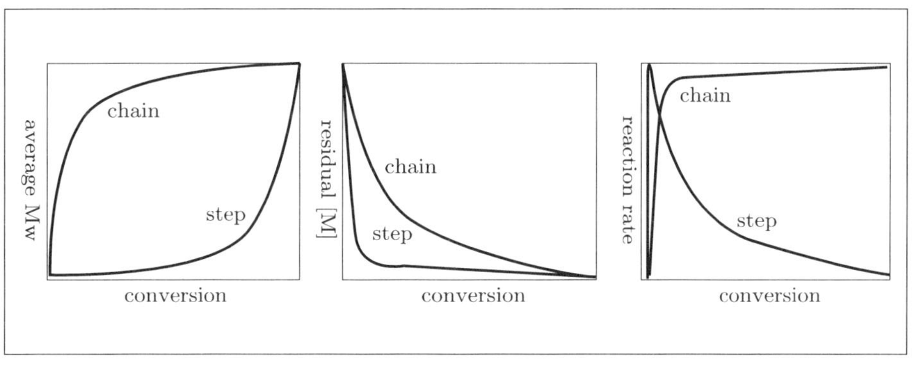

| 그림 4.5 conversion에 따른 변화

5. conversion

이해를 위하여 10개의 모노머가 있다고 하자. step-growth polymerization으로 중합시킬 경우 첫 번째 step에서 dimer들이 만들어질 것이다. 이것을 그림으로 표시하면 다음과 같다.

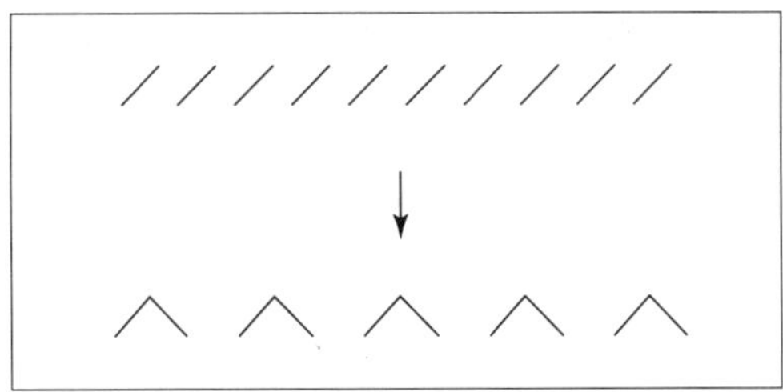

| 그림 4.6 좁은 분포를 갖는 polymerization의 한 예

이때 conversion은 반응할 수 있는 총 분자 수 중에 반응한 분자의 수로 계산된다. 반응한 분자 수는 초기 총 분자 수에서 현재의 분자 수를 뺀 값이다. 왜냐하면 한 번 결합 반응할 때마다 하나의 분자가 없어지기 때문이다. 즉 10개의 모노머가 있다가 한 번 반응하여 dimer가 하나 생겼다면 현재 분자 수는 9개이다. 초기 모노머 분자수를 No, 반응 후 분자수를 N이라고 하면 conversion p는 다음과 같이 된다.

$$p=\frac{\text{반응한 분자수}}{\text{반응할 수 있는 총 분자수}}=\frac{No-N}{No}=1-\frac{N}{No} \quad \text{(식 4.1)}$$

step-growth polymerization에서 위 그림대로 5개의 dimer가 생긴 첫 단계를 보자. 위에서 정의한 식을 적용해 보면

$$p=\frac{No-N}{No}=\frac{10-5}{10}=\frac{5}{10}=0.5$$

즉 conversion이 50%이면 오직 dimer만 생긴 상태이다. 이제 위에서 이야기한 것과 마찬가지로 10개의 모노머를 가지고 chain-growth polymerization을 시킨다고 해 보자. 일정 시간 중합 반응이 일어난 후 다음과 같은 상태가 되었다고 하면,

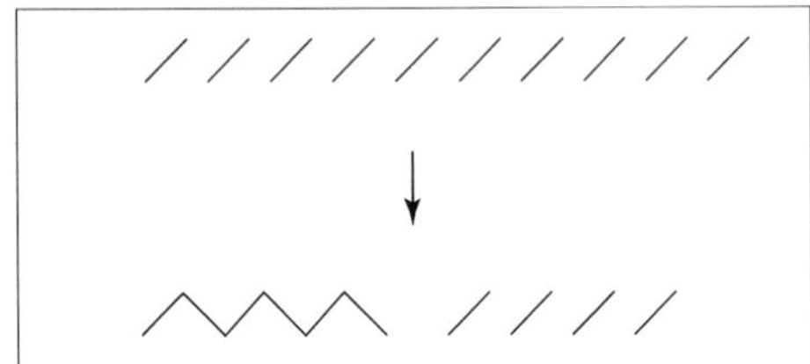

| 그림 4.7 넓은 분포를 갖는 polymerization의 한 예

즉 hexamer(6-mer) 하나와 모노머 4개가 남았다면, 분자수는 5이므로

$$p=\frac{No-N}{No}=\frac{10-5}{10}=\frac{5}{10}=0.5$$

두 경우 다 conversion이 50%로 같다.

6. Carothers Equation

앞 식에서 N/No 항에 주목하자. 이 역수 No/N은 무엇인가? 전체 모노머의 수를 현재의 분자수로 나누면 분자 하나당 몇 개의 모노머 구조가 포함되어 있는지를 나타낸다. 즉 폴리머 사슬의 길이이다. 이것은 Degree of Polymerization(DP, 중합도)라고 한다. 폴리머의 화학 구조나 분자량을 정확히 몰라도 폴리머의 크기나 길이를 나타내므로 매우 편리하다. 바로 No/N이 DP이다. 그러므로 위 식은 다음과 같이 된다.

Carothers Equation

$$p = 1 - \frac{N}{No} = 1 - \frac{1}{DP}$$

$$\therefore DP = \frac{1}{1-p}$$

(식 4.2)

이 식을 Carothers equation이라고 한다. DP와 conversion의 관계식으로 매우 유용하다. 이 식은 보통 step-growth polymerization에서 설명하므로 step-growth polymerization에만 적용되는 것으로 알고 있는데 그렇지 않다. 고분자에는 많은 식, 특히 분자량에 관한 식들이 있는데 각 식이 어디에 적용되는지를 잘 모르는 경우가 많다. 어떤 중합 반응을 사용하든지, 이 식은 언제나 적용가능하다. 그러나 chain growth polymerization에서는 conversion이라는 것이 별 의미가 없다. 반응 초기에 소수의 폴리머가 생성되더라도 그 길이가 매우 길기 때문에 전체 계의 평균 분자량이 매우 커지기 때문이다.

4-4 Condensation과 Addition

중합을 step/chain으로 나누는 것은 거시적 관점이지만 미시적으로는 반응의 메커니즘 차이에 의하여 condensation/addition로 나눌 수 있다. condensation은 functionality(기능기)에 의하여 일어나는 반응이다. 그림 4.8에서 모노머 하나가 양쪽에 손 하나씩을 갖고 있다. 이 손이 functionality이다. 그런데 이 손이 반응성이 강하다면 무엇인가 쥐어야만 한다. 그림에서 막대기를 하나씩 쥐고 있다. 두 손이 맞잡으려면 각각 쥐고 있는 막대기를 놓아야 한다. 막대기들을 놓고 빈 손이 되면 서로 맞잡고 결합할 수 있다. 이렇게 막대기를 내놓으면서 결합하는 반응을 condensation이라고 한다.

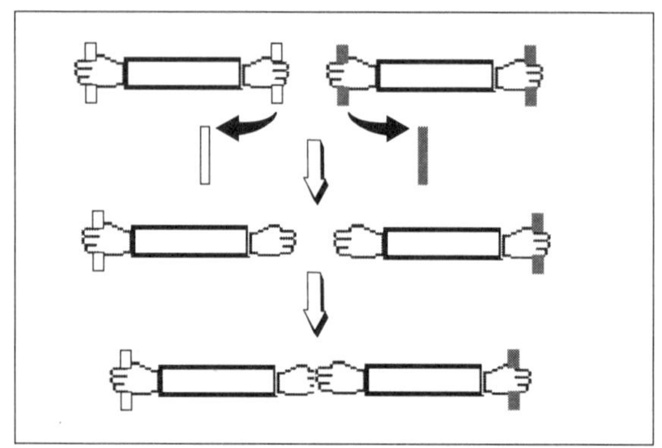

| 그림 4.8 condensation

우리가 유기화학에서 가장 처음 배우는 쉬운 반응 중에 esterification이 있다. 이것은 alcohol과 acid가 반응하면 물이 빠지면서 ester가 생성되는 것이다.

$$\text{R-COOH} + \text{HO-R}' \longrightarrow \text{R-CO-O-R}' + \text{HOH}$$

이것이 물이 축출되면서 결합하는 축합 반응이다. 이 functionality를 모노머의 양쪽에 가진다면 그 반응의 결과물은 폴리머가 될 것이다.

$$\text{HOOC-R-COOH} + \text{HO-R}'\text{-OH} \rightleftharpoons \sim\text{OC-R-CO-O-R}'\text{-O}\sim + \text{HOH}$$

이러한 폴리머들은 그 반복 결합 구조에 따라 카테고리명이 있다. ester가 반복된다면 polyester가 되는 것이다.

이와는 달리, addition polymerization은 우선 모노머 이외에 initiator라는 것이 필요하며 이 initiator가 모노머를 공격하여 활성화시킨다. 그럼 이 활성화된 모노머가 다른 모노머를 활성화시켜 propagation을 계속하여 사슬이 성장한다.

initiator ⟶ radical·

radical· + monomer ⟶ chain·

chain· + monomer ⟶ chain·

마치 고리가 하나씩 열리고 걸어 붙이므로 사슬이 길어지는 것과 같다.

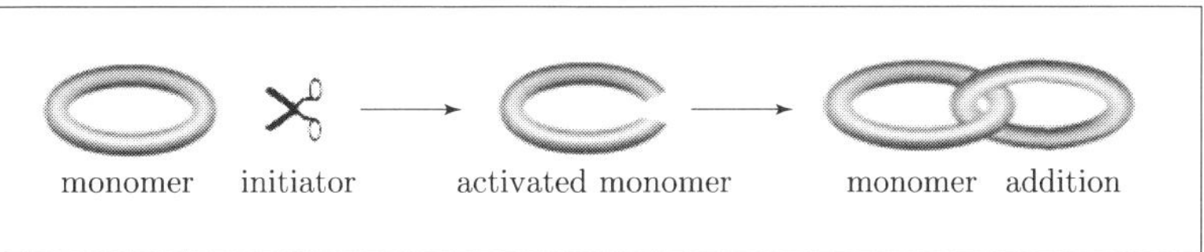

| 그림 4.9 Addition Polymerization

여기서 polycondensation은 양손에 막대기를 쥔 손으로 나타냈기 때문에 step-growth polymerization인 셈이고, addition polymerization은 chain으로 나타냈기 때문에 chain-growth polymerization 양식이다. 실제 polycondensation은 거의 다 step-growth이고, addition polymerization은 거의 다 chain-growth이다. 그러므로 step-con/chain-add라고 외우면 쉽다.

4-5 vinyl monomer

addition polymerization의 모노머 형태 중에 가장 흔한 것이 vinyl monomer다. $CH_2 = CH-$를 vinyl기라고 하는데 여기에 chlorine이 결합되어 $CH_2=CH-Cl$이되면 vinyl chloride라고 하고 이것을 중합하면 poly(vinyl chloride), 즉 PVC가 된다. 5대범용 수지인 LDPE, HDPE, PP, PS, PVC 모두 vinyl계 수지이며 우리가 사용하는 대부분의 플라스틱이 vinyl계 폴리머이다. vinyl계 폴리머는 거의 다 chain-addition polymerization으로 만들어진다.

| Polypropylene 재질의 의자

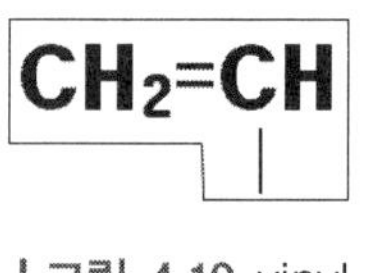

| 그림 4.10 vinyl

4-6 Molecular Weight

$$M \times \overline{DPn} = \overline{M}n \quad \text{(식 4.3)}$$

분자량의 단위는 무단위이지만 g/mole이라고 이해할 수 있다. repeating unit(반복 단위)의 분자량에 DP(중합도)를 곱해주면 그 폴리머의 분자량이 된다. 반복 단위의 화학 구조나 단위 분자량을 몰라도 폴리머의 크기를 나타낼 수 있게 해 주는 것이 DP(Degree of polymerization)이다.

4-7 Ceiling Temperature

중합은 가역 반응이므로 정반응 외에 역반응인 depolymerization(해중합)도 경쟁적으로 일어난다. 반응 온도가 높아지면 해중합 반응이 빨라진다. 왜냐하면 중합 반응은 결합 반응이므로 발열 반응이고 해중합 반응은 흡열 반응이므로 온도가 높아지면 상대적으로 해중합 반응이 더 유리해진다. 어느 온도 이상이 되면 해중합 속도가 중합 반응 속도를 추월하게 되어 더 이상 중합 반응이 일어나지 않게 된다. 이 온도를 ceiling temperature(천정 온도)라고 한다.

$$\Delta G = \Delta H - T\Delta S = 0 \quad \therefore Tc = \Delta H / \Delta S \quad \text{(식 4.4)}$$

4-8 Conclusion

step-growth polymerization이 모두 condensation은 아니며 늘 vinyl monomer를 사용하는 것도 아니다. step-growth이면서 condensation이 아닌 반응으로는 ring opening polymerization이 있는데, cyclic monomer도 일종의 functional monomer라고 할 수 있기 때문에 step-growth polymerization의 양상으로 중합되지만 떨어져 나오는 것이 없으므로 condensation은 아니다. 이 경우는

step-growth이면서 addition인 특별한 경우가 된다. 중합은 자라는 방식과 결합하는 방식, 모노머의 형태에 따라 step/chain, condensation/ addition, vinyl/non-vinyl 등으로 구분할 수 있다.

Growing mode	Reaction mode	Monomer Type
Step-growth	Condensation	Functional
Chain-growth	Addition	Vinyl

5 장

Step-growth Polymerization

5-1 Introduction

아래 그림에서 양손을 가진 개체 하나가 모노머이다. 손은 무엇인가를 잡으려는 경향, 즉 reactivity를 가진 functional group을 말한다. reactive functional group을 양 말단에 가지고 있는 모노머를 반응시키면 단계적으로 성장하여 폴리머가 된다. 여기서 단계적이라 함은 모노머들이 서로 결합하여 dimer가 되고 그 다음 단계에서 그 dimer들이 서로 결합하여 tetramer가 되는 방식으로 사슬이 길어진다는 뜻이다.

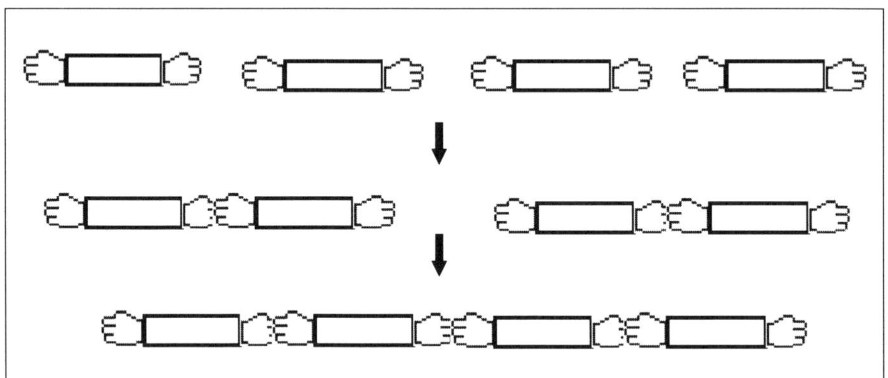

| 그림 5.1 step-growth polymerization

5-2 Polycondensation(중축합)

functional group이 결합하면서 작은 원자단을 내놓는 반응을 condensation (축합)이라고 한다.

축출하며 결합 → 축합

이런 축합을 반복적으로 하면 고분자가 되는데 이 반응을 polycondensation(중축합)이라고 한다. polycondensation은 다음 그림과 같이 설명할 수 있다.

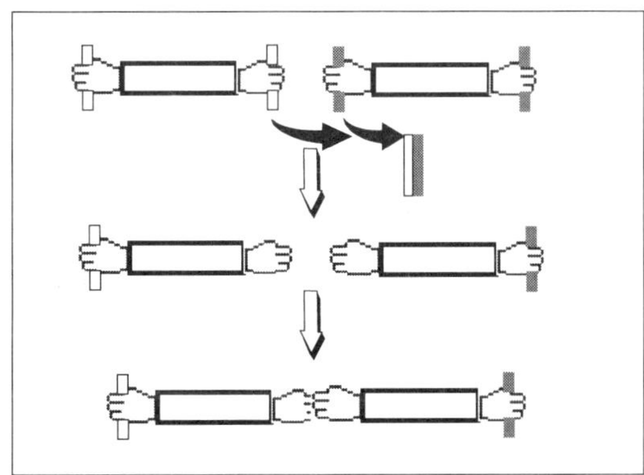

| 그림 5.2 condensation

이때 축출되는 분자(eliminant)로 가장 흔한 경우는 물이지만 HCl, CH_3OH, N_2, CO_2, 때로는 아무것도 내놓지 않는 경우도 있다. 그때 만들어지는 반복 결합 구조에 따라 생성 폴리머의 카테고리명들이 있다. 표 5.1에 모노머의 functionality와 그 폴리머들을 정리하였다.

| 표 5.1 모노머의 functionality와 폴리머

reactant	eliminant	polymer	structure
amine + acid	H_2O	polyamide	-CO-NH-
alcohol + acid	H_2O	polyester	-CO-O-
alcohol + acid chloride	HCl		
alcohol + methyl ester	CH_3OH		
alcohol + alcohol	H_2O	polyether	-O-
alcohol + phosgene	HCl	polycarbonate	-O-CO-O-
alcohol + isocyanate	CO_2	polyamine	-NH-

1. polyamide

polyamide는 amide(−NH−CO−) 결합을 가지는 폴리머이다. amide를 만들기 위해서는 amine($-NH_2$)과 acid(−COOH)가 필요하다.

$$H_2N-\boxed{}-N\begin{matrix}H\\H\end{matrix} + HO-\overset{O}{\overset{\|}{C}}-\boxed{}-\overset{O}{\overset{\|}{C}}-OH \xrightarrow{-H_2O} H_2N-\boxed{}-\overset{H}{\overset{|}{N}}-\overset{O}{\overset{\|}{C}}-\boxed{}-\overset{O}{\overset{\|}{C}}-OH$$

| 그림 5.3 nylon

1943년에 대부분의 세계적 화학자들도 폴리머를 이해하지 못하고 폴리머라는 것이 그저 작은 분자들이 분자 간 결합으로 뭉쳐진 것으로만 이해하였던 때에, 미국의 Carothers는 완전한 공유 결합으로 그처럼 엄청나게 큰 분자량이 된다고 생각하고 유

| nylon 66으로 만든 낙하산

기화학적 방법으로 합성 폴리머를 만들 수 있을 것으로 예상하였다. 처음에는 polyester를 생각하였으나 아무리 하여도 큰 분자량을 만들 수 없었다. 결국 polyamide를 만드는 데 성공하여 상품명 Nylon이라는 대박을 터뜨렸다. hexamethylene diamine과 adipic acid를 반응시키면 물이 빠지면서 polyamide가 만들어지는데 이것이 바로 인류 최초의 진정한 합성고분자 nylon 66이다.

| 그림 5.4 nylon 66

나일론은 물성도 좋고 만들기 쉬우며 여러 변형이 가능해 지금도 아주 중요한 폴리머이다. 워낙 나일론과 비슷한 구조의 폴리머가 많이 만들어지자 상품명이던 나일론은 보통명사화하여 나일론 명명법도 정해졌다. 즉 위와 같은 aliphatic(지방족) polyamide를 모두 nylon이라고 부르며 뒤에 숫자를 붙여 구조를 나타낸다. 즉 보통 숫자 2개를 붙이는데 첫 번째 숫자는 diamine monomer의 탄소 숫자이고 두 번째 숫자는 diacid monomer의 탄소 숫자이다.

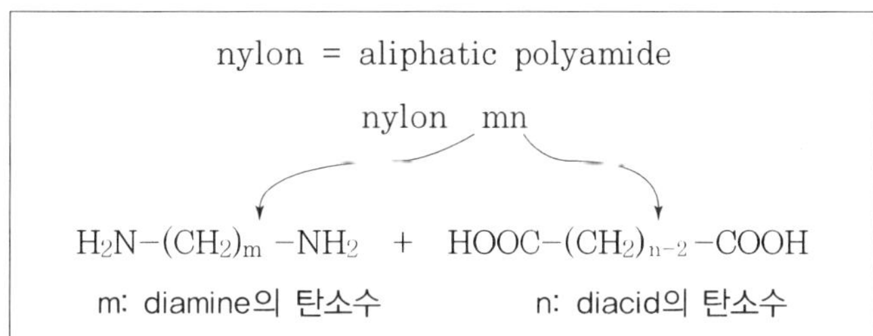

| 그림 5.5 nylon의 명명법

nylon 66의 경우 diamine의 탄소가 6개이므로 6, diacid의 탄소 숫자가 6개이므로 6, 그래서 nylon 66이 되는 것이다. nylon 610은 육백십도 아니고 육일공도 아니다. 6과 10, 즉 육십이다. 가끔 nylon 뒤의 숫자가 하나인 경우가 있다. nylon 6이 그런 경우인데 모노머가 하나인 경우이다. 이런 경우는 두 가지가 있다.

하나는 한 모노머에 필요한 reactive functional group이 양 말단에 있는 경우이고 또 하나는 lactam을 Ring Openning Polymerization한 경우이다. cyclic amide를 lactam이라고 한다.

| nylon 6 재질의 어망

$H_2N-(CH_2)_5-C(=O)-OH$ —polycondensation→ $-[CO-(CH_2)_5-NH]-$ nylon 6

ε-caprolactam ($C=O$, $N-H$) —Ring Opening Polymerization→ $-[CO-(CH_2)_5-NH]-$ nylon 6

| 그림 5.6 nylon 6의 합성

hexamethylenediamine과 adipic acid($HOOC-(CH_2)_4-COOH$)를 반응시키면 nylon 66을 얻을 수 있는데 acid를 acid chloride($-COCl$)로 바꿔주면 반응이 훨씬 쉬워진다. hexamethylenediamine은 염의 형태로 물에 녹이고 adipoyl chloride는 유기 용매에만 녹으므로 tetrachloroethylene(C_2Cl_4) 등에 녹여서 함께 섞으면 두 층으로 분리되는데 두 층의 계면에서 중합이 일어나 폴리머가 형성된다. 이것을 계면중합이라고 한다.

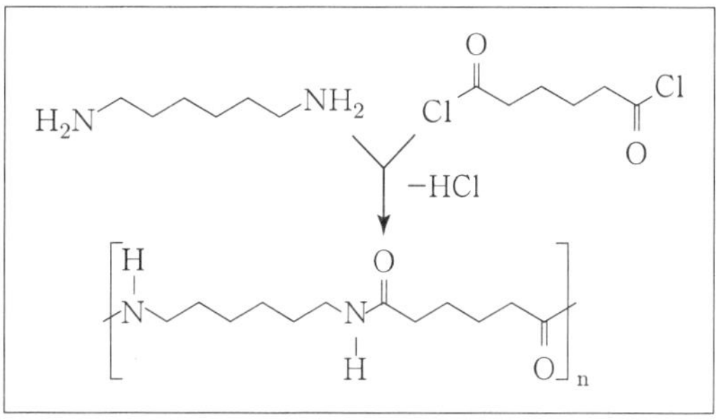

| 그림 5.7 nylon 66의 합성

실험 계면중합

diacid chloride와 diamine은 서로에 대한 반응성이 높아 섞으면 바로 반응하여 폴리머를 만든다. hexamethylene diamine은 sodium hydroxide와 반응시켜 salt(염)의 형태로 만들어 주면 물에 잘 녹으므로 수용액으로 만들어 놓는다.

$$H_2N-(CH_2)_6-NH_2 \ + \ 2NaOH \rightarrow Na^{\oplus}HN^{\ominus}-(CH_2)_6-N^{\ominus}H\ Na^{\oplus}$$

diamine solution 만들기

hexamethylene diamine	+	NaOH	+	H_2O
4.6 g(0.04 mol)		3.2 g(0.08 mol)		100 mL

diacid chloride는 carbon tetrachloride(또는 chloroform) 등의 유기 용매에 녹여 용액을 만들어 비커에 넣는다.

diacid solution 만들기

adipic acid dichloride	+	carbon tetrachloride
7.4 g(0.04 mol)		100 mL

먼저 만든 수용액을 두 액이 섞이지 않게 조심스럽게 부으면 무게가 무거운 carbon tetrachloride 용액이 아래에 위치하여 두 층으로 분리되고 그 계면에 폴리머 필름이 생성된다. 그 필름을 핀셋으로 집어 올린다. 이렇게 만든 polyamide가 바로 nylon 66이다.

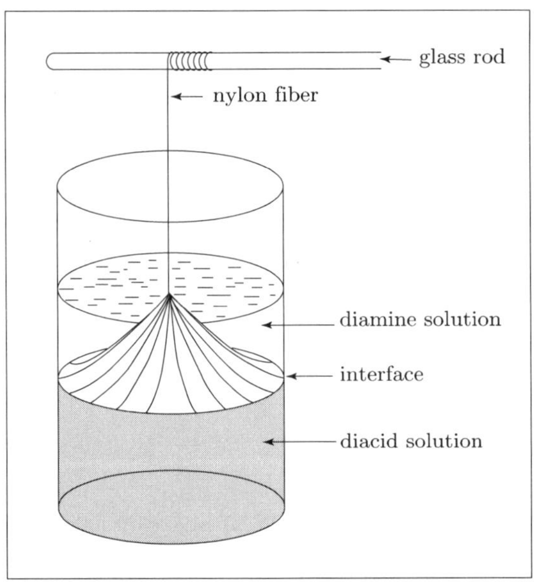

| 그림 5.8 Interfacial polymerization

2. polyester

polyester란 ester(−COO−) 반복 구조를 가지는 폴리머이다. ester를 만들기 위해서는 acid(−COOH)와 alcohol(−OH)이 필요하다. 폴리머가 되기 위해서는 물론 양 말단에 각각의 functional group을 갖는 bifunctional monomer가 필요하다. 실제적인 예 중의 하나는 terephthalic acid와 ethylene glycol의 반응이다.

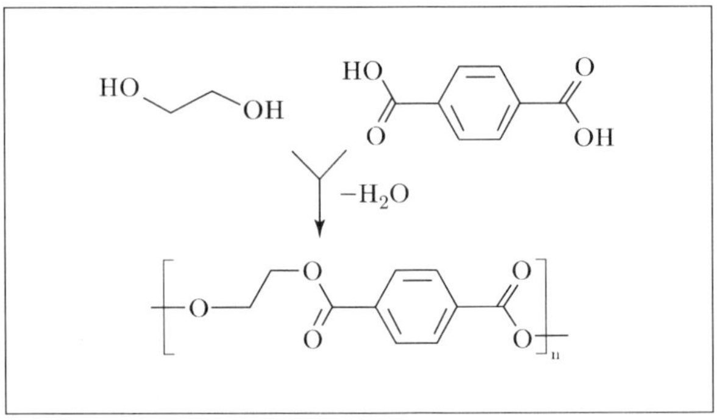

| 그림 5.9 poly(ethylene terephthalate)

이렇게 만든 polymer가 바로 우리 옷에 흔하게 사용하는 polyester이고 음료수병으로 많이 사용하는 PET이다. PET는 poly(ethylene terephthalate)의 약자이다.

많은 경우 산성 모노머를 원료로 하기 때문에 모노머 자체가 촉매가 되는 반응이다. 화학 평형을 생각하면 이 반응에서는 물을 제거해 주어야 폴리머가 잘 생성된다는 것을 알 수 있다. 최종 산물인 polyester에서 물을 제거하는 것이 쉽지 않기 때문에 몇 가지 변형이 개발되었다. 첫 번째는 trans-esterification이다. acid 대신 methyl ester를 사용하면 물이 아닌 methanol이 축출되며 좀 더 반응과 용매 제거가 쉬워진다.

| PET로 만든 생수병

$$CH_3OOC-C_6H_4-COOCH_3 + HO-CH_2CH_2-OH \xrightarrow[-CH_3OH]{} + OC-C_6H_4-COO-CH_2CH_2-O +$$

또는 acid chloride를 사용하기도 한다. 이 반응에서는 HCl라는 기체가 축출되므로 반응이 더 잘 된다.

$$ClOC-C_6H_4-COCl + HO-CH_2CH_2-OH \xrightarrow[-HCl]{} + OC-C_6H_4-COO-CH_2CH_2-O +$$

3. polyether

ether는 oxy(−O−) linkage 결합 구조를 갖는데, alcohol monomer를 축합시키면 얻을 수 있다.

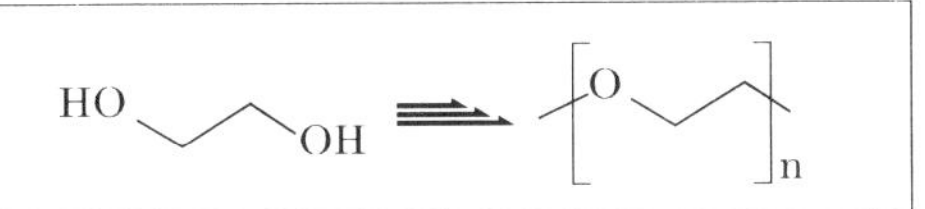

| 그림 5.10 ethylene glycol과 poly(ethylene oxide)

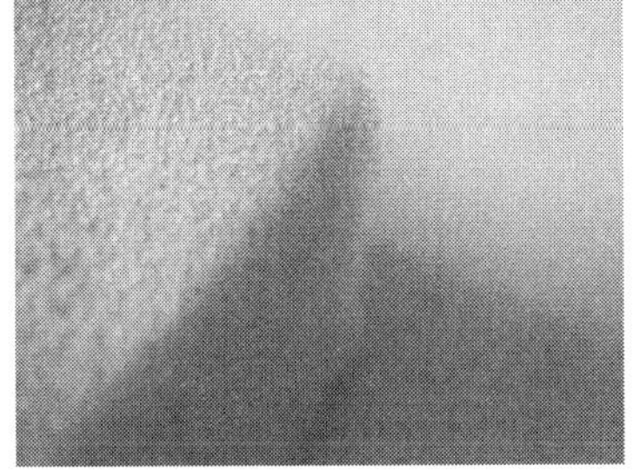

| 주방용 polyether−foam

4. polycarbonate

−O−CO−O−를 carbonate라고 한다. 상업적으로 중요한 polycarbonate는 bisphenol−A와 phosgene의 condensation으로 얻는다.

$$HO-C_6H_4-C(CH_3)_2-C_6H_4-OH + Cl-\overset{O}{\overset{\|}{C}}-Cl \xrightarrow{HCl} \left[-O-C_6H_4-C(CH_3)_2-C_6H_4-O-\overset{O}{\overset{\|}{C}}-\right]_n$$

| 그림 5.11 polycarbonate

| Polycarbonate 재질의 CD

5-3 다른 기체를 축출하는 polycondensation

앞에 예를 든 반응처럼 condensation에서 물만 축출되는 것은 아니다. diazomethane, diazoalkane의 중합은 기체를 발생하며 결합 반응이 반복되는 축합반응이므로 평형 반응이 아니라 비가역 반응이다. 촉매로 Lewis acid나 Ziegler-Natta 촉매를 사용한다.

$$H_2C=N^+=N^- \xrightarrow[-N_2]{} [-CH_2-]$$

$$R-HC=N^+=N^- \xrightarrow[-N_2]{} [-\underset{R}{\underset{|}{C}}H-]$$

5-4 아무것도 축출하지 않는 polyaddition(중부가)

아무것도 축출하지 않으면 condensation이 아니므로 이 반응은 polyaddition이라고 부른다. 대표적인 것이 isocyanate나 formaldehyde를 응용한 중합이다. formaldehyde를 이용한 중합은 addition과 condensation이 번갈아 일어나 진행하여 thermoset 폴리머를 생성하는 반응들이다. 메커니즘이 복잡하고 폴리머의 구조도 일정하지 않다. 우선 분자량이 크지 않아 액상이나 무른 고체상인 올리고머를 만들고 그 후 여기에 필러를 넣고 성형하면 내열성와 강도가 뛰어난 3차원 그물구조의 thermoset을 만들 수 있어서 내열성과 고강도가 필요한 기계부품, 전기용품, 용기 등에 쓴다.

1. phenol resin(페놀수지)

phenol과 formaldehyde를 반응시키면 thermoset이 얻어진다. 반응 조건에 따라 novolac resin이 되거나 resol resin이라는 올리고머가 되어 2차 반응을 하여 thermosetting 공정을 거쳐 내열성과 고강도의 제품을 만들 수 있어서 매우 유용하다. 산성 촉매(옥살산, 염산, 황산 등)에서 phenol을 과량으로 반응시키면 phenol의 ortho, para, meta 위치에 hydroxymethyl기가 붙은 복잡한 올리고머가 형성되는데 이것을 novolac resin이라고 한다. 분자량이 300에서 900 정도가 되어 상온에서는 고체이고 150~220°C 정도 가열하면 물러진다. phenol의 분자량이 94이므로 분자량이 500이면 대략 pentamer(5량체) 정도가 된다. alcohol이나 acetone 같은 유기 용매에 잘 녹고 약 90°C 정도로 가열하면서 hexamethylenetetramine 같은 curing agent(경화제)로 쉽게 thermosetting cross-linking하여 3차원 그물 구조의 폴리머를 만든다.

| 페놀수지로 만든 단추들

$$HCHO + C_6H_5OH \xrightarrow[-H_2O]{H^{\oplus}} \text{(cross-linked phenol resin: OH-substituted rings linked by } CH_2 \text{ bridges)}$$

| 그림 5.12 Phenol resin

반응 조건을 바꿔 염기성 촉매에 formaldehyde를 과량으로 반응시키면 methylol phenol을 거쳐 분자량 200~450 정도의 액상 중간체가 된다. 이것을 resol resin이라고 한다. 120°C에서 가교시켜 3차원 그물 구조의 폴리머로 만든다.

formaldehyde를 이용한 중합은 addition과 condensation이 번갈아 일어나며 진행하여 thermoset 폴리머를 생성하는 반응들이다. 메커니즘이 복잡하고 폴리머의 구조도 일정하지 않다. 우선 분자량이 크지 않아 액상이나 무른 고체상인 올리고머를 만들고 그 후 여기에 필러를 넣고 성형하면 내열성와 강도가 뛰어난 3차원 그물 구조의 thermoset을 만들 수 있어서 내열성과 고강도가 필요한 기계부품, 전기용품, 용기 등에 쓴다.

2. polyurethane

step-growth polymerization이면서 condensation이 아닌 반응으로는 isocyanate 중합이 있다. 이 경우는 축출되는 것이 없다. isocyanate와 alcohol이 반응하면 polyurethane이 생성된다.

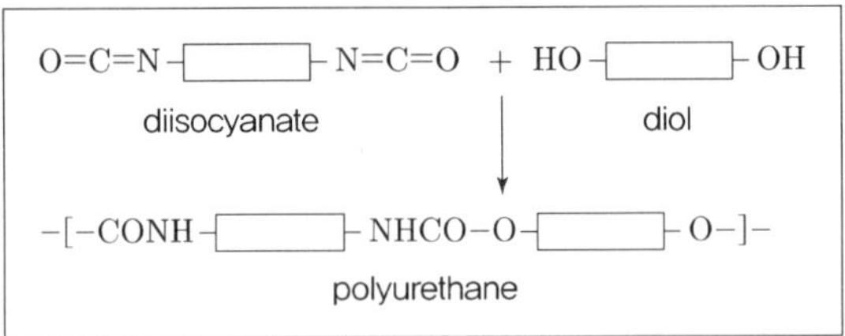

과잉의 isocyanate를 물과 함께 넣으면 기체를 발생하므로 발포체를 만들 수 있다.

$$R{-}N{=}C{=}O + H_2O \rightarrow R{-}NH_2 + CO_2$$

| polyurethane foam 수세미

3. polyurea(요소수지)

isocyanate와 amine을 반응시키면 polyurea를 만들 수 있다.

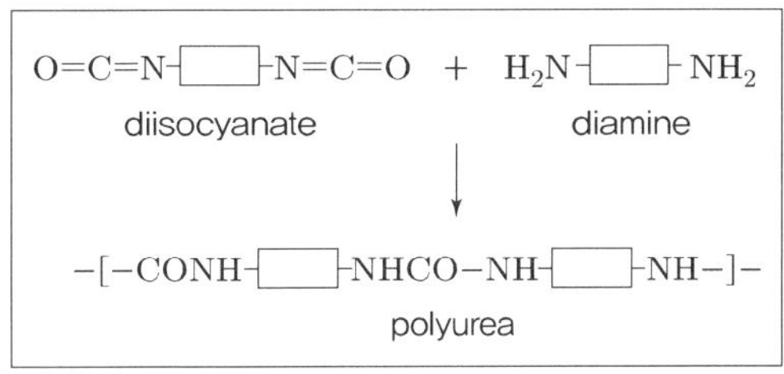

diisocyanate와 diamine의 반응은 diol보다 100배 정도 빠르다.

hexamethylene diisocyanate[O=C=N–$(CH_2)_6$–N=C=O]와 hexamethylene diamine [H_2N–$(CH_2)_6$–NH_2]을 반응시키면 bp 270°C인 섬유 poly(hexamethylene urea)을 얻을 수 있다.

| polyurethane과 polyurea copolymer로 만든 spandex 수영복

4. melamine resin(멜라민수지)

formaldehyde 용액에 melamine을 반응시켜 paste 상태의 수지로 만든 다음 용도에 따른 각종 filler를 넣어 가열하며 성형한다. 내약품성, 내수성, 내열성이 좋고 절연성도 높다. 식기, 무늬목판지, 전기용품, 잡화, 도료, 종이나 섬유 강화제 등으로 쓴다.

melamine ($C_3N_3(NH_2)_3$) + HCHO → –CH_2–NH–(C_3N_3)(NH–CH_2–)–NH–CH_2–

melamine　formaldehyde　melamine resin

| 멜라민수지로 만든 식기

5. 기타 polyaddition

keten(−CH=C=O)이나 imine(—N< CH_2 | CH_2), epoxy, vinyl도 활성화 수소 화합물(amine, alcohol, thiol 등)과 반응하여 polymer를 만든다.

(1) ketene

O=C=CH−R−CH=C=O + H_2N−R'−NH_2 ⇌ polyamide (ionic)
O=C=CH−R−CH=C=O + HO−R'−OH ⇌ polyester (ionic)

(2) imine

▷N−R−N◁ + H_2N−R'−NH_2 ⇌ polyimine (ionic)

(3) epoxy

CH_2−CH_2−R−CH_2−CH_2 + HO−R'−OH ⇌ polyether (ionic)
 \O/ \O/

(4) vinyl

CH_2=CH−R−CH=CH_2 + HS−R'−SH ⇌ polysulfide (radical)

5-5 Kinetics

1. equimolar reaction(등몰반응)

(1) conversion p와 DPn(Dergree of Polymerization, 중합도)의 관계식

두 functional group이 반응하여 사슬이 길어지는 것이기 때문에 두 functional group의 비율이 정확히 맞아야 긴 사슬이 될 것이다. 어느 한쪽이 많다면 반응은 곧 멈춘다. 그래서 step-growth에서는 두 모노머가 같은 수인지(equimolar) 그렇지 않고 어느 하나가 과량인지(non-equimolar)가 중요하다.

반응한 분자수는 초기 모노머수에서 반응 후의 분자수를 뺀 값이다. 한번 결합 반응할 때마다 모노머 분자수가 하나씩 줄기 때문이다.

$$p=\frac{\text{반응한 분자수}}{\text{반응할 분자수}}=\frac{No-N}{No}=1-\frac{N}{No}$$
$$1-p=\frac{N}{No}$$
$$\frac{1}{1-p}=\frac{No}{N}=\overline{DPn}$$
(식 5.1)

이 식을 Carothers equation이라고 한다. 이 식에 의하면 유기화학에서 상당히 높다고 생각되는 90% yield(conversion)라고 해 봐야 폴리머의 길이는 고작 10개만 연결된 아주 짧은 oligomer가 된다. oligo-는 소량이라는 뜻이다.

p(%)	p	1-p	DPn
50	0.5	0.5	2
90	0.9	0.1	10
99	0.99	0.01	100

(2) reaction rate

HOOC-R-COOH + HO-R′-OH ⇌ -[-CO-R-CO-O-R′-O-]-

$$\text{반응 속도: } -\frac{d[COOH]}{dt}=k[COOH][OH]$$

두 반응물의 농도는 같고 c라면

$$-\frac{dc}{dt}=kc^2,\quad -\frac{dc}{c^2}=kdt$$

적분해서 $\frac{1}{c} - \frac{1}{c_0} = kt$ 양변에 c_0를 곱하면 $\frac{c_0}{c} - 1 = kc_0t$

conversion의 정의에서 $p = \frac{c_0 - c}{c_0} = 1 - \frac{c}{c_0}$

$$\therefore \frac{c}{c_0} = 1 - p \qquad \therefore \frac{c_0}{c} = \frac{1}{1-p} = \overline{DP}n$$

이 식을 위 적분식에 대입하면 $\overline{DP}n = kc_0t + 1$

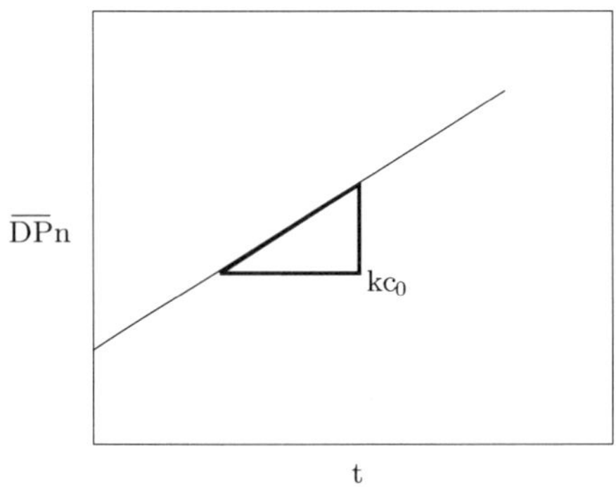

|그림 5.13 reaction rate

여기서 $\frac{1}{(1-p)}$는 바로 $\overline{DP}n$이다. 그러므로 이 그래프는 시간에 따라 증가하는 폴리머의 길이를 나타낸다.

(3) equilibrium coefficient *K*(평형 상수)와 $\overline{DP}n$의 관계식

만일 반응의 어느 시점에서 conversion p만큼 진행되었다면 각 반응물들과 결과물들의 농도는 다음과 같을 것이다.

HOOC-▢-COOH	+	HO-▤-OH	⇌	-[-CO-▢-COO-▤-O-]-	+	water
1-p		1-p		p		w

이때 평형 상수 K는 $K = \frac{pw}{(1-p)^2}$가 되고, $\frac{K}{w}$를 B라고 하면 위 식은 $B(1-p)^2 = p$가 되고 이 식을 풀면, p의 2차식 $B - 2pB + Bp^2 - p = 0$이 된다.

정리하면 $$Bp^2 - (1 + 2B)p + B = 0$$

근의 공식으로 $$p = \frac{1 + 2B \pm \sqrt{(1 + 4B)}}{2B}$$

p<1이므로 양의 해는 무의미하다. 그러므로

$$p = \frac{1+2B-\sqrt{(1+4B)}}{2B}$$

$$p = \frac{1}{2B} + 1 - \frac{\sqrt{1+4B}}{2B}$$

$$1-p = \frac{\sqrt{1+4B}-1}{2B}$$

$$\overline{DP}n = \frac{1}{(1-p)} = \frac{2B}{\sqrt{(1+4B)}-1}$$

w는 아주 작고, K는 크므로 B는 1보다 아주 큰 값이 된다.

그러므로 근사식으로 $\sqrt{1+4B}-1 \cong \sqrt{1+4B}$

또한 1+4B≅4B, $\therefore \sqrt{(1+4B)} \cong 2\sqrt{B}$

$$\therefore \overline{DP}n = \sqrt{B} = \sqrt{\left(\frac{K}{w}\right)} \qquad \text{(식 5.2)}$$

결과적으로 이 식이 의미하는 것은 물리적으로 w를 작게 해줘야 분자량이 커진다는 것, 즉 물을 빼줘야 한다는 것이다. 특히 K가 적은 경우는 더 중요하다. 폴리아미드는 240°C에서 평형에 이르면 $\overline{DP}n$은 400, 폴리에스터는 200°C 평형에서 4밖에 안 된다.

2. non-equimolar(비등몰) 반응의 $\overline{M}w$

한쪽(B−B)이 과량일 때 중합도에 미치는 영향을 알아보자.

	A−▢−A	+B−▤−B ⇌	−[−A−▢−AB−▤−B−]−
반응 전	A	B	
초기 분자수	N_A <	N_B	
초기 기능기수	$2N_A$	$2N_B$	
반응후			
미반응 분자수	$(1-p)N_A$	N_B-pN_A	
미반응 기능기수	$2N_A-2pN_A$	$2N_B-2pN_A$	

conversion=p, 반응한 functionality 수= $2pN_A$

$$\mathrm{DPn} = \frac{N_0}{N} = \frac{N_A + N_B}{N_A(1-p) + (N_B - pN_A)} \quad \text{(식 5.3)}$$

여기에 $s = \frac{N_A}{N_B}$ 를 도입하면

위 식은

$$\mathrm{DPn} = \frac{1+s}{1+s-2sp} \quad \text{(식 5.4)}$$

반응이 완결되면 $p = 1$이 되므로

$$\mathrm{DPn} = \frac{1+s}{1-s}$$

예를 들어 하나가 5% 모자르면

$$s = 0.95 \quad \therefore \overline{\mathrm{DP}}\mathrm{n} = 39$$

1% 모자르면 $s = 0.99$ ∴ 반응이 100% 완결되어도 DPn은 199밖에 안 된다.

3. 분자량 조절

위의 결과를 참고하면 인위적으로 분자량을 조절할 수 있다. 분자량을 적게 만들려면 한 모노머를 과량으로 넣으면 된다. 또는 monofunctional monomer를 넣으면 분자량은 작아지고 multifunctional monomer를 첨가하면 그물 구조 폴리머가 되면서 분자량이 커진다.

4. 분자량 분포

다음 그림에서 막대기 하나는 모노머 하나를 뜻한다. 만일 모노머 10개로 시작해서 중합을 시켜 다음과 같이 폴리머를 얻었다고 하자. A 경우는 dimer 5개가 생겼고, B 경우는 하나의 6-mer가 생기고 나머지 모노머는 미반응으로 남았다고 하자.

위의 두 경우의 average $\overline{DP}n$를 계산해 보자.

A: $\overline{DP}n$=10/5=2, B: DPn=10/5=2

즉, 평균 중합도는 같다. 그러나 두 폴리머는 결코 같지 않고 전혀 다른 폴리머라고 할 수 있다. 정확히 이야기하면 분자량 분포가 다르다. A는 분포가 좁고, B는 넓다.

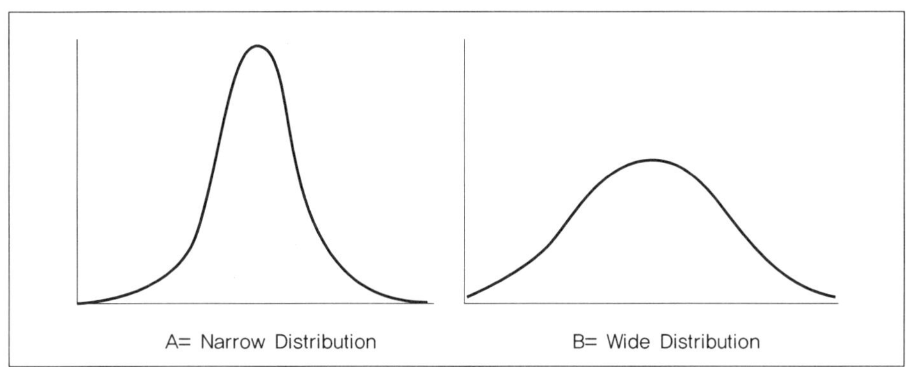

| 그림 5.14 polymer molecular weight distribution

conversion p는 t시간까지 반응한 probability(확률)라고 할 수 있다.

그러면 미반응 모노머를 발견할 확률은 1−p라고 할 수 있다.

$\overline{DP}n$이 n인 폴리머가 있을 확률은 (n−1)번 결합한 후 반응을 안 해야 하므로(반응 안 할 확률은 1−p)

$$p^{n-1}(1-p) \qquad \text{(식 5.5)}$$

그러므로 $\overline{DP}n$이 n인 폴리머의 수는

$$Nn = Np^{n-1}(1-p) \qquad \text{(식 5.6)}$$

N=No(1−p)이므로

$$Nn = N_0 p^{n-1}(1-p)^2 \qquad \text{(식 5.7)}$$

$\overline{DP}n$이 n인 폴리머의 number mole fraction(수몰분율)은 $n_n = \frac{N_n}{N}$ 이므로

$$n_n = \frac{N_n}{N} = \frac{N_n}{N_0}\frac{N_0}{N} = \frac{N_0 p^{n-1}(1-p)^2}{N_0}\overline{DP_n} = p^{n-1}(1-p)^2\frac{1}{1-p}$$

그러므로 $$n_n = p^{n-1}(1-p)$$ (식 5.8)

같은 식으로 $\overline{DP}n$이 n인 weight mole fraction(무게분율)은

$$w_n = \frac{W_n}{W} = \frac{M_n N_n}{MN_0} = \frac{nMN_n}{MN_0} = \frac{nN_n}{N_0} = n\frac{N_n}{N}\frac{N}{N_0} = nn_n\frac{1}{\overline{DP_n}}$$

그러므로 $$w_n = np^{n-1}(1-p)^2$$ (식 5.9)

이 식들을 적분해서 수(무게)평균 중합도를 구하면

$$\overline{DP}n = \Sigma nn_n = \Sigma np^{n-1}(1-p) = \frac{(1-p)}{(1-p)^2} = \frac{1}{(1-p)}$$ (식 5.10)

$$\begin{aligned}\overline{DP}w &= \Sigma nw_n = \Sigma n^2p^{n-1}(1-p)^2 = (1-p)^2\Sigma n^2p^{n-1} \\ &= \frac{(1-p)^2(1+p)}{(1-p)^3} = \frac{(1+p)}{(1-p)}\end{aligned}$$ (식 5.11)

$$\therefore \text{ 분포는 } I = \frac{\overline{DP}w}{\overline{DP}n} = 1+p$$ (식 5.12)

반응이 완결되면 $p = 1$, $\therefore I = 2$가 된다. 이 결과가 뜻하는 바는 무엇인가? 일반적인 chain-growth 중합 반응 결과는 분자량 분포 I 값이 4~5에 달한다. step-growth polymerization의 경우 I 값의 이론적 최댓값이 2이므로 상대적으로 매우 작다는 것을 알 수 있다. 즉 step-growth 폴리머는 대체로 분자량 분포가 좁다.

5. autocatalyst reaction

polyesterification에서 모노머인 carboxylic acid가 촉매 역할도 하여 acid에 대하여 2차식, 전체로는 3차식이 된다.

$$HOOC-R-COOH + HO-R'-OH \rightleftharpoons -[-OOC-R-COO-O-R'-O-]-$$

$$\text{반응 속도: } -\frac{d[COOH]}{dt} = k[COOH]^2[OH] \quad \text{(식 5.13)}$$

두 반응물의 농도가 같고 c라면

$$-\frac{dc}{dt} = kc^3, \quad -\frac{dc}{c^3} = kdt \quad \text{(식 5.14)}$$

적분해서 $\frac{1}{2}(\frac{1}{c^2} - \frac{1}{c_0^2}) = kt$ 양변에 $c_0{}^2$를 곱하면

$$\frac{c_0^2}{c^2} - 1 = 2kc_0^2t \quad \text{(식 5.15)}$$

$\frac{c_0}{c} = \frac{1}{1-p} = \overline{DP}n$를 대입하면

$$\overline{DP}n^2 = 2kc_0{}^2t + 1 \quad \text{(식 5.16)}$$

x축을 시간 t로 하고 y축을 $\overline{DP}n^2$로 하여 그래프를 그리면 기울기 $2kc_0{}^2$, 절편 1인 그래프가 된다. 이 그래프로부터 t 시간에서의 $\overline{DP}n$을 구할 수 있다.

5-6 Multifunctional Polycondensation

1. average functionality(평균 기능성도)

monofunctional(1-), bifunctional(2-), trifuctional(3-) 등을 섞어 썼다고 하면 그 평균값을 계산하여 average functionality(평균 기능성도)를 사용한다. 윗줄은 평균을 의미한다.

$$\bar{f} = \frac{\sum N_i f_i}{\sum N_i}$$ (식 5.17)

2. gel point(젤화점)

모노머의 functionality가 1이면 중합 반응이 일어날 수 없고, 2이면 사슬형 폴리머가 되겠지만 3 이상이 되면 3차원 그물 구조가 되어 분자량도 커지고 점도도 증가할 것이다. 그러다가 어느 이상 커지면 점도가 너무 높아져 전체 반응계는 떡과 같이 되어(gel이 되어) 더 이상 반응이 진행되지 않는 점이 된다. 이 점을 gel point 또는 critical conversion(임계 반응도)라고 한다.

반응 전의 분자수 = No

반응 전의 functional group수= Nof

conversion p 때 molecule수 = N

반응으로 없어진 functional group수 = 2(No−N)

$$p = \frac{\text{반응한 functionalgroup수}}{\text{반응할 수 있는 총 functionalgroup수}}$$

$$= \frac{2(No - N)}{No\bar{f}} \qquad \text{N으로 나누면}$$

$$= \frac{2(\frac{No}{N} - 1)}{\frac{No}{N}\bar{f}} \qquad \frac{No}{N} = \overline{DP}n\text{이므로}$$

$$= \frac{2(\overline{DP}n - 1)}{\overline{DP}n \cdot \bar{f}} = \frac{2}{\bar{f}} - \frac{2}{\overline{DP}n \cdot \bar{f}}$$

$\overline{DP}n$이 무한대가 되면 위 식의 둘째 항이 없어지며, 반응이 중단된다.

$$p_c = \frac{2}{\bar{f}}$$ (식 5.18)

이 식은 반응이 중단되는 gel point를 알려준다.

3. branching density(분지밀도)

branch(가지)의 정도를 나타내는 것으로는 branching coefficient(분지계수),

branching parameter 등 여러 가지가 있으나 이해하기 쉽고 유용한 것으로는 branching density가 있다. 전체 반복 단위의 수 중에 branching point(분지점)의 수로 나타낸다.

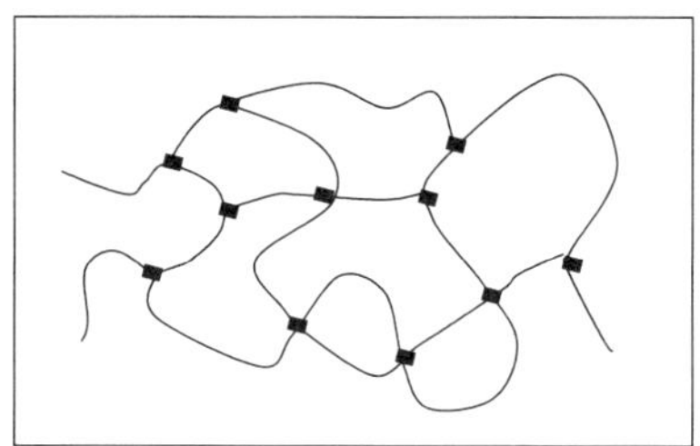

| 그림 5.15 branching density

5-7 Ring Opening Polymerization

1. Ring Opening Polymerization의 특징

① eliminating group이 없다.
② 중합 전후의 결합 엔탈피가 거의 같다.

2. cyclic monomer

모든 cyclic 화합물이 ring opening polymerization을 할 수 있는 것은 아니다. 특히 cycle의 크기가 중요한데 다음과 같은 6각 ring들은 거의 ring opening 반응을 하지 않는다. ring의 tension이 거의 없기 때문이다. 탄소의 단일 결합각이 109.5°인데 6각 ring이 되면 각이 거의 120°가 되어 거의 차이가 없다.

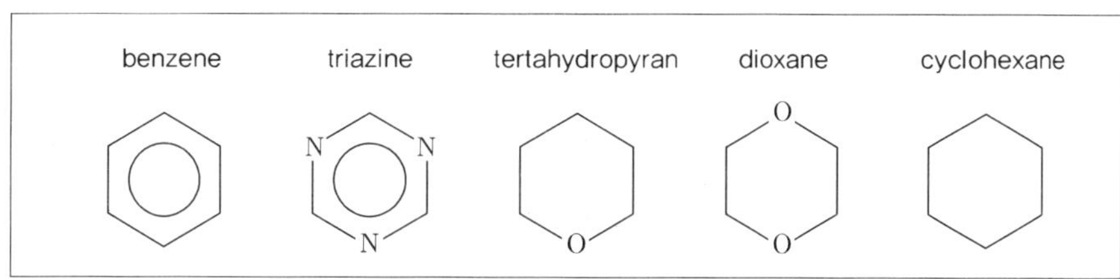

| 그림 5.16 여러 가지 6각 cyclic compounds

이같이 ring의 크기에 따라 ROP의 반응성이 달라진다. 3각 ring(oxirane)이나 4 각 ring(oxetane)은 ring opening tension이 커서 ROP이 잘 일어난다. 다음 그림을 보면 3각> 4각> 5각 순으로 반응성이 작아지다 6각 ring은 거의 반응을 하

지 않는다.

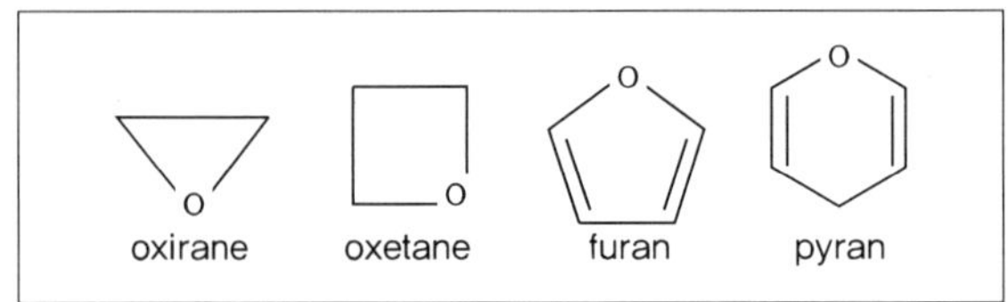

| 그림 5.17 oxide ring

중합을 하는 고리 모노머는 여러 가지가 있다. ether(−O−), lactone(cyclic ester, −COO−), lactam(cyclic amide, −NHCO−), imine(−NH−), thioether(−S−), oxazoline(−N−C(R)−O−) 등이 있다.

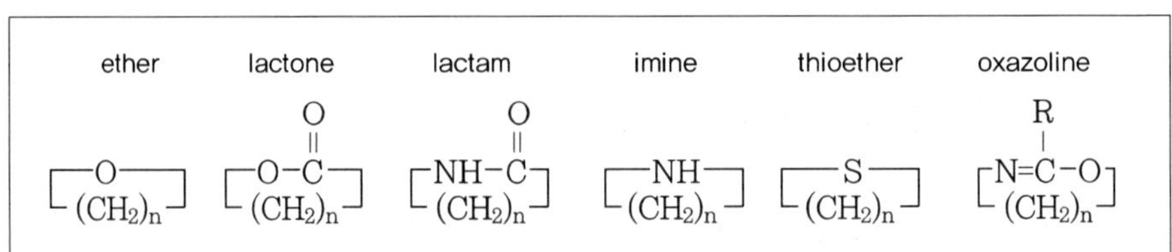

| 그림 5.18 cyclic monomers

3. ROP의 mechanism

ring opening이 어떤 메커니즘으로 일어나는지는 아직 확실하게는 밝혀지지 않았다. 다만 다음 두 가지 학설이 존재하며 아마도 그 두 가지 반응이 함께 또는 섞여서 일어나는 것으로 생각된다.

(1) zwitterion

우선 ring이 열리면서 zwitterion(양성이온)을 생성하고 이것이 중합을 주도한다.

$$\text{[A−B ring]} \xrightarrow{X^+Y^-} \text{[A−X, } B^+Y^-\text{]} + \text{[A−B ring]} \longrightarrow \text{[A−X, B−A, } B^+Y^-\text{]}$$

|그림 5.19 zwitterion에 의한 monomer addition

(2) coodination

고리 모노머와 촉매의 coordination(배위) 구조인 oxonium ion을 만든 후

ring opening이 된다.

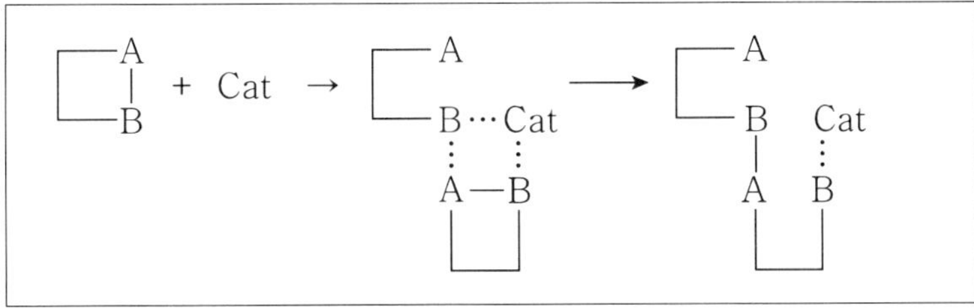

|그림 5.20 ROP propagation

4. ether의 ROP

(1) oxirane(3각 cyclic ether)

3각 ring이기 때문에 ring opening tension도 강하여 중합이 잘 일어난다. anionic, cationic 모두 잘 일어난다. 음이온 중합은 alkoxide, hydroxide, metal oxide 등의 촉매에 의해 일어나며, 양이온 중합은 Lewis acid 등에 의해 일어난다.

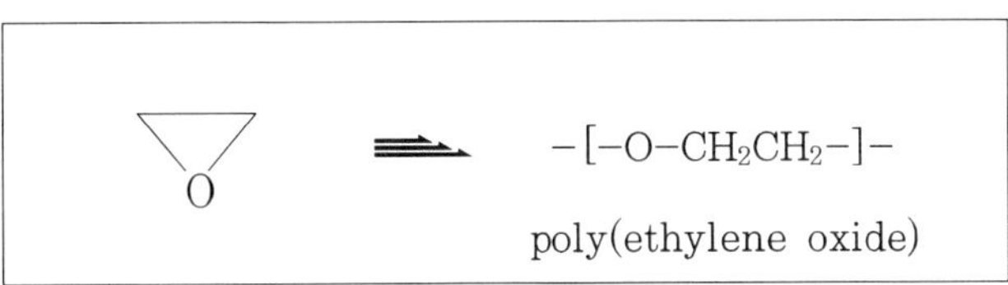

|그림 5.21 poly(ethylene oxide)

oxirane의 유도체들도 같은 ROP를 일으킨다.

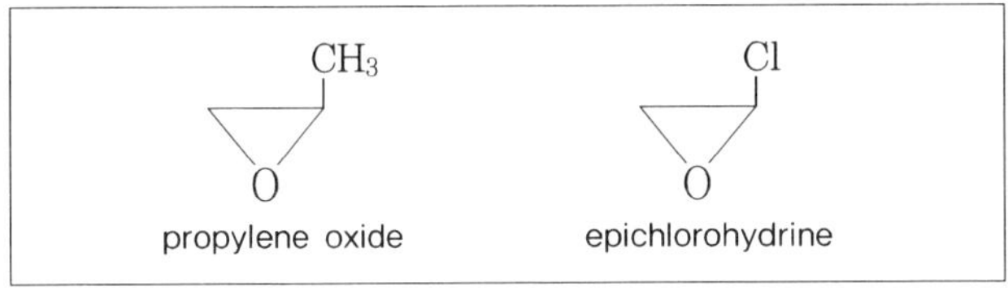

|그림 5.22 propylene oxide와 epichlorohydrine

(2) oxetane(4각 cyclic ether)

PF_3나 BF_3 같은 Lewis acid를 촉매로 써서 중합시킬 수 있다.

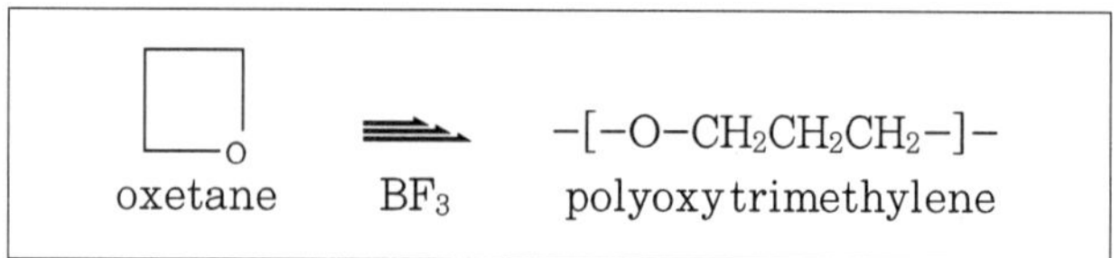

|그림 5.23 oxetane의 중합

(3) trioxane

trioxane은 6각 ring이긴 하지만 쉽게 양이온이 되는 산소에 의하여 양이온 중합을 일으킨다. 여기서 만들어진 carbonium 이온이 중합을 일으킨다.

```
                                  H                  H
                                  |                  |
     O                            O⊕ ··· X⊖          O
   /   \                        /   \              /    ⊕
CH2     CH2                  CH2     CH2        CH2     CH2 ··· X⊖
 |       |    H+X-    →       |       |    →     |       |
 O       O                    O       O          O       O
   \   /                        \   /              \   /
    CH2                          CH2                CH2
```

|그림 5.24 trioxane의 중합

5. lactone의 ROP

lactone은 cyclic ester이므로 alcohol이나 amine을 initiator로 사용하여 ROP하면 anionic, cationic polymerization하여 polyester가 된다. lactone인 경우 결합각이 120°인 C–O–C 결합이 있으므로 5각 ring, 즉 γ-butyrolactone은 중합하지 않는다. 그 이유는 결합각에 의한 tension 때문일 것이다. 즉 γ-butyrolactone의 경우 고리 내각의 합이 $109.5° \times 3 + 120° + 110° = 558.5°$인데 5각형의 내각의 합이 540°이므로 거의 비슷하여 ROP의 tension이 없는 데 기인한 것으로 생각할 수 있다. 반면 δ-valerolactone의 경우 내각의 합은 $109.5° \times 4 + 120° + 110° = 668°$인데 비해 6각형의 내각의 합은 720°로서 큰 차이가 나므로 ROP의 entropic tension이 크다. 실제로 δ-valerolactone은 쉽게 폴리머가 된다.

$$-[-O-(CH_2)_5-CO-]-$$

┃그림 5.25 lactone의 중합

6. lactam의 ROP

lactone과 마찬가지로 lactam으로 polyamide를 만들 수 있다. ε−caprolactam을 중합하면 nylon 6을 만들 수 있다.

$$\xrightarrow[N_2]{533K}$$

┃그림 5.26 lactam의 중합

┃polycaprolactam 재질의 배드민턴 셔틀콕

Nomenclature of lactone, lactam

lactone이나 lactam은 원래 해당 carboxylic acid에서부터 이름을 붙인다. 즉 acetic acid가 물이 빠지면서 condensation하여 cycle이 되면 acetolactone이다. 그러므로 전체 탄소수가 하나씩 커지면서 aceto(2), propio(3), butyro(4), valero(5), capro(6)가 된다.

acetic acid → acetolactone

그 다음 cycle의 크기로부터 αβγδε을 붙이는데 이 cycle의 크기란 원래 출발 carboxylic acid의 hydroxyl group과 carboxyl group 사이의 탄소수가 된다.

α-acetolactone β-propiolactone γ-butyrolactone δ-valerolactone ε-caprolactone

만일 치환기가 붙어 있다면 ring의 크기는 그대로인데 전체 탄소수가 증가하므로 뒷부분의 접두어가 하나씩 늘어날 것이다.

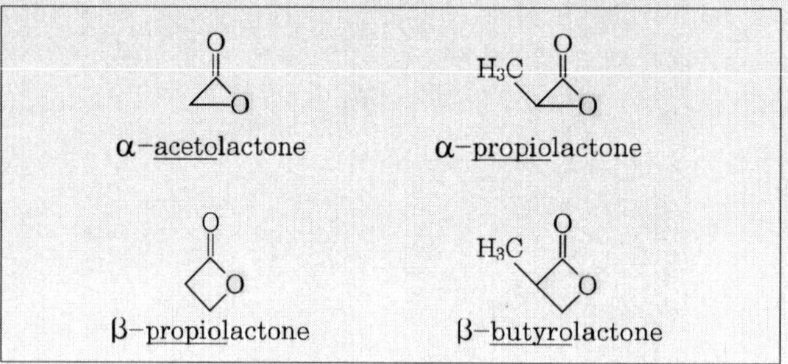

lactam도 같은 방법으로 명명한다. lactone과 lactam의 명명법을 정리하면 다음과 같다.

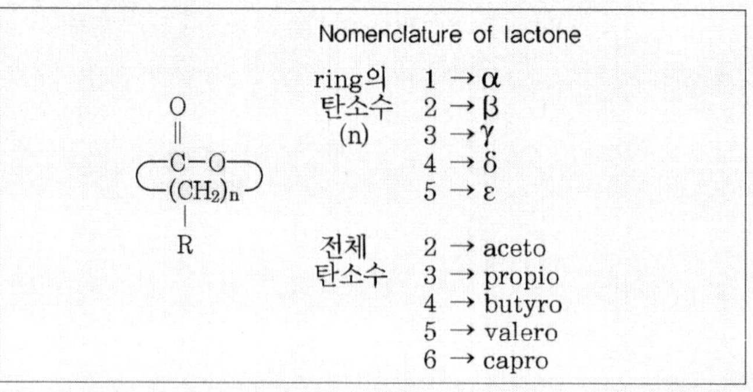

7. ROP의 kinetics

ring-opening한 뒤 condensation으로 진행하므로 기본적으로 polycondensation이다.

(1) ring-opening step

ε-caprolactam(CL) $\xrightarrow{N_2}$ polycaprolactam(nylon 6)

|그림 5.27 caprolactam의 중합

$$CL + H_2O \underset{K_1}{\rightleftarrows} S_1$$

$$K_1 = \frac{[S_1]}{[CL][H_2O]} \qquad \text{(식 5.19)}$$

(2) condensation step

$$S_n + S_m \underset{K_2}{\rightleftarrows} S_{n+m} + H_2O$$

$$K_2 = \frac{[S_{n+m}][H_2O]}{[S_n][S_m]}$$

n, m에 관계없이 K가 일정하므로

$$K_2 = \frac{[S_{n+1}][H_2O]}{[S_n][S_1]}$$

1 mol로 출발했다면 [CL] = 1

$$S_1 = (1-p)^2$$

$$S_n = p^{n-1}(1-p)^2$$

$$S_{n+1} = p^n(1-p)^2$$

또한 $N_n = N_o p^{n-1}(1-p)^2$

$$\therefore \quad K_2 = \frac{p^n(1-p)^2[H_2O]}{p^{n-1}(1-p)^2(1-p)^2} = \frac{p[H_2O]}{(1-p)^2} \qquad \text{(식 5.20)}$$

(3) polyaddition

polycondensation에서는 사슬 길이에 따라 K가 일정하고 polyaddition에서는 분자량에 따라 달라진다. 이 반응을 측정해 보면 분자량에 따라 K 값의 변화가 감지된다. 그래서 addition reaction도 관여하는 것으로 생각하고 있다.

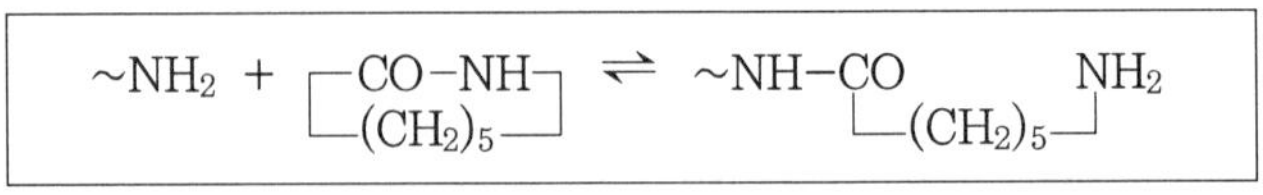

$$\sim NH_2 + \underbrace{\overline{CO{-}NH}}_{(CH_2)_5} \rightleftharpoons \sim NH{-}CO\underbrace{\qquad}_{(CH_2)_5}NH_2$$

|그림 5.28 ring opening addition

(4) transamidation(교환아미드화 반응)

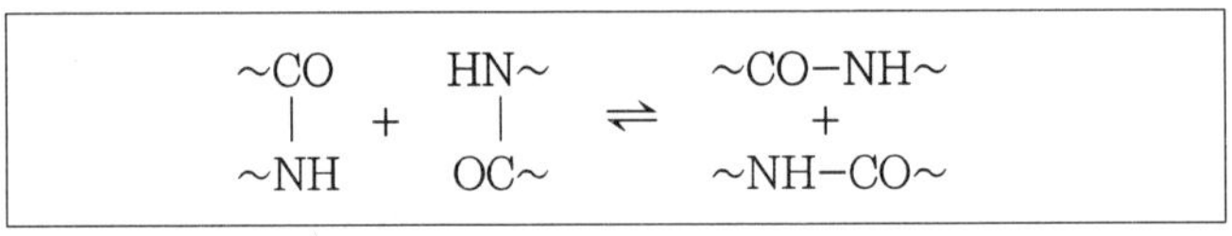

$$\begin{matrix} \sim CO \\ | \\ \sim NH \end{matrix} + \begin{matrix} HN\sim \\ | \\ OC\sim \end{matrix} \rightleftharpoons \begin{matrix} \sim CO{-}NH\sim \\ + \\ \sim NH{-}CO\sim \end{matrix}$$

|그림 5.29 transamidation

6장

Chain-growth Polymerization

6-1 vinyl monomer

chain-growth polymerization의 가장 흔한 모노머 형태는 vinyl monomer이다. 모노머에 따라서 radical, cationic, anionic의 여러 중합이 가능하다. π bond가 균일 분리하면서 radical을 형성하기도 하고, 불균일 분리되어 ion을 형성하기도 한다.

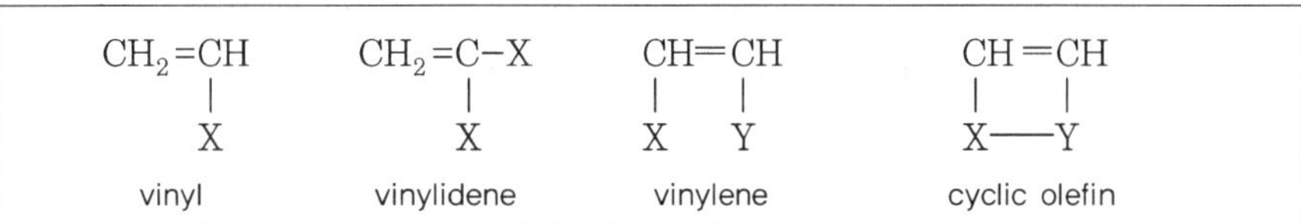

|그림 6.1 vinyl monomer의 종류

chain-growth polymerization을 일으키는 원동력은 소수의 reactive site(반응점)가 모노머를 공격하여 부가해 나가는 것이다. 아래와 같이 여러 가지가 사용된다.

Chain-growth polymerization 분류

- radical: unpaired(쌍을 이루지 않은) electron을 가진 reactive intermidiate
- ionic: electrically polar reactive site, counter ion이 있어서 영향을 줌
  - cationic: acidic 조건하에서 counter ion이 anion이므로 unstable
  - anionic: basic 조건하에서 counter ion이 metal cation이므로 stable
    - coordination: transition metal의 coordiation에 의해 polymerization
    - living polymerization: termination/chain transfer reaction이 없음

표 6.1은 모노머에 따라 어떤 중합을 선호하는지를 정리한 것이다.

| 표 6.1 모노머에 따른 중합

monomer	initiation		
	radical	cationic	anionic
olefin halide	○		
vinyl ester	○		
1,3-diene	○	○	○
styrene, alpha-methyl styrene	○	○	○
N-vinylcarbazole	○	○	
N-vinylpyrollidone	○	○	
ethylene	○		○
acrylate, methacrylate	○		○
acrylonitrile, methacrylonitrile	○		○
acrylamide, methacrylamide	○		○
1-alkyl olefin(alpha olefin)		○	
1,1-dialkyl olefin		○	
vinyl ether		○	
aldehyde, ketone		○	○

치환기의 수와 크기는 vinyl monomer의 중합에 크게 영향을 준다. 이중 결합을 가진 모노머는 대부분 chain-growth를 할 수 있는데 C=C 이중 결합뿐만 아니라 aldehyde나 ketone의 C=O 이중 결합도 chain-growth를 할 수 있다. 이중 결합은 radical이 될 수도 있고, ion이 될 수도 있다.

$$\rangle C^{+}{-}C^{-}\langle \;\rightleftharpoons\; \rangle C{=}C\langle \;\rightleftharpoons\; \rangle \underset{\cdot}{C}{-}\underset{\cdot}{C}\langle$$

다만 C=O 이중 결합은 radical 중합보다는 이온 중합을 더 잘 하는데 그 이유는 C=O 이중 결합의 polarity(극성) 때문이다.

$$R{-}\underset{\diagup\atop R}{C}{=}O \;\rightleftharpoons\; R{-}\underset{\diagup\atop R}{C^{+}}{-}O^{-}$$

어느 경우에 radical 중합을 할지, 이온 중합을 할지는 resonance와 polarity로 설명할 수 있다. 즉 styrene의 경우 다음과 같은 resonance stabilization effect(공명 안정 효과)에 의하여 radical이나 이온을 안정화할 수 있으므로 세 가지가 다 가능하다.

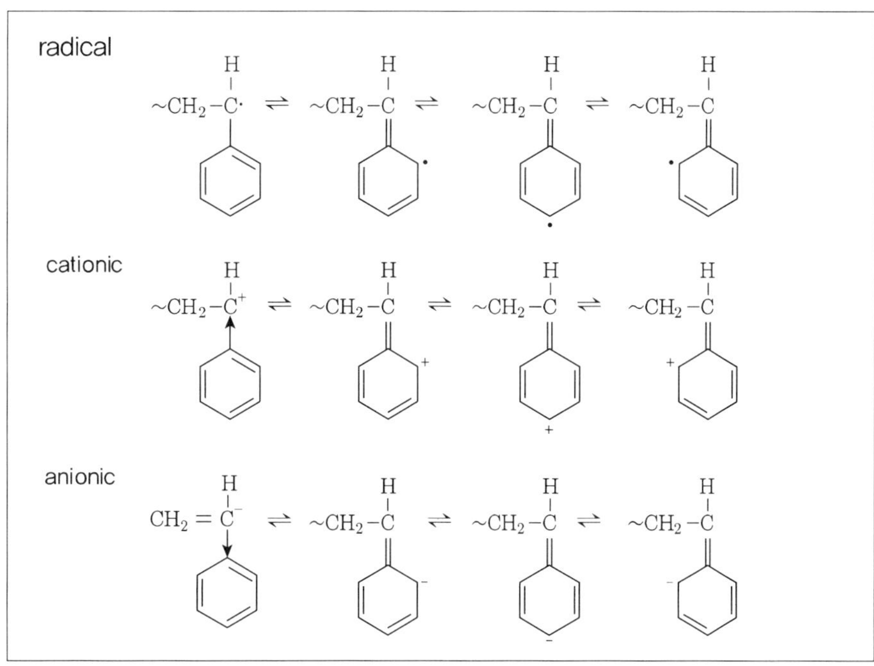

|그림 6.2 styrene polymerization의 3 reactive site

또한 radical과 탄소 양이온은 sp^2이므로 평면 구조가 된다. 반면에 음이온은 결합하는 세 sp^2 외에 전자쌍이 있어서 피라미드 구조의 sp^3가 되므로 음이온이 양이온에 비해 입체적으로 유리하다.

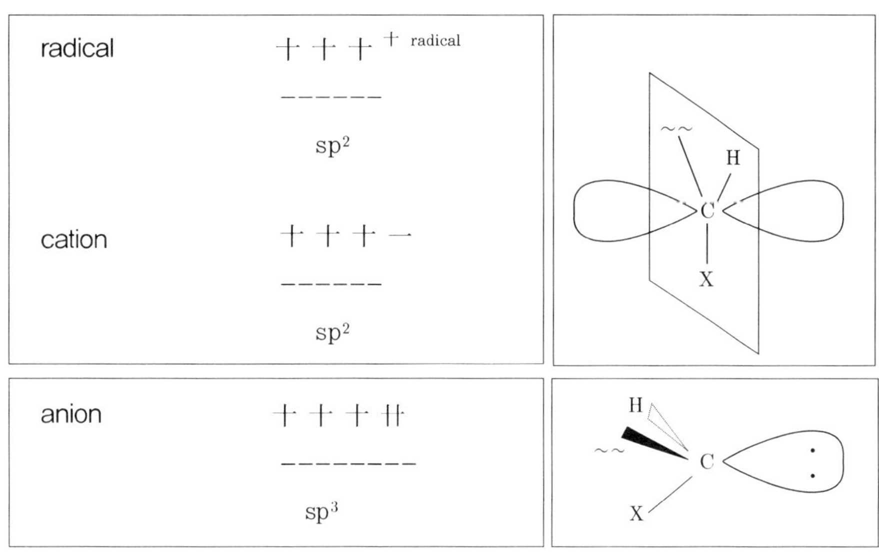

|그림 6.3 세 reactive site의 입체 구조

6-2 Radical Polymerization

chain-growth 중합 중에서 가장 흔한 것은 radical에 의한 중합이다. radical 중합은 다음 세 가지 소반응으로 진행된다.

initiation(개시 반응)	$I \rightarrow 2R\cdot$
	$R\cdot + M_1 \rightarrow M_1\cdot$
⇩	
propagation(성장 반응)	$M_1\cdot + M_2 \rightarrow M_2\cdot$
	$M_2\cdot + M_3 \rightarrow M_3\cdot$
	⋮
⇩	$M_{n-1}\cdot + M \rightarrow M_n\cdot$
termination(정지 반응)	$M_n\cdot + \cdot M_m \rightarrow M_{n+m}$

|그림 6.4 radical polymerization의 소반응

처음 initiation은 두 반응으로 이루어져 있다. 첫 반응은 I(initiator, 개시제)가 열분해하여 두 개의 radical을 생성한다. 그 radical이 첫 번째 모노머 M_1과 반응하여 모노머 radical(M·)이 된다. 이렇게 모노머가 radical이 되면 계속 모노머를 공격하여 사슬을 성장시킨다. 이것이 두 번째인 propagation이다. 이렇게 성장하는 폴리머 radical들이 서로 만나 결합하여 radical이 소멸하면 비로소 dead polymer가 생성된다. 그것이 termination이다. 이 과정을 더욱 단순히 도해하면 다음과 같다.

initiation(개시 반응)	$I \xrightarrow[slow]{k_d} 2R\cdot$	$R_i = 2k_d[I]$
⇩	$R\cdot + M \xrightarrow{k_i} M\cdot$	
propagation(성장 반응)	$M\cdot + M \xrightarrow{k_p} M\cdot$	$R_p = k_p[M\cdot][M]$
⇩		
termination(정지 반응)	$M\cdot + \cdot M \xrightarrow{k_t} MM$	$R_t = k_t[M\cdot]^2$

|그림 6.5 radical polymerization의 kinetics

부반응으로서 chain transfer reaction이 있다. radical이 모노머를 부가하는 데에 쓰이지 않고 자신의 과도한 반응성으로 인하여 다른 것들, 용매, initiator, 폴리머 사슬, 모노머들을 공격하여 radical이 옮겨짐으로써 사슬이 길어지지 못하게 하는 반응이다.

Chain Transfer Reaction

chain transfer to solvent : ~M· + S → M + S·

chain transfer to initiator: ~M· + I → M + I·

chain transfer to polymer: ~M· + P → M + P·

chain transfer to monomer: ~M· + M → M + M·

이제 각 세 가지 소반응들을 하나하나 살펴보자.

1. initiation(개시 반응)

initiation에는 두 가지 중요한 문제가 있다. 우선 반응이 두 개인데 첫 번째 반응은 radical을 생성하는 반응이다. radical은 매우 반응성이 커서 일단 만들어지면 그 다음 반응은 매우 빠르게 진행한다. 그러므로 이 두 반응 중에 rate determining reaction(속도 결정 반응)은 첫 번째 반응이다. 두 번째 문제는 생성된 radical이 모두 폴리머를 만들지는 못한다. 워낙 반응성이 강하기 때문에 모노머를 만나기 전에 다시 자기들끼리 재결합하여 initiator로 되돌아가기도 하고 chain transfer reaction에 의해 radical이 다른 곳에서 소모되기도 한다. 생성된 모든 radical 중에서 폴리머를 만드는 데 사용된 비율을 initiator efficiency(개시제 효율)라고 한다.

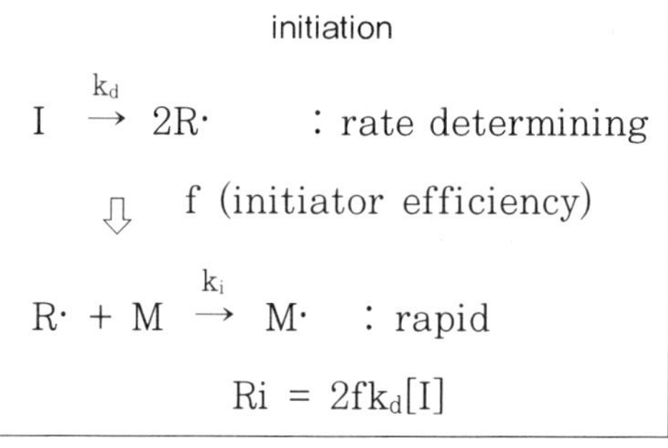

|그림 6.6 radical initiation

(1) Initiator

radical을 생성하기 위하여 다양한 initiator를 사용한다.

initiator
① simple initiator: radical generating compounds – preoxides – azo compounds ② redox system – Fenton system – peroxide oxidant + amine deductant – metal complex redox system ③ thermoinitiation: thermal decomposition ④ photochemical initiation – UV – photosensitizer

① peroxide initiator

radical을 생성하는 물질로서 60~90°C 정도의 열만으로 쉽게 radical을 생성한다. peroxide(과산화물)는 열분해하여 2개의 radical을 생성한다.

$$C_6H_5-CO-O-O-CO-C_6H_5 \rightarrow 2\ C_6H_5-CO-O\cdot$$

Benzoyl Peroxide

|그림 6.7 peroxide initiator

② azo initiator

azo compound는 radical을 생성하며 N_2 기체를 생성하므로 눈으로 확인할 수 있어 실험실에서 널리 사용한다.

$$CH_3-C(CH_3)_2-N=N-C(CH_3)_2-CH_3 \rightarrow 2\ CH_3-C(CH_3)_2\cdot + N_2$$

AzobisIsoButyroNitrile(AIBN)

|그림 6.8 azo compound

③ redox system

$$\text{Redox}$$
$$\text{H–O–O–H} + Fe^{2+} \rightarrow Fe^{3+} + OH^{-} + \cdot OH$$

|그림 6.9 redox initiator

peroxide, hydroxyperoxide, persulfide 등과 reductant(환원제)를 반응시키면 radical을 생성한다.

(2) f (initiator efficiency)

생성된 radical이 모두 중합에 사용되지는 않기 때문에 얼마나 많은 initiator가 직접 모노머와 반응하여 중합에 사용되는가 하는 비율을 initiator efficiency라고 한다.

definition of f (initiator efficiency)

$$f = \frac{\text{polymerization을 initiate하는 radical}}{\text{initiator로부터 생성된 모든 radical}} \qquad (식\ 6.1)$$

보통 f 값은 $0.3 < f < 0.8$ 정도의 범위가 된다. 그 값을 측정하는 방법은 다음 몇 가지가 있다.

① direct initiator decomposition measurement
   –N=N–는 2 radical을 생성하고 N_2 생성 → 측정
② C_{14}을 이용하는 isotropical method
   initiator에 탄소–14를 표지하고 폴리머 생성 후 탄소–14를 측정
③ radical scavenger titration
   radical과 반응하는 물질로 적정
④ instrumental measurement(기기측정)
   –NO, $-NO_2$ 화합물을 넣어 spin resonance, ESR 측정

2. propagation(성장 반응)

쉽게 말하면 사슬이 길어지는 반응이다. chain–growth polymerization에서는 마치 병이 전염되거나 선동하는 것처럼 하나씩 차례로 반응이 진행하며 사슬이 길어지므로 propagation이라는 낱말을 쓴다.

$$\text{propagation}$$
$$M\cdot + M \xrightarrow{k_p} M\cdot$$
$$Rp = k_p[M\cdot][M]$$

|그림 6.10 radical propagation의 kinetics

(1) reaction rate(반응 속도)

이 반응도 reversible(가역적)이며 equilibrium(평형) 반응이므로 이 반응을 동역학적으로 분석하기 위해서 다음 세 가지 가정이 필요하다.

① steady state(정상 상태)
어떤 반응을 해석하려면 그 반응에 동원되는 요소들이 일정한 상태를 가져야 한다. 즉 input과 output이 equilibrium(평형)을 이루는 상태를 steady state라고 한다. 그래야 반응 속도를 명확하게 이야기할 수 있다.

② 성장 radical의 사슬 길이에 관계없이 성장 속도는 일정하다.

③ head-to-tail reaction만 일어난다.

성장 속도를 유도해 보자.

$$Rp = k_p[M\cdot][M] \qquad \text{(식 6.2)}$$

이 식에서 k_p는 반응 속도 정수이고, [M]는 모노머 농도인데 [M·]은 radical 농도로 늘 변하는 값이므로 측정 불가능하다. 그러므로 이 항을 없애고 측정 가능한 것만으로 식을 나타내야 실제 사용할 수 있다. 그 작업을 위하여 steady state의 가정을 이용한다. steady state에서는 input과 output 속도가 같다.

$R_i = R_t$이므로
$2fk_d[I] = k_t[M\cdot]^2$에서 [M·]를 계산할 수 있다.
$[M\cdot] = \left(\frac{2fk_d}{k_t}\right)^{1/2}[I]^{1/2}$를 Rp 식에 대입하고 $k_p\left(\frac{2fk_d}{k_t}\right)^{\frac{1}{2}}$을 k′라고 놓으면

$$Rp = k_p[M][M\cdot] = k_p\left(\frac{2fk_d}{k_t}\right)^{1/2}[M][I]^{1/2} = k'[M][I]^{1/2} \qquad \text{(식 6.3)}$$

즉, 중합 속도는 모노머에 비례하고, initiator의 제곱근에 비례한다. 즉 initiator

의 농도를 2배로 하면 중합 속도는 $\sqrt{2}$, 즉 1.4배 정도 증가한다.

(2) kinetic chain length(동력학적 사슬길이)

이론적인 폴리머 사슬의 maximum average Degree of Polymerization(최대 평균 중합도)으로서 $\bar{\nu}$로 표시한다.

- definition: 폴리머 사슬당 포함된 모노머 unit의 이론적인 최댓값이다. 다시 말하면 polymer 사슬이 길어지는 속도(propagation rate)를 initiation에 의하여 새 폴리머가 생기는 속도(initiation rate)를 나눈 값이 된다.

definition of $\bar{v}$ (kinetic chain length)

$$\bar{v} = \text{폴리머 사슬당 포함된 모노머 unit의 수} = \frac{\text{소멸된 모노머의 수}}{\text{폴리머의 수}} = \frac{\text{폴리머 사슬이 길어지는 속도}}{\text{initiation에 의하여 새 폴리머가 생기는 속도}} = \frac{Rp}{Ri} \quad \text{(식 6.4)}$$

$$Rp = k_p[M][M\cdot]$$

$$Ri = 2fk_d[I]$$

$$\therefore \bar{v} = \frac{Rp}{Ri} = \frac{k'[M][I]^{\frac{1}{2}}}{2fk_d[I]} = k''[M][I]^{-\frac{1}{2}} \quad \text{(식 6.5)}$$

이 식으로부터 $\bar{v}$와 [M] 또는 [I]의 관계를 알 수 있다. 즉 kinetic chain length는 모노머의 농도에 비례하고 initiator의 농도의 제곱근 값에 반비례한다. 다시 말하면, 큰 분자량을 얻으려면 모노머의 농도를 크게 하고 initiator의 농도를 작게 해야 한다.

3. propagation rate에 영향을 주는 온도 효과(Ceiling Temperature)

중합은 결합 반응이므로 exothermic(발열) 반응이다. 이 말은 온도가 높을수록 반응이 불리해진다는 뜻이다. 반응이 어느 이상으로 높아지면 열역학적으로 반응이 되지 않게 된다. 이 온도를 Ceiling Temperature(천정 온도)라고 한다.

ceiling temperature T_c

$\Delta G = \Delta Ho - T\Delta So$

$\Delta G < 0$이어야 정반응이 일어나므로

$\Delta G = 0$인 온도는 critical point가 된다.

$\Delta Ho = Tc\Delta So$

$$\therefore Tc = \frac{\Delta Ho}{\Delta So} \qquad \text{(식 6.6)}$$

이 반응도 가역 반응이므로 propagation/depropagation의 평형을 검토하면 다음과 같이 된다.

$$M_n\cdot + M \underset{k_{-p}}{\overset{k_p}{\rightleftarrows}} M_{n+1}\cdot$$

propagation rate

$$R_p = k_p[M_n\cdot][M] \qquad \text{(식 6.7)}$$

depropagation rate

$$R_{-p} = k_{-p}[M_{n+1}\cdot] = k_{-p}[M_n\cdot] \qquad \text{(식 6.8)}$$
$$\because [M_n\cdot] \cong [M_{n+1}\cdot]$$

equilibrium에선 Rp=R-p

$$\therefore k_p[M_n\cdot][M] = k_{-p}[M_n\cdot]$$
$$\therefore K = \frac{k_p}{k_{-p}} = \frac{1}{[M]} \qquad \text{(식 6.9)}$$

4. Microstructure

단분자와 같이 폴리머도 stereoisomer(입체 이성질체)가 있다. 천연물에서 중요시되는 optically active isomer가 폴리머에서는 항상 매우 중요하다. 왜냐하면 같은 isomerism 현상이 반복되어 그 영향이 증대되기 때문이다. 폴리머에서 나타나는 isomerism은 크게 세 가지가 있다.

① Head–to–Tail
② Cis–Trans
③ Tacticity

(1) Head–to–Tail

비닐 모노머가 중합할 때, 치환기가 달린 쪽을 head라고 하면 그 반대쪽을 tail이라고 할 수 있다.

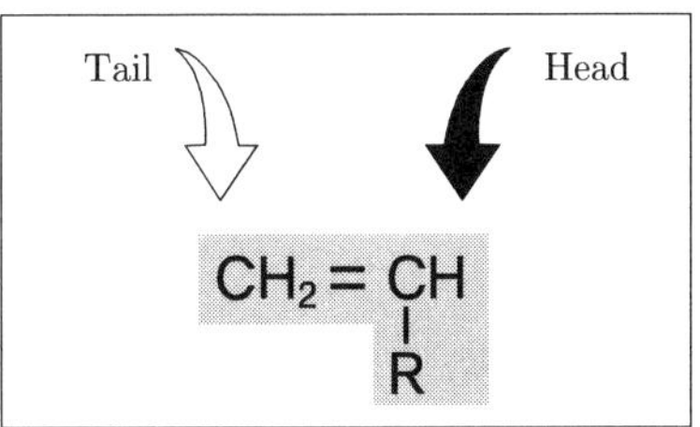

|그림 6.11 vinyl monomer의 Head와 Tail

자라나는 폴리머 사슬에 새 모노머가 붙을 때 head에 tail이 붙어서 다음과 같은 일정한 모양의 폴리머가 되기도 한다. 이것을 Head–to–Tail 또는 Tail–to–Head라고 한다.

$$\sim CH_2-\underset{\displaystyle R}{\underset{|}{CH}}\cdot + CH_2=\underset{\displaystyle R}{\underset{|}{CH}} \longrightarrow \sim CH_2-\underset{\displaystyle R}{\underset{|}{CH}}\ CH_2-\underset{\displaystyle R}{\underset{|}{CH}}\cdot$$

|그림 6.12 Head–to–Tail or Tail–to–Head

그러나 반대쪽으로 붙을 수도 있다. 이런 경우 Head–to–Head 또는 Tail–to–Tail이라고 한다.

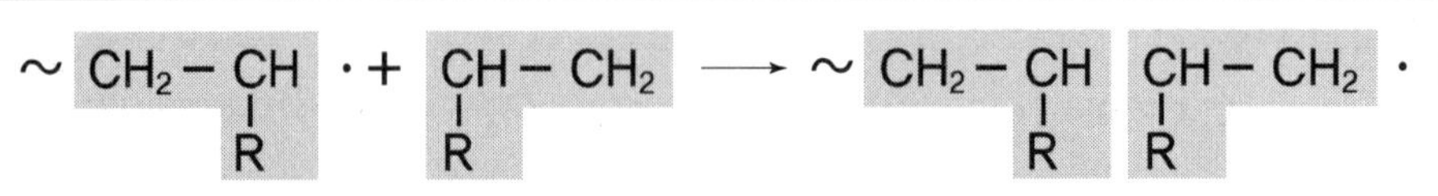

|그림 6.13 Head-to-Head or Tail-to-Tail

(2) cis-trans

poly(1,4-butadiene)의 경우, cis와 trans의 두 가지 배열을 가질 수 있다. C-C 단일 결합과는 달리 C=C 이중 결합은 자유롭게 회전하지 못한다. 그러므로 C=C 양쪽의 결합에 따라 cis와 trans의 각기 다른 isomer가 가능하다. 이 cis형과 trans형은 분해하였다가 다시 결합해야만 만들 수 있지 결합의 회전으로 얻어질 수 있는 것이 아니다. 따라서 이 둘은 사실 전혀 다른 물질인 것이다. 이것도 stereoisomer(입체 이성질체)에 속한다.

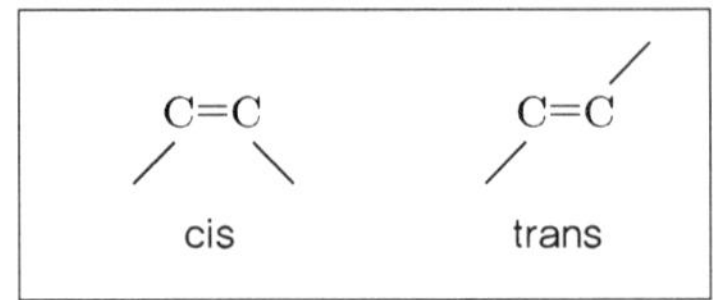

|그림 6.14 cis와 trans

폴리머의 경우 trans가 계속되면 펼쳐진 구조가 될 것이다. 그러나 cis가 계속되면 사슬은 동그랗게 말려 helical(나선형) 구조가 될 것이다.

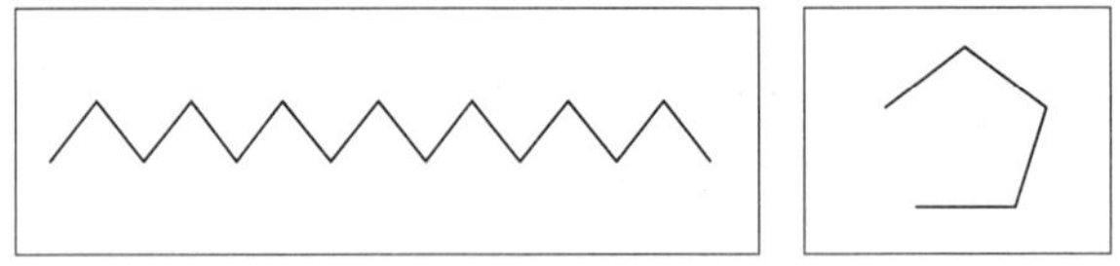

|그림 6.15 trans와 cis의 전개

(3) tacticity

또 다른 stereoisomer가 있다. 유기화학에서 말하는 enantiomer, 즉 chirality 인데, 우선 chirality에 대해 좀 자세히 알아보자.

비닐 모노머는 부가하면서 asymetric carbon이 생긴다. 즉 chiral carbon이 존재한다. 탄소에 연결된 4개의 치환기가 모두 다르면 결합하는 배치에 따라 두 가지 다른 isomer가 존재한다. 비닐 폴리머에서는 탄소가 chiral center가 된다.

Chirality

여기에 관계되는 terminology를 보면 매우 다양하다. 우선 그 각각을 간단히 알아보자.

• chiral carbon

탄소에 붙은 4개의 치환체가 모두 다른 탄소를 chiral carbon(카이랄 탄소) 또는 asymetric carbon(비대칭 탄소, 부제 탄소)이라고 한다.

• stereoisomer

탄소에 붙은 4개의 치환체가 모두 다르면 입체 배치에 따라 두 가지 각기 다른 물질이 존재하게 되는데 이 두 isomer를 stereoisomer(입체 이성질체)라고 한다.

• enantiomer

이러한 chiral isomer는 서로 mirror image isomer(거울상 이성질체)의 관계에 있는데 이를 enantiomer라고 한다. 이 거울상 이성질체는 오른손과 왼손처럼 같은 모양이지만 겹쳐지지 않는 성질(unsuperposable)이 있다.

• optical isomer

이러한 enantiomerism을 갖는 물질에 편광(polarized light)을 투과시키면 편광면이 회전한다. 이런 성질을 optical activity(광학 활성)라고 한다. 한 isomer가 편광면을 오른쪽으로 회전시키면 다른 isomer는 왼쪽으로 회전시킨다. 그래서 optical isomer(광학 이성질체)라고 부른다.

• tacticity

폴리머에서는 이런 isomerism이 자주 일어나고 반복 단위에 반복하여 나타나기 때문에 매우 큰 영향을 나타내며 두 isomer가 연속되어 나타나기도 하며 교대로 나타나기도 한다. 이렇게 폴리머에서 chiral isomerism이 반복되어 나타나서 생기는 폴리머 구조의 변화를 tacticity라고 한다. 랜덤한 배열을 갖는 폴리머를 atactic이라고 하고 tactic한 폴리머를 stereopolymer라고 부르기도 한다.

optical isomer의 명명법

거울상 이성질체를 구별하여 표기하는 법은 여러 가지가 있다.

① (+)/(–) 또는 *d*/*l*

두 이성질체의 편광 회전을 측정하여 편광면을 시계방향으로 회전시키면 (+), 반대 방향으로 회전시키면 (–)로 표시한다. 시계방향, 즉 오른쪽으로 회전하는 것을 *d* (dextrorotatory), 반대를 *l* (levorotatory)로 표시하기도 한다. 여기서는 이탤릭체를 쓰며 나중에 나오는 d/l과는 다르다.

② R/S

(+)/(–) 법은 측정해야만 명명할 수 있으나 R/S 법은 구조 자체에 의해 정해지는 방법이다. chiral carbon에 붙어 있는 4개의 치환체들을 원자 번호를 바탕으로 한 Cahn-Ingold-Prelog(CIP) 법에 따라 우선순위를 매기고 가장 낮은 것을 뒤로 두고 chiral carbon을 바라보면 나머지 3개의 치환체가 삼각형으로 배치하게 되는데 가장 높은 우선순위로 시작해서 우선순위가 감소하는 방향으로 따라가며 시계방향으로 돌면 R(Rectus), 반대방향이면 S(Sinister)로 표시한다. R/S와 (+)/(–)는 서로 연관되지 않는다.

③ d/l 또는 D/L

역사적으로 생물학자들은 생명체의 중요 분자인 glyceraldehyde가 두 개의 이성질체를 갖는다는 것을 발견하였다. 편광면을 우회전(+)시키는 glyceraldehyde를 d로 명명하였다. 이 d-glyceraldehyde에서 chiral carbon을 건드리지 않고 파생된 분자들에는 계속 d-가 붙는다. 그러나 그것들이 항상 우회전(+)이지는 않다. 보통 소문자 d/l을 쓰지만 대문자 D/L로도 표기한다.

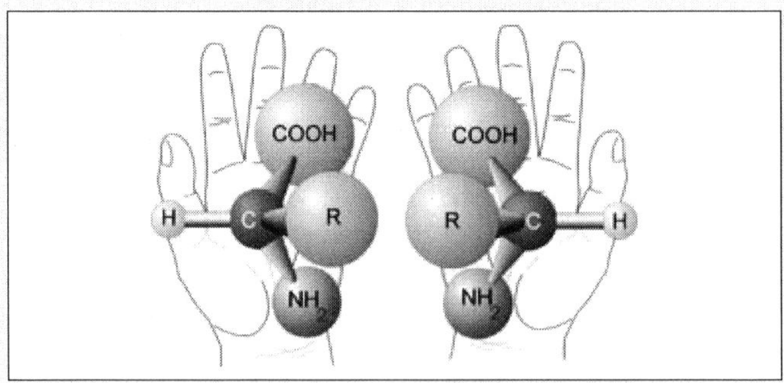

|그림 6.16 일반적인 아미노산의 두 거울상 이성질체(enantiomers)

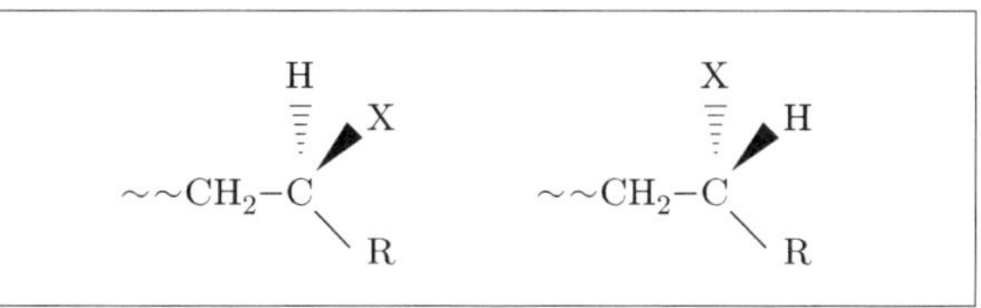

|그림 6.17 vinyl polymer의 두 isomer

enantiomer(거울상 이성질체)의 하나를 우선형이라고 하면 다른 하나는 좌선형이 된다. 이런 isomerism을 tacticity라고 한다.

chiral isomerism이 폴리머에서 나타나면 폴리머의 물성이 크게 달라지므로 매우 중요하다. 폴리머에서 반복적으로 나타나는 enantioisomerism을 tacticity라고 한다. 만일 isomer 중의 어느 하나가 계속 반복되면 isotactic이라고 하고 교대로 나타나면 syndiotactic, 이런 규칙성이 없는 고분자를 atactic이라고 한다.

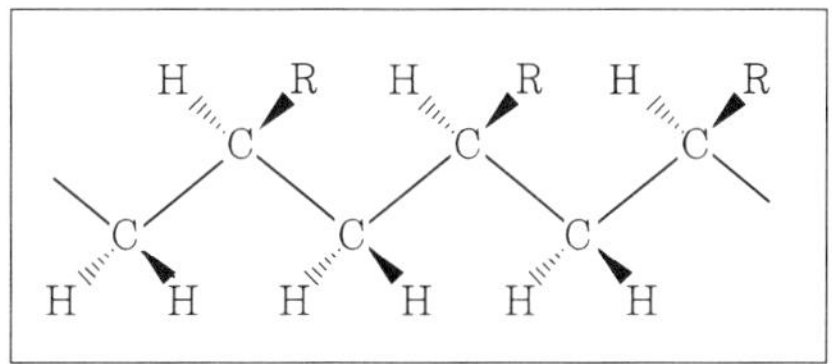

|그림 6.18 isotactic

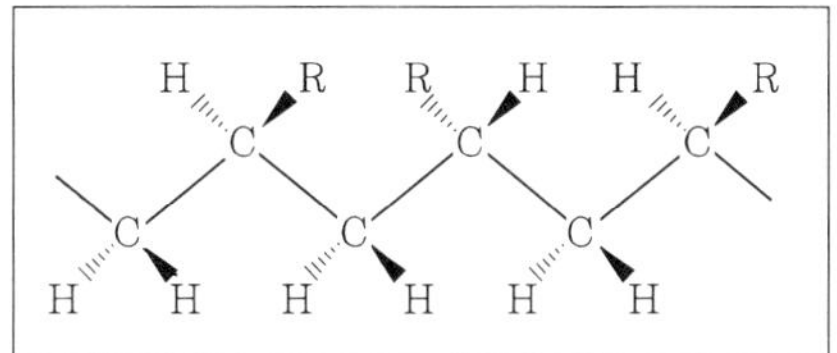

|그림 6.19 syndiotactic

폴리머에서는 tacticity가 있는 폴리머와 없는 경우는 물성 자체가 다르다. 구조가 규칙적인 tactic 폴리머는 차곡차곡 쌓일 수 있기 때문에 밀도도 높고 비중도 크며 따라서 Tm도 높아진다. 반면 일반 폴리머는 불규칙한 구조 때문에 차곡차곡 쌓이기 힘들어 자연히 밀도가 낮아지고 crystallinity가 감소하며 Tm도 낮아진다. 따라서 기계적 강도도 낮아진다.

|표 6.2 isotactic과 atactic의 물성 차이|

polymer		mp(°C)	specific gravity	organic solvent(ether, heptane)에의 solubility
polypropylene	isotactic	160	0.92	insoluble
	atactic	75	0.85	soluble
polystyrene	isotactic	230	1.08	insoluble
	atactic	100	1.06	soluble

폴리머의 tacticity를 표현하는 또 다른 방법이 있다. 단 2개의 chiral center를 가진 분자의 isomer의 가능한 경우의 수는 네 가지가 된다. 즉 두 개의 isomer를 R과 S라고 한다면 다음 네 가지의 경우의 수가 존재한다. 이렇게 딱 두 개만의 chiral center에 대해 보는 것을 dyad라고 한다.

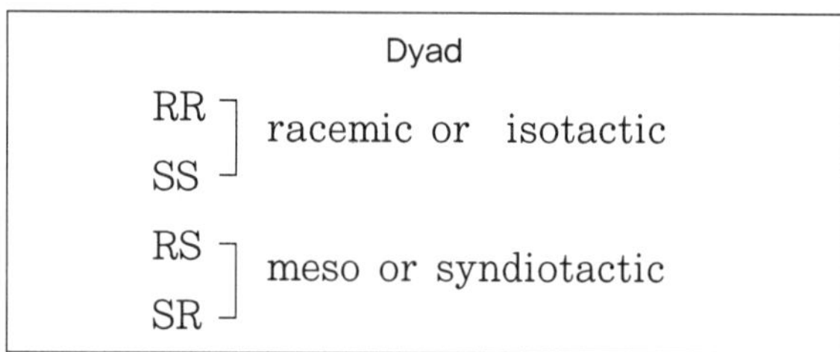

chiral center를 3개로 연장해 보면 가능한 경우의 수가 8가지이고 다음과 같다.

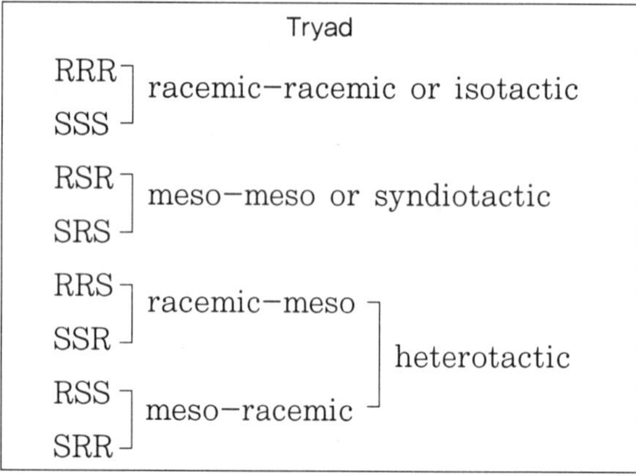

일반적인 공업용 폴리머는 atactic polymer가 얻어진다. 그러나 특수한 중합을 사용하여 tacticity를 높일 수 있다. Ziegler-Natta 촉매를 사용한 배위 중합에서 tactic polymer를 얻을 수 있다.

5. termination(정지 반응)

radical 중합에서 각 폴리머 사슬 말단은 계속 radical이 살아 있어서 reactivity가 남아 있기 때문에 반응이 완결된 것이 아니다. 반응의 마지막에서는 살아 있는 radical 두 개가 만나 결합하면서 radical이 소멸해야 완결된 것이며 이 것을 dead polymer라고 한다. 이렇게 radical이 소멸하며 반응이 완결되는 반응을 termination이라고 하고 2분자 정지와 1분자 정지가 있다. radical 중합은 일반적으로 2분자 정지이며 두 가지 형태가 가능하다.

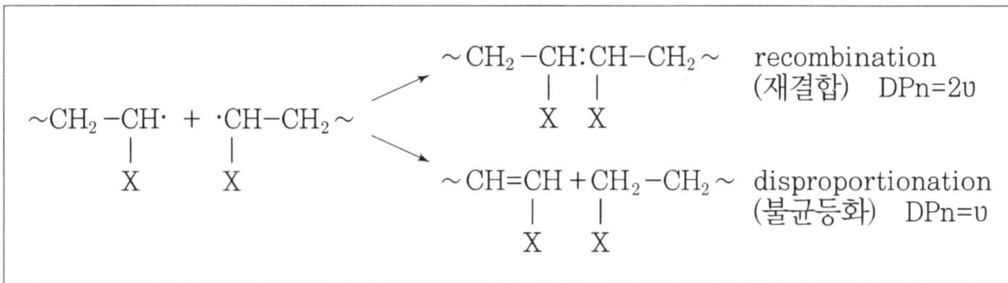

|그림 6.20 termination of radical polymerization

6-3 Ionic Polymerization(이온 중합)

1. radical polymerization과 ionic polymerization

(1) radical과 ionic polymerization의 차이

	radical	ionic
reactive site(반응점)	반응 중 계속 생성	초기에 다 생성
termination	bimolecular	monomolecular
solvent의 effect	영향 적음	영향 큼
reaction temperature	고온 필요	저온에서 잘 됨
$\overline{M}w$ control	거의 힘듦	가능
structure control	거의 힘듦	가능

(2) cationic과 anionic polymerization의 차이

	양이온(cation)	음이온(anion)
reactive site	cation carbonium 평면 구조 $\sim C^{+}$	anion carbanion 피라미드 구조 $\sim C^{-}$
cointer ion	anion	cation
monomer substitution	e^{-} releasing alkoxy, phenyl	e^{-} withdrawing nitrile, carboxyl

(3) reactivity of monomer substitution

비닐기에 어떤 치환기가 붙느냐에 따라 양이온이 더 잘 되는지 음이온이 더 잘 되는지가 결정된다. 그 성향은 치환기가 전자를 끌어당기는 성향이 있는지 밀어내는 성향이 있는지에 관련된다. 치환기가 전자를 끌어당기면 전자가 풍부해져 음이온이 될 성향이 커진다. 치환기가 전자를 내어주면 전자가 부족해져 양이온이 될 성향이 커진다.

anionic ← → cationic

$-NO_2 - CN - COOCH_3 - CH{=}CH_2 - \phi - CH_3 - OR$

e^{-} withdrawing ← → e^{-} releasing

|그림 6.21 치환기의 영향

(4) ion stabilization mechanism

이온을 생성하는 메커니즘은 다음에 나타낸 몇 단계를 거쳐 이루어진다. 우선 이온화되고 그 이온이 안정해지면 비로소 중합을 할 수 있는 충분한 수명을 갖는다.

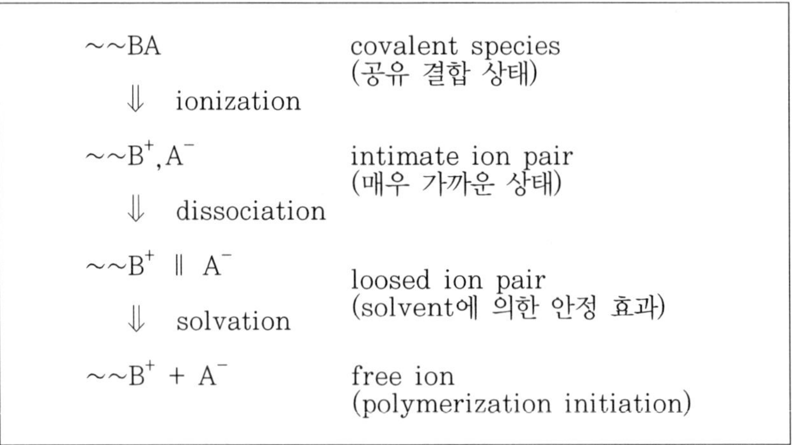

|그림 6.22 ion stabilization

2. Cationic Polymerization(양이온 중합)

propylene을 HCl로 양이온 중합을 시키면 탄소 양이온을 생성하여 이것이 양이온 중합을 진행한다.

$$\underset{\displaystyle CH_3}{CH_2 = \overset{}{CH}} \quad + \quad HCl \longrightarrow \underset{\displaystyle CH_3}{CH_3 - HC^+}, \; Cl^-$$

위에서 보는 바와 같이 모노머의 polarity(극성)가 커서 쉽게 이온화되어 양이온을 만든다. 양이온 중합은 불안정하므로 부반응이 많기 때문에 공업적 이용은 별로 없다. 그러나 저온에서 반응하며 폴리머의 구조와 분자량을 조절하기 용이한 장점도 있다.

(1) kinetics

소반응의 kinetic equation을 정리하면 다음과 같다.

initiation	$B^+A^- \; + \; M \overset{k_i}{\rightarrow} BM^+, \; A^-$	$Ri = k_i[B^+][M]$
⇩		
propagation	$BM_n^{\;+}, \; A^- \; + M \overset{k_p}{\rightarrow} BM_{n+1}^{\;+}, \; A^-$	$Rp = k_p[M^+][M]$
⇩		
termination	$BM_n^{\;+}, \; A^- \; \overset{k_t}{\rightarrow} \; M_n$	$Rt = k_t[M^+]$

|그림 6.23 cationic polymerization의 kinetics

반응 속도를 유도해 보면 다음과 같다.

$$Rp = -\frac{d[M]}{dt} = k[M]^{1\sim3}[C] \qquad \text{(식 6.10)}$$

[C]: catalyst concentration

Average molecular weight $\overline{DP}n = k[M]$

(2) initiation

각각의 소반응들을 조금 자세히 보자. 양이온을 생성하는 산성 촉매가 필요하다. 즉 proton(H^+)을 생성하면 이 proton이 양이온 중합을 일으킨다. H^+ 또는 기타 양이온을 생성시키는 방법으로 Brönsted acid나 Lewis acid, 또는 기타의 산을 사용한다.

$$B^+, A^- + M \rightarrow BM^+, A^-$$

① Brönsted acid

HCl, H_2SO_4, $HClO_4$, Cl_3COOH, … 들은 용매 속에서 전하를 띠며 H^+를 생성한다.

예

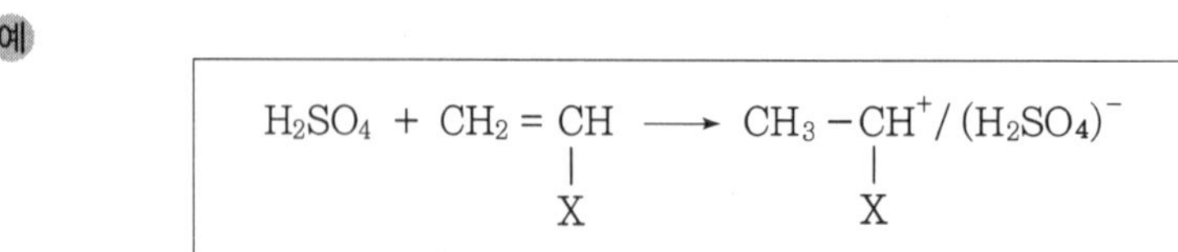

$$H_2SO_4 + CH_2 = \underset{\displaystyle X}{\underset{|}{CH}} \longrightarrow CH_3 - \underset{\displaystyle X}{\underset{|}{CH^+}} / (H_2SO_4)^-$$

② Lewis acid

BF_3, $AlCl_3$, $TiCl_4$, $SnCl_4$, $SbCl_5$, …들의 Lewis acid는 전자를 미는 치환기를 가진 모노머를 공격하여 intermediate(중간체)를 형성하면서 중합 반응을 일으킨다. 일반적으로 물, RX, RSH 등의 cocatalyst(공촉매)가 필요하다. methyl기의 화살표는 전자를 민다는 의미이다.

$$AlCl_3 + CH_2 = C(CH_3)_2 \longrightarrow AlCl_2 - CH_2 - \underset{\displaystyle CH_3}{\underset{|}{\overset{\displaystyle CH_3}{\overset{|}{C^+}}}},\ Cl^-$$

|그림 6.24 Lewis acid의 intermediate form

$$BF_3 + HOH \rightarrow \left[F_3B \leftarrow O\begin{matrix} H \\ R \end{matrix} \right] \rightleftharpoons F_3\overset{\ominus}{B} \leftarrow OR + \overset{\oplus}{H}$$

$$H^+ + CH_2 = \underset{\displaystyle X}{\underset{|}{CH}} \rightarrow CH_3 - \underset{\displaystyle X}{\underset{|}{CH^+}}$$

|그림 6.25 BF_3가 H^+를 생성하는 cationic polymerization

③ Autoionization

산을 촉매로 쓰는 많은 반응들은 모노머가 촉매 역할을 하기 때문에 촉매가 따로 필요 없어서 autoionization이라고 한다.

$$2AlCl_3 = {}^{+}AlCl_2,\ {}^{-}AlCl_4 \rightarrow AlCl_2-CH_2-\overset{\overset{CH_3}{|}}{\underset{\underset{CH_3}{|}}{C^+}},\ {}^{-}AlCl_4$$

|그림 6.26 autoionization

④ Zwitterion(양극이온)

$H_3N^+-CH_2COO^-$ 같은 구조는 한 분자 내에 산의 음이온과 알칼리의 양이온이 있어서 inner salt나 amphoterism(양성)이라고도 부른다. 양이온과 음이온이 있으므로 양이온 반응을 할 수도 있고 음이온 반응을 할 수도 있다. 이런 zwitterion은 안정하기 때문에 중합을 일으킬 만큼 충분히 수명이 길다.

⑤ 모노머의 반응성

양이온은 일반적으로 불안정하다. 그래서는 중합을 진행시킬 수 없다. e^- pushing group(전자를 미는 치환기)은 양이온을 안정화한다. 산 촉매만으로는 부족하여 cocatalyst로 ligand(착체)를 형성하면 반응성이 향상된다.

$$(CH_3)_2C=CH_2 > CH(CH_3)=CH_2 > CH_2=CH_2$$

|그림 6.27 모노머의 반응성

(3) propagation

$$\sim M_n^+,\ A^- + M \rightarrow \sim M_{n+1}^+,\ A^-$$

반응 속도에 영향을 주는 인자는 세 가지가 있는데, 모노머의 구조, counter ion의 성격, 그리고 용매이다.

① 모노머의 영향

모노머의 구조에 따라 반응성이 달라진다. 모노머의 치환기가 전자밀기(releasing)이면 nucleophilic(친핵적)이 되어 양이온 중합이 쉬워진다. 모노머 자신은 반응성이 커지면서 양이온은 안정하게 되기 때문이다. 또한 steric hinderance effect(입체 장애 효과)의 영향도 있다. phenyl기가 있으면 더 안정하다.

$$CH_2=CH-O-R > CH_2=\underset{CH_3}{\overset{CH_3}{\overset{|}{\underset{|}{C}}}} > CH_2=CH-C_6H_5$$

|그림 6.28 모노머 치환기의 영향

② 용매의 효과

용매의 유전율이 크면 중합 속도가 커진다. 왜냐하면 극성이 커지고, ester→ion pair→free ion의 평형이 오른쪽으로, 즉 free ion이 잘 형성되는 쪽으로 되기 때문이다. 양이온은 불안정하여 부반응을 많이 일으키기 때문에 저온에서 반응시키는 것이 좋다.

(4) termination 및 chain transfer reaction

$$\sim M^+ , A^- \rightarrow \sim M , A$$

이 반응의 termination은 이온의 소멸로, 양이온을 소멸시키는 방법은 proton(H^+)을 없애든가 counter ion인 음이온을 소멸시키면 된다.

① elimination of proton

proton을 소멸시키는 반응으로는 unimolecular(단분자 반응)과 모노머로 이온이 이전하는 bimolecular(이분자 반응)이 있다.

$$\sim CH_2-\underset{R}{\underset{|}{CH^+}},\ A^- \rightarrow \sim CH=\underset{R}{\underset{|}{CH}} + H^+,\ A^-$$

$$\sim CH_2-\underset{R}{\underset{|}{CH^+}},\ A^- + CH_2=\underset{R}{\underset{|}{CH}} \rightarrow \sim \underset{R}{\underset{|}{CH}}=CH + CH_3-\underset{R}{\underset{|}{CH^+}},\ A^-$$

|그림 6.29 elimination of proton

② anion capture

음이온을 소멸시키는 반응도 강한 친핵성 counter ion에 의해 정지하는 unimolecular 반응과 용매 등으로 이온이 이동하는 bimolecular 반응이 있다.

$$\sim\overset{\overset{\displaystyle CH_3}{|}}{\underset{\underset{\displaystyle CH_3}{|}}{C^+}},\ [BF_3OH]^- \longrightarrow \sim\overset{\overset{\displaystyle CH_3}{|}}{\underset{\underset{\displaystyle CH_3}{|}}{C}}-OH + BF_3$$

|그림 6.30 unimolecular anion capture

$$\sim\overset{\overset{\displaystyle CH_3}{|}}{\underset{\underset{\displaystyle CH_3}{|}}{C^+}},\ A^- + CH_3Cl \longrightarrow \sim\overset{\overset{\displaystyle CH_3}{|}}{\underset{\underset{\displaystyle CH_3}{|}}{C}}-Cl\ ,\ CH_3^+,\ A^-$$

|그림 6.31 bimolecular anion capture

3. Anionic Polymerization(음이온 중합)

음이온 중합은 염기에 의해 initiation되며, 생성된 음이온은 금속 counter ion에 의해 안정하므로 고분자량의 폴리머를 만들 수 있고 특히 리빙중합은 상업적으로도 큰 의미가 있다. 만들어진 폴리머의 분자량 분포가 매우 좁고 폴리머의 stereoregularity를 제어하기도 좋아 분자량 측정에 쓰이는 GPC용 표준 filler의 제조에 사용하는 등 응용과 연구가 활발하다. 여기서 생성된 탄소 음이온, 즉 carbanion이 중합을 진행시킨다.

$$CH_2=\underset{\underset{\displaystyle C_6H_5}{|}}{CH} + KOH \longrightarrow HO-CH_2-\underset{\underset{\displaystyle C_6H_5}{|}}{HC^-},\ K^+$$

|그림 6.32 styrene의 anionic polymerization

이것을 각 반응별로 정리하고 kinetic 식을 정리하면 다음과 같다. 일반적으로 염기는 금속인 경우가 많다. 그래서 다음에 모노머와 혼동을 피하기 위해 염기를 Met로 표시하였다.

$$\begin{array}{llll} \text{initiation} & Met^{+}A^{-} + M \xrightarrow{k_i} AM^{-}, Met^{+} & & Ri = k_i[A^{-}][M] \\ \Downarrow & & & \\ \text{propagation} & AMn^{-}, Met^{+} + M \xrightarrow{k_p} AM_{n+1}^{-}, Met^{+} & & Rp = k_p[M^{-}][M] \\ \Downarrow & & & \\ \text{termination} & AMn^{-}, Met^{+} \xrightarrow{k_t} Mn & & Rt = k_t[M^{-}] \end{array}$$

|그림 6.33 anionic polymerization의 소반응

(1) reactivity of anionic polymerization

탄소 음이온이 모노머와 반응하여 중합이 시작된다. counter ion이 보통 금속 Met^{+}이 된다.

$$\sim CH_2-\underset{X}{\underset{|}{CH^{-}}}\ ,\ Met^{+} + CH_2=\underset{X}{\underset{|}{CH}} \rightarrow CH_2-\underset{X}{\underset{|}{CH}}-CH_2-\underset{X}{\underset{|}{CH^{-}}}\ ,\ Met^{+}$$

|그림 6.34 anionic polymerization

전자끌기(withdrawing) 치환기를 가진 모노머는 염기성 촉매에 의해 음이온 중합이 쉬워진다. 용매로는 탄화수소, THF, DMF 등이 좋고 water, alcohol, 산성 용매는 termination을 일으키므로 사용할 수 없다.

basicity of catalyst			acidity of monomer
	크다	작다	
Ca	↑	↓	methylstyrene
K, Na			butadiene
Li			styrene
methine			methyl methacrylate
RMgX			methyl vinyl ketone
ROK			acrylonitrile
RONa			nitroethyl
ROLi			methylene ethylmaloxate
pyridine			cyano ethylacrylate
NR_3			vinylidene nitrile
ROR, H_2O			
	작다	크다	

(2) initiation

두 가지 구조가 있다.

① directly transfer of electron to M(monomer)

• by Metal compound

$$\mathrm{Met\cdot} + \mathrm{CH_2{=}\underset{\displaystyle X}{\underset{|}{CH}}} \rightarrow \mathrm{\cdot CH_2{-}\underset{\displaystyle X}{\underset{|}{HC^-}}},\quad \mathrm{Met^+}$$

$$2(\mathrm{\cdot CH_2{-}\underset{\displaystyle X}{\underset{|}{HC^-}}},\ \mathrm{Met^+}) \rightarrow \mathrm{{}^+Met},\ \mathrm{{}^-\underset{\displaystyle X}{\underset{|}{CH}}{-}CH_2{-}CH_2{-}\underset{\displaystyle X}{\underset{|}{CH^-}}},\ \mathrm{Met^+}$$

|그림 6.35 initiation by Metal compound

• by aromatic ion–radical intermediate with metal cation

$$\mathrm{Naph} + \mathrm{Na\cdot} \rightarrow \mathrm{Naph^-},\ \mathrm{Na^+}$$

$$\mathrm{Naph^-},\ \mathrm{Na^+} + \mathrm{CH_2{=}\underset{\displaystyle X}{\underset{|}{CH}}} \rightarrow \mathrm{Naph^+}\quad \mathrm{\cdot CH_2{-}\underset{\displaystyle X}{\underset{|}{CH^-}}},\ \mathrm{Na^+}$$

$$2(\mathrm{\cdot CH_2{-}\underset{\displaystyle X}{\underset{|}{CH}}},\mathrm{Na^+}) \rightarrow \mathrm{Na^+},\mathrm{{}^-\underset{\displaystyle X}{\underset{|}{CH}}{-}CH_2{-}CH_2{-}\underset{\displaystyle X}{\underset{|}{CH^-}}},\mathrm{Na^+}$$

|그림 6.36 initiation by aromatic ion–radical intermediate
(Naph=Naphthalene)

예 pyridine–nitroethylene

$$\mathrm{PhN} + \mathrm{CH_2{=}\underset{\displaystyle NO_2}{\underset{|}{CH}}} \rightarrow \mathrm{PhN^+{-}CH_2{-}\underset{\displaystyle NO_2}{\underset{|}{HC^-}}}$$

|그림 6.37 initiation by pyridine–nitroethylene

② nucleophilic attack of M by base B^-

classic base로는 KOH, NaOH, RO^-, NH_2^- 등이 있다.

$$\mathrm{B^-} + \mathrm{CH_2{=}\underset{\displaystyle X}{\underset{|}{CH}}} \rightarrow \mathrm{B{-}CH_2{-}\underset{\displaystyle X}{\underset{|}{CH^-}}}$$

|그림 6.38 initiation by nucleophilic attack

예 potassium cumene

$$\mathrm{Ph{-}\overset{CH_3}{\underset{CH_3}{C^-}}\,,K^+ + CH_2{=}\underset{X}{CH} \rightarrow Cum{-}CH_2{-}\underset{X}{CH^-},K^+}$$

cumene

|그림 6.39 initiation by potassium cumene

예 sodium methoxide acrylonitrile

$$\mathrm{CH_3O^-Na^+ + CH_2{=}\underset{CN}{CH} \rightarrow CH_3O{-}CH_2{-}\underset{CN}{HC^-}\ /\ Na^+}$$

|그림 6.40 initiation by sodium methoxide

예 *tert*-butyl lithium

$$\mathrm{C_4H_9^-,\ Li^+ + CH_2 = \underset{X}{CH} \rightarrow C_4H_9{-}CH_2{-}\underset{X}{HC^-},\ Li^+}$$

|그림 6.41 initiation by *tert*-butyl lithium

■ Metal Ionization

유기금속 화합물의 탄소-금속 결합의 ionizability가 커지면 탄소 음이온이 쉽게 생기므로 음이온 중합성은 커진다. 즉, 금속과 탄소의 electronegativity 차이에 의한다. 차이가 클수록, 작은 금속일수록 탄소 음이온을 생성하기 쉽다.

element	electronegativity
C	2.55
B	1.9
Ti	1.6
Al	1.5
Mg	1.25
Ca	1.0
Li	1.0
Na	0.9
K	0.8

(3) propagation

모노머가 음이온과 counter ion 사이에 끼어들어 성장하려면 두 이온의 kinetics 상태가 ion pair보다는 free ion이어야 반응이 잘 일어난다. 다음 두 반응도 reversible하다. 또한 용매의 영향이 크다. 용매의 영향은 두 가지 요소로부터 나오는데, 용매의 polarity와 solvation power이다. counter ion이 작으면 surounding effect가 커서 안정화가 잘 된다.

$$\text{ion pair: } \sim Mn^-, Met^+ \xrightarrow[M]{kp''(\text{ion pair의 속도 정수})} \sim M_{n+1}^-, Met^+ \quad (1-a)c$$

$$K \parallel$$

$$\text{free ion: } \sim Mn^-, Met^+ \xrightarrow[M]{kp'(\text{free ion의 속도 정수})} \sim M_{n+1}^- + Met^+ \quad a\ c$$

|그림 6.42 ion pair와 free ion

a: 성장 음이온의 해리 상수

ion pair → free ion 반응의 해리 상수(dissociation constant)

c: 전체 농도

$kp = a\ k_p' + (1-a)\ k_p''$ a는 아주 작고, $k_p' \gg k_p''$(400배 정도)

(4) termination 및 chain transfer reaction

약간의 불순물만 있어도 termination 및 chain transfer reaction이 잘 일어나 폴리머를 얻기 어려워진다. 이온 중합의 termination은 이온이 소멸되어야 끝난다.

$$\sim CH_2-\underset{X}{\underset{|}{CH^-}} / Na^+ + H_2O \longrightarrow \sim CH_2-\underset{X}{\underset{|}{CH_2}} + NaOH$$

$$\sim CH_2-\underset{X}{\underset{|}{CH^-}} / K^+ + CH_3I \longrightarrow \sim CH_2-\underset{X}{\underset{|}{CH}}-CH_3 + KI$$

$$\sim CH_2-\underset{X}{\underset{|}{CH^-}} / Na^+ + CO_2 \longrightarrow \sim CH_2-\underset{X}{\underset{|}{CH}}-COONa$$

$$\sim CH_2-\underset{X}{\underset{|}{CH^-}} / Na^+ + \underbrace{CH_2-CH_2}_{O} \longrightarrow \sim CH_2-\underset{X}{\underset{|}{CH}}-CH_2-CH_2-ONa$$

|그림 6.43 ionic polymerization terminations

이온 중합을 termination시키기 위해 water, acid, halide(할로젠화물), CO_2 등 H^+를 내는 물질을 넣기도 한다. 이런 물질을 ionic polymerization termination agent(이온 중합 정지제)라고 한다.

부반응인 chain transfer reaction은 일반적으로 이온이 모노머나 용매로 이동하면서 일어난다.

① transfer to monomer

• methacrylonitrile

$$\sim CH_2-\overset{CH_3}{\underset{CN}{C^-}}/\ K^+ + CH_2=\overset{CH_3}{\underset{CN}{C}} \rightarrow \sim CH_2-\underset{CN}{C}=CH_3\ \ (\text{or} \sim CH=\overset{CH_3}{\underset{CN}{C}}) + CH_3-\overset{CH_3}{\underset{CN}{C^-}}/\ K^+$$

ǀ그림 6.44 transfer to monomer of methacrylonitrile

• acrylonitrile

$$\sim CH_2-\underset{CN}{CH^-}/A^+ + CH_2=\underset{CN}{CH} \rightarrow \sim CH_2-\underset{CN}{CH} + CH_2=\underset{CN}{C^-}/\ A^+$$

ǀ그림 6.45 transfer to monomer of acrylonitrile

② transfer to solvent

• styrene/ammonia

$$\sim CH_2-\underset{C_6H_5}{CH^-}/\ K^+ + NH_3 \rightarrow \sim CH_2-\underset{C_6H_5}{CH_2} + K^+/^-NH_2$$

ǀ그림 6.46 transfer to solvent styrene/ammonia

(5) Living polymerization(리빙중합)

termination 및 chain transfer reaction이 없으면 모노머가 모두 소비될 때까지 propagation을 계속한다. 그러므로 폴리머의 길이를 조절할 수 있다. 또한 한 모노머를 다 소비시키고 난 뒤에도 중합을 계속할 수 있는 ion이 살아있어서 living polymer라고 부른다. 예를 들어 naphthalene을 initiator로 styrene을 음이온 중합시킬 수 있는데 styrene 모노머를 다 소모해도 반응은 끝나지 않고 living polymer로 남는다. 여기에 MMA 모노머를 넣어주면 다시 계속 중합이 계속되어 block 형태의 copolymer를 아주 쉽게 만들 수 있다. 리빙중합에서는 아주 간단히 DP를 계산할 수 있다.

$$DPn = \frac{[No]}{[I]} \qquad \text{(식 6.11)}$$

4. Ziegler–Natta catalyst

1952년 독일의 Karl Ziegler(1898~1973)는 titanium과 aluminium의 complex가 ethylene의 중합에 매우 효율적임을 알아냈다. 이탈리아 Giulio Natta(1903~1979)는 이 촉매가 propylene을 중합하여 stereoregular(입체규칙성) 폴리머를 만들어 냄을 발견하였다. 이 촉매로 만든 폴리머는 crystallinity가 높고 stereoregularity가 높은 특징이 있으며 저온에서 중합시킬 수 있는 장점도 있어 전세계적으로 널리 사용되며 현재도 이 촉매로 생산하는 폴리머가 1억 톤에 이른다. Ziegler와 Natta는 이 촉매의 발견으로 1963년 노벨상을 받았다. ethylene, propylene은 보통 gas phase polymerization에 의해 생산하는데 가지가 많은 LDPE나 PP를 생산한다. 그러나 Ziegler–Natta catalyst로 중합시키면 High-Density Polyethylene(HDPE)와 Linear Low-density polyethylen(LLDPE)를 만들 수 있고 물성이 훨씬 강한 isotactic polypropylene도 생산할 수 있다. 지금도 gas phase polymerization과 함께 polypropylene을 생산하는 데 널리 사용되는 반응이다.

이 중합법은 모노머와 titanium complex가 coordination을 이루면서 중합을 진행하여 coordination polymerization(배위 중합)이라고 부른다. 일반적으로 tetrachlorotitanium과 triethyl aluminium을 촉매로 사용한다. 그 메커니즘은 titanium과 aluminium의 두 금속이 관여한다는 bimetallic 메커니즘과 titanium 단독으로 관여한다는 monometalic 메커니즘으로 두 설이 있으나 그 두 메커니즘이 어느 정도 함께 관여하는 것으로 이해할 수 있다.

① bimetallic

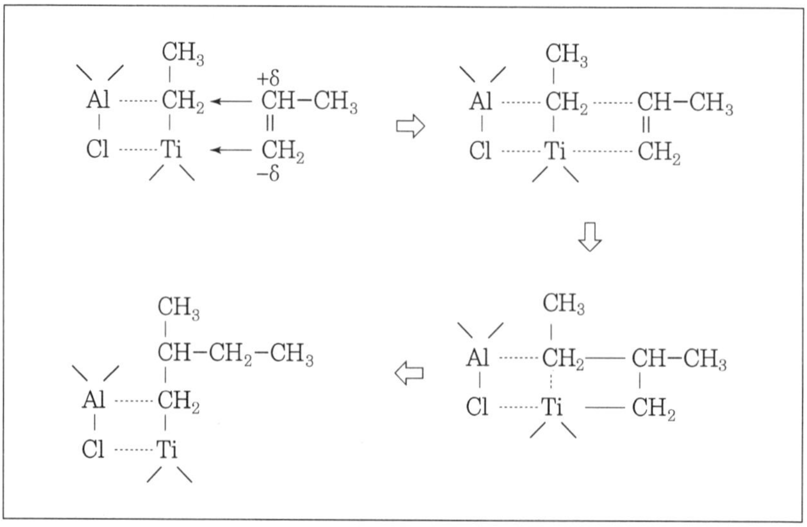

|그림 6.47 Ziegler Natta Coordination Bimetallic mechanism

② monometallic

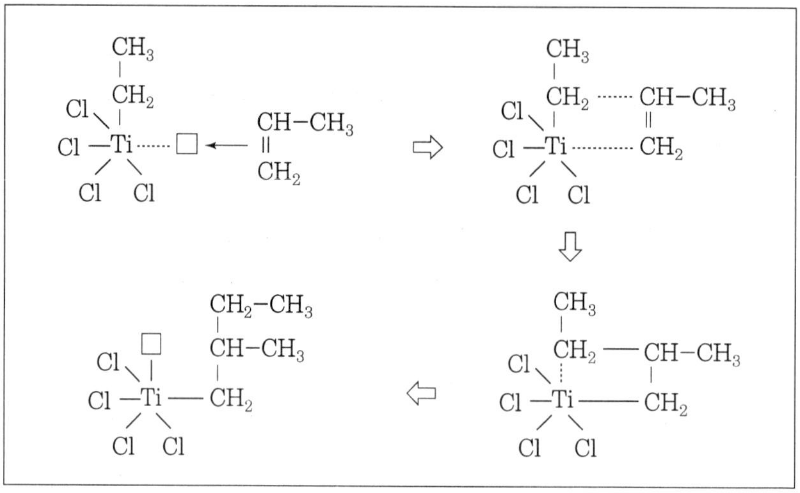

|그림 6.48 Ziegler Natta Coordination Monometallic mechanism

7장

Copolymerization(공중합)

ethylene만으로 만든 polyethylene은 부드럽고 질기며 내약품성이 좋으나 강도가 약하다. styrene만으로 만든 polystyrene은 광택이 좋고 강하지만 취약하여 잘 깨지는 단점이 있다. 그럼 강하면서도 잘 안 깨지는, 즉 tough한 폴리머를 만들 수는 없을까? 가장 쉽게 생각할 수 있는 것은 두 폴리머를 섞는 것이다. 그러나 두 폴리머는 섞이지 않는다. 그 구조가 너무 다르기 때문이다. 만일 이 두 구조를 함께 포함하는 폴리머를 만든다면 이 문제를 해결할 수 있을 것이다. 이것이 바로 copolymer(공중합체)이다.

7.1 copolymer의 종류

copolymer의 구조는 여러 형태가 가능하다. 만일 A, B, 두 모노머의 copolymer를 반든다면 다음과 같이 표시할 수 있을 것이나.

```
random        ~AABABBBAAAB~
block         ~AAAAAABBBBBB~
alternated    ~ABABABABAB~
graft         ~AAAAAAAAAA~
                   B
                   B
                   B
```

| 그림 7.1 copolymer의 종류

| ABScopolymer로 만든 레고

7.2 preparation

이미 만든 폴리머를 반응시켜서도 만들 수 있고 두 모노머를 사용하여 중합시킬 수도 있다. termination이나 chain transfer reaction이 없는 리빙중합을 이용하여 만들 수도 있다. 이렇게 만든 copolymer는 물성 향상이나 특수한 기능을 부가하기 위해 사용한다. 비누는 한 분자 안에 hydrophilic(친수성) 부분과 oleophilic(친유성) 부분을 함께 가지고 있어서 surfactant(계면활성제)로 사용할 수 있다. 비누가 눈에 들어가면 따갑다. 이것은 hydrophilic ion 부분의 자극성 때문이다. 이온을 가지지 않고도 hydrophilic 구조를 만들면 비자극성 비누를 만들 수 있다. polypropylene은 oleophilic(hydrophobic, 소수성)하다. poly(ethylene oxide)는 유연하며 hydrophilic하다. 이 두 폴리머의 block copolymer는 일부분 block은 hydrophilic하고 다른 block은 hydrophobic하다. 이것은 아주 훌륭한 surfactant이다. 자극성이 없기 때문에 유아용 비누나 콘택트렌즈 세척제로 사용한다.

| 유아용 비이온성 세제들

$$\begin{array}{c} \quad CH_3 \qquad\quad CH_3 \qquad\quad CH_3 \\ \sim CH_2CH-CH_2CH-CH_2CH-OCH_2CH_2-OCH_2CH_2\sim \end{array}$$

propylene (hydrophobic) — ethylene oxide (hydrophilic)

|그림 7.2 copolymer of propylene and ethylene oxide

7.3 Copolymerization Composition Equation(공중합조성식)

Mayo-Lewis equation이라고도 한다. 두 모노머를 함께 넣고 중합을 시킬 경우 두 모노머의 반응성에 따라 다른 형태의 copolymer가 만들어질 것이다. chain-growth polymerization에서 하나씩 사슬이 부가되므로 앞 구조나 앞의 앞 구조가 다음에 부가되는 모노머의 선택에 영향을 줄 것이다. 이를 계산하여 최종 만들어지는 copolymer의 구조를 예측하는 식이다. 만일 사슬 말단기 효과가 없다면 두 모노머 부가 확률은 Bernoillian 분포가 될 것이다. 만일 바로 전 마지막 구조만 영향을 준다면 Markovian first order, 그 전 두 개(penultimate)의 반복 단위 구조가 영향을 준다면 Markovian second order가 된다.

1. 4 possible reactions

두 모노머를 각각 M_1, M_2라고 하면 각각의 부가 반응에서의 결합 확률은 다음의 네 가지 경우가 가능하다. 소문자 k는 반응 속도 정수이고 k_{11}은 M_1에 M_1이 붙는 반응의 반응 속도 정수, k_{12}는 M_1에 M_2가 붙는 반응의 반응 속도 정수로 나타낸다. 대문자 P는 그 반응이 일어날 확률을 말한다. 이렇게 확률로 계산하는 이유는 확률이 이해하기도 쉬울 뿐 아니라 다 더하면 1이 되는 장점이 있어서 식이 간단하게 되기 때문이다.

$$\sim M_1\cdot + M_1 \xrightarrow{k_{11}} \sim M_1\cdot \qquad P_{11}$$

$$\sim M_1\cdot + M_2 \xrightarrow{k_{12}} \sim M_2\cdot \qquad P_{12}$$

$$\sim M_2\cdot + M_1 \xrightarrow{k_{21}} \sim M_1\cdot \qquad P_{21}$$

$$\sim M_2\cdot + M_2 \xrightarrow{k_{22}} \sim M_2\cdot \qquad P_{22}$$

|그림 7.3 4 possible reactions와 그 확률

확률은 두 가지 표시가 있는데 P_{12}는 사슬-end M_1에 M_2가 붙을 부가 확률이고, P(12)는 M_1M_2라는 dyad가 존재할 확률을 말한다.

P_{11}, P_{21}, P_{121},..	부가 확률
P(11), P(21), ...	존재 확률

어떤 반응이 일어날 확률은 전체의 경우 중에서 그 반응의 경우를 계산하면 된다. 다시 말하면 M_1에는 M_1이 붙거나 M_2가 붙거나 2개의 경우가 있으므로 그 두 반응 속도를 모두 더한 값 중의 한 경우의 반응 속도로 계산된다. 반응 속도는 (반응 속도 정수)×(반응물의 농도)로 계산할 수 있으므로 식으로 표시하면 다음과 같다.

$$P_{11} = \frac{k_{11}[M_1\cdot][M_1]}{k_{11}[M_1\cdot][M_1] + k_{12}[M_1\cdot][M_2]}$$

$$P_{12} = \frac{k_{12}[M_1\cdot][M_2]}{k_{11}[M_1\cdot][M_1] + k_{12}[M_1\cdot][M_2]}$$

$$P_{21} = \frac{k_{21}[M_2\cdot][M_1]}{k_{21}[M_2\cdot][M_1] + k_{22}[M_2\cdot][M_2]}$$

$$P_{22} = \frac{k_{22}[M_2\cdot][M_2]}{k_{21}[M_2\cdot][M_1] + k_{22}[M_2\cdot][M_2]} \qquad \text{(식 7.1)}$$

P_{11}, P_{12}은 $k_{12}[M_1\cdot][M_2]$으로, P_{21}, P_{22}는 $k_{21}[M_2\cdot][M_1]$로 분자, 분모를 나누어 식을 단순화하면,

$$P_{11} = \frac{\dfrac{k_{11}[M_1\cdot][M_1]}{k_{12}[M_1\cdot][M_2]}}{\dfrac{k_{11}[M_1\cdot][M_1]}{k_{12}[M_1\cdot][M_2]} + 1}$$

$$P_{12} = \frac{1}{1 + \dfrac{k_{11}[M_1\cdot][M_1]}{k_{12}[M_1\cdot][M_2]}}$$

$$P_{21} = \frac{1}{1 + \dfrac{k_{22}[M_2\cdot][M_2]}{k_{21}[M_2\cdot][M_1]}}$$

$$P_{22} = \frac{\dfrac{k_{22}[M_2\cdot][M_2]}{k_{21}[M_2\cdot][M_1]}}{\dfrac{k_{22}[M_2\cdot][M_2]}{k_{21}[M_2\cdot][M_1]} + 1} \qquad \text{(식 7.2)}$$

식을 간단히 하기 위해 r_1, r_2, s를 도입한다.

$$\frac{k_{11}}{k_{12}} = r_1, \quad \frac{k_{22}}{k_{21}} = r_2, \quad \frac{[M_1]}{[M_2]} = s \qquad \text{(식 7.3)}$$

여기서 r_1, r_2는 같은 모노머가 붙을 확률을 말하고, s는 초기에 투입한 두 모노머의 비를 말한다. $[M_1] \leqq [M_2]$로 놓으면 s는 늘 1보다 작거나 같다. 확률의 정의에서 $P_{11} + P_{12} = 1$, $P_{21} + P_{22} = 1$이므로 이들 식을 대입하면 위 식들은 다음과 같이

간단히 정리된다.

$$P_{11} = \frac{r_1 s}{1 + r_1 s}$$
$$P_{12} = \frac{1}{1 + r_1 s}$$
$$P_{21} = \frac{1}{1 + r_2/s}$$
$$P_{22} = \frac{r_2/s}{1 + r_2/s}$$
(식 7.4)

확률의 정의에서 $P(12) = P(1) \times P_{12}$

$P(21) = P(2) \times P_{21}$

그리고 존재 확률은 $P(12) = P(21)$이므로

$P(1) \times P_{12} = P(2) \times P_{21}$가 되므로

$$\frac{P(1)}{P(2)} = \frac{P_{21}}{P_{12}} = \frac{1 + r_1 s}{1 + r_2/s}$$

이상을 정리하여 다음과 같이 쓸 수 있다. 첫 번째 식은 확률로 표현한 식이고, 두 번째 식은 농도로 표현한 식이다.

Copolymerization Composition Equation

$$\frac{P(1)}{P(2)} = \frac{1 + r_1 s}{1 + r_2/s}$$

$$\frac{d[M_1]}{d[M_2]} = \frac{1 + r_1 \frac{[M_1]}{[M_2]}}{1 + r_2 \frac{[M_2]}{[M_1]}} = \frac{[M_1]}{[M_2]} \cdot \frac{[M_2] + r_1 [M_1]}{[M_1] + r_2 [M_2]}$$
(식 7.5)

이 식이 뜻하는 것은 M_1과 M_2, 두 모노머를 함께 중합시킬 경우 만들어진 폴리머의 조성에 M_1과 M_2가 어떤 비율로 포함되어 있는가이다.

2. reaction rate

M_1 또는 M_2의 모노머가 소멸하는 속도가 바로 반응 속도이다. 소멸하는 속도는 바로 폴리머에 포함되는 M_1 또는 M_2의 존재 확률이 된다. 즉 P(1) 또는 P(2)를 구하면 된다. 앞의 확률로 표현한 copolymerization composition equation에서 $P(12) = P(21)$이고 $P(1) + P(2) = 1$이므로

$$P(1) \times P_{12} = P(2) \times P_{21}$$
$$= \{1 - P(1)\}P_{21} = P_{21} - P(1) \times P_{21}$$
$$\therefore P(1)[P_{12} + P_{21}] = P_{21}$$

$$\therefore P(1) = \frac{P_{21}}{P_{12} + P_{21}} = \frac{1 + r_1 s}{2 + r_1 p + r_2/s} \quad \text{(식 7.6)}$$

$$P(2) = 1 - P(1) = \frac{1 + r_2/s}{2 + r_1 p + r_2/s} \quad \text{(식 7.7)}$$

3. r의 의미

모노머의 반응성의 비를 말한다. r_1을 $r_1 = k_{11}/k_{12}$로 정의하였기 때문에 r은 같은 모노머가 붙을 경향을 나타낸다. 즉 homo addition 성향을 뜻한다. 이 r 값은 이 중합의 stereoregularity의 척도가 된다. 몇 가지 특수한 경우를 보며 이해해 보자.

(1) r = 1인 경우

선택성이 전혀 없다. copolymerization composition equation은

$$\frac{P(1)}{P(2)} = \frac{d[M_1]}{d[M_2]} = \frac{1 + s}{1 + 1/s} = s = \frac{[M_1]}{[M_2]} \quad \text{(식 7.8)}$$

가 되므로 copolymer의 조성은 초기의 모노머 비에만 좌우되어 Bernouillian 분포를 갖는 random copolymer가 된다.

(2) $r_1 = r_2 = r$인 경우

• $r = 0$인 경우	copolymerization composition equation = 1 homopolymer는 만들지 않고, 완전 alternating이 된다. 초기 모노머 ratio에 관계없이 같은 composition이 된다.
• $r < 1$인 경우	alternating이 되는 경향이 크다. 초기 모노머 ratio에 따라 composition이 다르다.
• $r > 1$인 경우	block copolymer가 되는 경향이 크다.

(3) $r_1 \neq r_2$인 경우 중 몇 특수한 경우

일반적으로 r_1, r_2 값이 크게 다르지 않을 때에는 r의 곱으로 판단한다.

- $r_1 \times r_2 < 1$이면 alternating copolymer
- $r_1 \times r_2 > 1$이면 block copolymer
- $r_1 \times r_2 = 0$인 경우
  - $r_1 > 1$이면 M_1의 hompolymer
  - $r_1 < 1$이면 alternating copolymer
- $r_1 \times r_2 = 1$이면 하나는 크고, 하나는 작게 되어, 하나는 homo성, 하나는 alternating성이므로 r값이 큰 쪽의 homo성이 된다.

$r_2 = 1/r_1$이므로 copolymerization composition equation은 다음과 같다.

$$\frac{d[M1]}{d[M2]} = \frac{1 + r_1 s}{1 + r_2/s} = r_1 s = r_1 \frac{[M1]}{[M2]} \qquad (식\ 7.9)$$

• r_1, $r_2 < 1$일 경우

alternating copolymer가 얻어진다. 예를 들면 maleic anhydride(무수 말레인산)과 electron releasing(전자밀기) 치환기의 모노머인 vinyl ether, vinyl sulfide, α-olefin의 copolymerization에서 alternating copolymer가 얻어진다. maleic anhydride의 이중 결합이 carbonyl의 영향으로 (+)성이 되어 전자를 끌어당기므로 electron releasing 치환기를 가진 다른 모노머를 음이온이 되게 만들어 ionic 중합이 원활히 되도록 도와주기 때문이다.

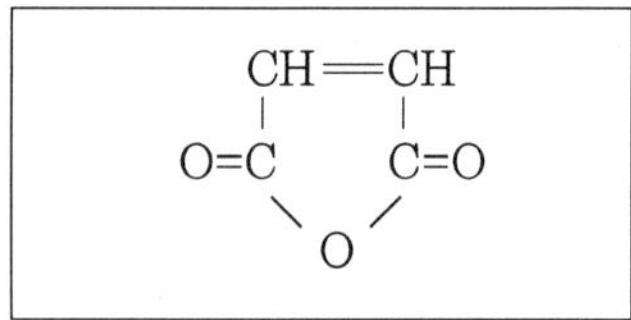

|그림 7.4 maleic anhydride

4. r_1, r_2 구하는 법

(1) curve fitting

실험으로 얻은 곡선에 맞는 r_1, r_2을 computer simulation에 의해 찾는다. 초기 모노머 비에 의해 두 모노머의 소모량이 계산되고 난 후 다음 단계의 새로운 모노머 비가 계산된다.

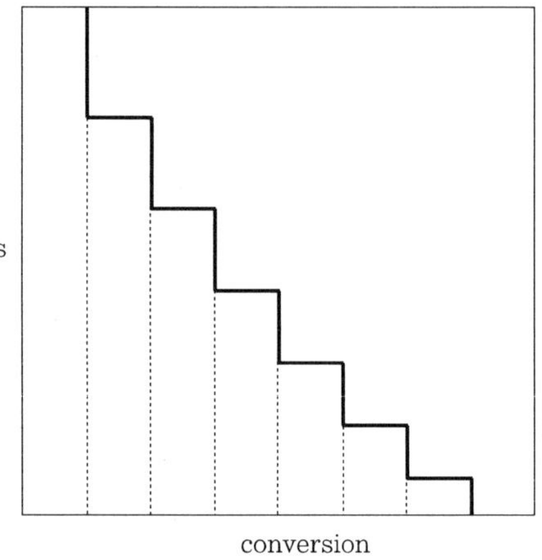

|그림 7.5 conversion-s graph

(2) Mayo-Lewis 적분법

$$r_2 = \frac{\log\frac{[M_2]_0}{[M_2]} - \frac{1}{R}\log\frac{1-R[M_1]/[M_2]}{1-R[M_1]_0/[M_2]_0}}{\log\frac{[M_1]_0}{[M_1]} + \log\frac{1-R[M_1]/[M_2]}{1-R[M_1]_0/M_2]_0}}$$

|그림 7.6 Mayo-Lewis 적분 $\left(R = \frac{1-r_1}{1-r_2}\right)$

(3) s를 상수로 계산하는 기울기-절편 법

초기 농도가 변하지 않는다고 볼 수 있는 저중합율의 범위 안에서만 적용할 수 있다.

$$\frac{d[M_1]}{d[M_2]} = F \text{로 놓으면 } F = \frac{1+r_1 s}{1+r_2/s}$$

$$F(1+\frac{r_2}{s})=1+r_1 s$$

양변을 s로 곱하고 F로 나누면

$$s + r_2 = \frac{s}{F} + \frac{r_1 s^2}{F}$$

$$(s - \frac{s}{F}) = r_1(\frac{s^2}{F}) - r_2$$

F를 측정하고 $(s - \frac{s}{F})$를 y축으로, $\frac{s^2}{F}$를 x축으로 직선을 그리면 기울기가 r_1, 절편이 r_2로 구해진다.

5. Q, e 론

위와 같은 copolymerization의 반응성, 즉 그 반응의 반응 속도 정수 k는 steric effect를 제외하고는 2가지 요소에 의해 결정된다. 즉 resonance(공명) 효과 Q와 polarity(극성) 효과 e이다. 예를 들어

$M_1\cdot + M_2 \rightarrow M_2\cdot$의 reaction rate constant인 $k_{12} = Q_1 Q_2 \exp\{-e_1 e_2\}$

이를 r_1, r_2에 대입하면

$$r_1 = \frac{k_{11}}{k_{12}} = \frac{Q_1}{Q_2}\exp\{-e_1(e_1 - e_2)\}$$

$$r_2 = \frac{k_{22}}{k_{21}} = \frac{Q_2}{Q_1}\exp\{-e_2(e_2 - e_1)\}$$

$$\therefore\ r_1 \times r_2 = \exp\{-(e_1 - e_2)^2\}$$

(1) 모노머들의 Q 값

Q 값이 크다는 뜻($Q > 0.2$)은 conjugated monomer라는 의미이고, Q 값이 작다는 뜻($Q < 0.2$)은 non-conjugated monomer라는 뜻이다. 그러므로 Q 차이가 크면 copolymerization이 일어나기 힘들다.

class	monomer	Q	e
conjugated	isoprene	3.3	−1.22
	styrene	1.0	−0.8
	methyl methacrylic acid	0.74	0.4
	acrylonitrile	0.6	1.2
	methy acrylic acid	0.42	0.6
non−conjugated	vinyl acetate	0.00026	−0.22
	vinyl chloride	0.044	0.20
	ethylene	0.015	−0.20

(2) 모노머들의 e 값

e 값이 크다는 뜻은 polar하다는 뜻이다.

(+) 값이면 전자를 끄는 성질
(−) 값이면 전자를 미는 성질

두 모노머의 Q 값이 비슷하고 e 값이 차이가 크면 alternating copolymer가 되는 경향이 크다.

(3) Q, e 값과 radical homopolymer가 되는 경향과의 관계

- Q 값이 큰 conjugated monomer의 중합 반응성은 높다. 즉 initiation이 잘 일어난다. 또 propagation의 선택성이 크다. 왜냐하면, radical이 안정하기 때문이다.
- Q 값이 작은 non−conjugated monomer의 중합 반응성은 낮아서 initiation이 어려우나, 성장 radical의 반응성은 높기 때문에 propagation의 선택성은 작아지므로, chain transfer reaction, head−to−head addition 등 부반응이 많아져 분자량이 작아진다.

예 styrene / vinyl acetate 중합에서는 chain transfer reaction rate가 커지고 head−to−head addition이 많아져 큰 분자량을 얻지 못한다.

8 장

Polymer Degradation과 Modification

8-1 Polymer Degradation

폴리머는 분자량이 크고 사슬이 긴 물질이므로 여러 영향에 의하여 잘라지고 분해된다. 이런 반응 중에는 degradation, decomposition, depolymerization 등이 있다. 사슬이 잘라지거나 분자량이 감소하는 반응을 포괄적으로 이르는 말이 degradation이고, 모노머로 절단되는 것을 depolymerization(해중합)이라고 하며 일반적으로 열에 의하여 일어나는 degradation을 decomposition이라고 한다.

1. Thermal degradation(열분해)

(1) polymer의 combustion(연소)

현대 건축에서는 상당히 많은 자재가 폴리머로 되어 있다. 외벽, 내벽 마감재인 벽지, 페인트, 바닥재인 상판, 플라스틱 가구 및 장식품 등이 모두 합성 폴리머이다. 합성 폴리머는 plasticizer(가소제) 등의 additive(첨가제)를 포함하고 있다. 폴리머가 연소하게 되면 우선 이런 저분자량의 첨가제들이 나오는데 이것들은 가연성이기 때문에 불이 더 세게 된다. 높은 열이 계속 폴리머에 가해지면 폴리머의 사슬이 깨지면서 저분자량의 물질을 내게 되며 이것이 또 연료 역할을 한다. 또한 폴리머가 불완전 연소하며 많은 연기와 유독 기체를 내게 된다. 합성 플라스틱에는 크게 thermoplastic과 thermoset이 있는데 thermoplastic은 가열하면 녹아서 유동성을 가지므로 더욱 원활히 연소하고 많은 열을 낸다. 반면에 thermoset은 열을 가해도 녹지 않아서 함유되어 있는 저분자 물질의 이동이 원활하지 않아 상대적으로 불연성이고 더 가열하면 분해된다. 일반적으로 폴리머는 탄소와 수소의 함량이 매우

| 독일 훽스트사의 소각 플랜트

높아 연소시 내는 열량이 대단히 높다. 플라스틱 쓰레기를 연료로 활용하기 위한 incinerator(소각로)는 일반 쓰레기 소각로처럼 간단히 쇠로 만들 수 없다. 쇠를 녹일 정도로 강한 열이 나오기 때문이다.

(2) flame retardant(난연제)

플라스틱을 건축자재로 사용할 때 불에 잘 타지 않게 하거나 불이 잘 붙지 않게 하는 것은 매우 중요하다. 이러한 목적으로 폴리머에 첨가하는 것을 flame retardant라고 하며, 우리말로 방염제 또는 난연제라고 한다. 불에 잘 타지 않게 하는 방법으로는 여러 가지 아이디어를 사용한다. 우선 chlorine, nitrogen, bromine 등은 난연성이 있으므로 이들 원소를 포함하는 폴리머를 사용하는 것과 이들 원소를 포함하는 첨가제를 사용하는 것이다. 또 다른 방법으로 metal borate나 antimony oxide 같은 무기질을 첨가하면 가열 시에 이들 무기질이 녹으면서 연소를 방해한다. 최근에는 이 두 방법을 함께 쓰기도 한다. 그런데 이런 retardant를 사용하면 필연적으로 불완전 연소가 일어나 연기가 많이 발생하는데 연기를 덜 발생시키려면 완전 연소를 촉진해야 하므로 이 두 목표는 서로 상충된다.

(3) chemical recycle(화학적 재활용)

산소를 차단한 상태에서 가열하면 이산화탄소와 물로 연소하지 않고 폴리머 사슬이 끊어져 저분자로 분해된다. 이렇게 생성된 저분자들은 다시 중합의 원료로 쓸 수

| 폐타이어

있다. 적당한 촉매와 적절한 조건을 갖추면 원래의 모노머로 되돌릴 수 있으므로 많은 연구가 이루어졌다. 또한 용융시킬 수 없는 열경화성 고분자의 recycle에 긴요하게 사용된다. 폐타이어는 thermoset 폴리머가 가교되어 있는 구조인데다 금속까지 포함하고 있어서 다른 방법으로는 recycle이 어렵다. 폐타이어는 산소를 차단한 상태에서 가열하여 폴리머 원료나 합성 석유로 recycle하는 연구가 많이 되고 있다.

2. photodegradation(광분해)

길에 떨어져 있는 고무줄을 주워서 당겨보면 뚝뚝 끊어지는 것을 경험한 적이 있을 것이다. 이것을 aging이라고 하는데 이런 aging을 일으키는 요인은 열, 햇빛, 산소, 바람, 습기 등 여러 가지이다. 이런 요인 중에서 햇빛 속에 포함된 ultraviolet(자외선)이 가장 큰 역할을 한다는 것이 밝혀졌다. 자외선은 에너지가 강하여 전자를 이탈시키면서 radical을 생성하면 peroxide(과산화) 구조가 되면서 사슬이 끊어지는 분해가 진행되어 물성의 저하를 가져온다. 이를 막기 위해 폴리머 가공시에 antioxidant(산화방지제)를 첨가한다. 이것은 열화 반응 과정 중 생성된 peroxide radical을 없애주어 분해 반응을 방해한다. 화학적으로 안정한 polyethylene도 햇빛에 의해 광분해가 일어난다. 소량 존재하는 carbonyl기가 분해 반응을 일으킨다. carbonyl carbon radical을 형성하며 분해하는 Norrish I 반응도 있고, back-biting하여 ethylenic end를 형성하는 Norrish II 반응도 일어난다.

$$\sim CH_2-\overset{\overset{\displaystyle O}{\|}}{C}-CH_2\sim \xrightarrow[\text{Norrish I}]{h\nu} \sim CH_2-\overset{\overset{\displaystyle O}{\|}}{C}\cdot + \cdot H_2C\sim$$

$$\sim \overset{H}{CH} \quad \overset{O}{\overset{\|}{C}}\sim \xrightarrow[\text{Norrish II}]{h\nu} \sim CH \quad \overset{HO}{C}\sim \longrightarrow \sim \underset{\underset{\displaystyle CH_2}{\|}}{CH} + \underset{\underset{\displaystyle H_2C}{\|}}{\overset{HO}{C}}\sim$$

|그림 8.1 Norrish I과 Norrish II

3. Biodegradation(생분해)

biodegradation이라는 것은 microorganism(미생물)에 의한 분해를 말한다. 우리가 널리 쓰고 있는 일반 고분자들은 대개 생분해가 잘 일어나지 않는다. 의류로 많이 사용하는 polyester는 비교적 biodegradation 가능성이 높다. biodegradation가 일어나는 메커니즘은 다음과 같다.

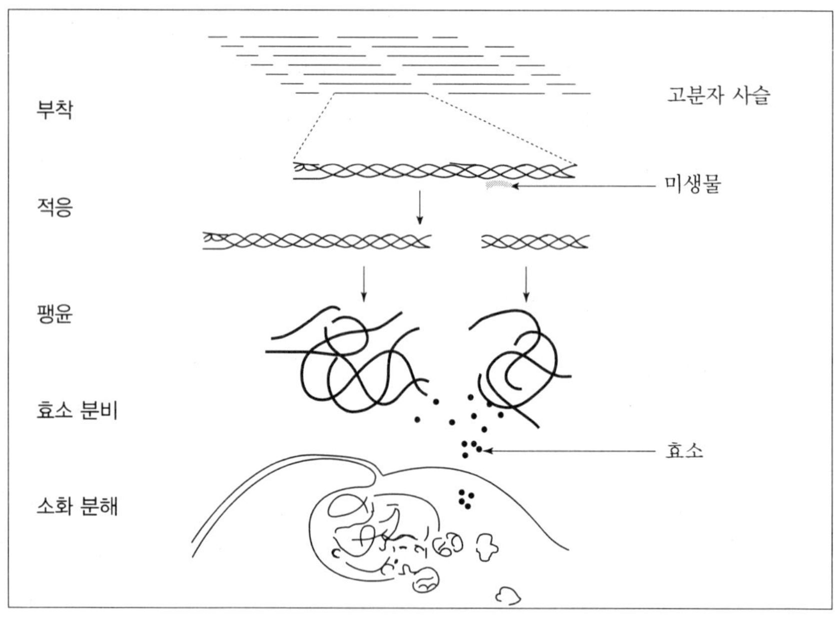

|그림 8.2 biodegradation의 과정

미생물의 부착 단계에서 반드시 물에 젖는 것이 필요한데 일반적인 플라스틱은 hydrophobic이므로 물이 묻지 않고 따라서 미생물의 공격을 받지 않는다. 다시 말하면 플라스틱의 친수성 여부가 중요한 요건이다. 폴리머 중에서도 미생물 분해가 가능한 것들이 일부 있는데 이것들은 모두 친수성이 강한 재료들이다. 팽윤 단계는 폴리머의 결정 부분이 물과 미생물이 침투할 수 있도록 풀어지는 것을 말한다.

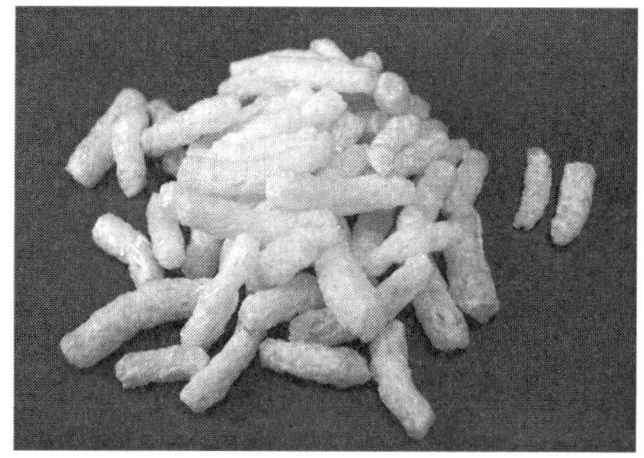

| 미생물 분해성 포장완충제

4. hydrolysis(가수 분해)

미생물에 의하지 않고 물만으로 분해 반응이 진행되는 것도 있다. polyester 중에는 가수 분해되는 것도 있다. 특히 poly(lactic acid), 즉 PLA나 poly(glycolic acid), 즉 PGA는 물에 의해 모노머의 형태로 분해되었다가 물에 녹아 용해된다. 이 성질을 응용하여 수술용 봉합사나 여러 용도로 사용한다. PLA보다 PGA가 좀 더 빨리 분해되므로 이 두 폴리머를 블랜드하여 사용하면 분해 속도를 조절할 수 있다.

$$\sim CH_2-\underset{\underset{O}{\|}}{C}-O\sim \xrightarrow{H_2O} n\ HO-CH_2-\underset{\underset{O}{\|}}{C}-OH$$

poly(glycolic acid) → glycolic acid

$$\sim \underset{}{\overset{\overset{CH_3}{|}}{CH}}-\underset{\underset{O}{\|}}{C}-O\sim \xrightarrow{H_2O} n\ HO-\overset{\overset{CH_3}{|}}{CH}-\underset{\underset{O}{\|}}{C}-OH$$

poly(lactic acid) → lactic acid

| 그림 8.3 PGA와 PLA의 hydrolysis

5. Degradable polymer

(1) suture(수술용 봉합사)

위를 꿰매야 할 경우 일반 실을 쓰면 배를 열고 위를 꿰맨 후 배를 꿰매고 실을 뽑을 때 다시 배를 가르고 위를 꿰맨 실을 뽑고 다시 배를 꿰매야 할 것이다. 그러나 위를 꿰매는 데 degradable suture를 사용하면 단 한 번의 수술로 끝낼 수 있다. poly(lactic acid)나 poly(glycolic acid)를 사용하면 몇 주 뒤면 자연히 실이 분해하여 생체조직으로 흡수되어 실을 뽑아 낼 필요가 없다.

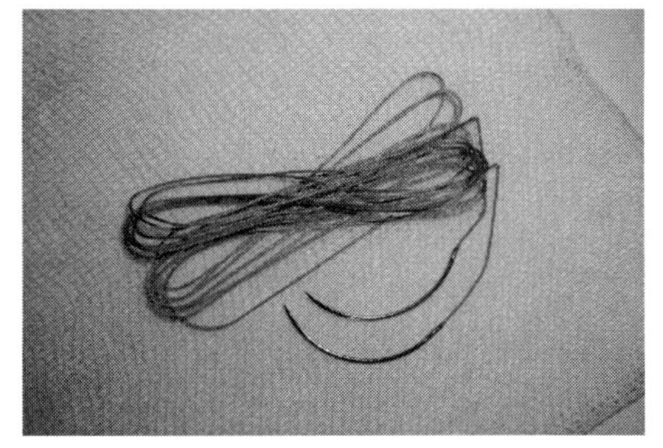

| PGA(Dexon) 수술용 봉합사

(2) control release(서방성)

우리 몸의 병을 치료하기 위하여 경구든 주사든 약을 주입하는데, 주입하는 시점에는 약의 농도는 최대가 되며 시간이 흐르면서 점차 약의 농도가 감소하다가 어느 이하로 농도가 떨어지면 새로 약을 주입해야 할 것이다. 이렇게 하다 보면 약의 주입 초기에는 필요량보다 과잉의 농도가 되고 약을 주입하기 얼마 전에는 약의 농도가 필요량 이하가 되는 문제를 피할 수 없다. 약을 주입하여 오랜 기간 서서히 일정한 농도의 약을 인체에 주입하는 방법이 있으면 좋을 것이다. 옛날에는 거의 모든 경구약을 3시간마다 한번씩 투여하였으나 요즘은 12시간 지속형이나 하루에 한번만 먹는 약도 있다. 이것들은 모두 control release 기술 덕분이다. 파스는 이런 기술들 중 하나이다. patch 형태로 피부에 붙여 놓으면 장기간 일정한 양의 약이 피부를 통해 서서히 흡수된다. 경구 투여의 경우도 약을 분해성 폴리머로 코팅하여 투여하면 약 표면의 폴리머가 서서히 분해하면서 일정한 양의 약을 인체로 흡수되도록 한다. 또는 분해성 폴리머와 약을 혼합하여 약을 만들어 투여하면 분해성 폴리머가 분해하면서 약도 같이 서서히 일정한 속도로 인체에 흡수될 것이다.

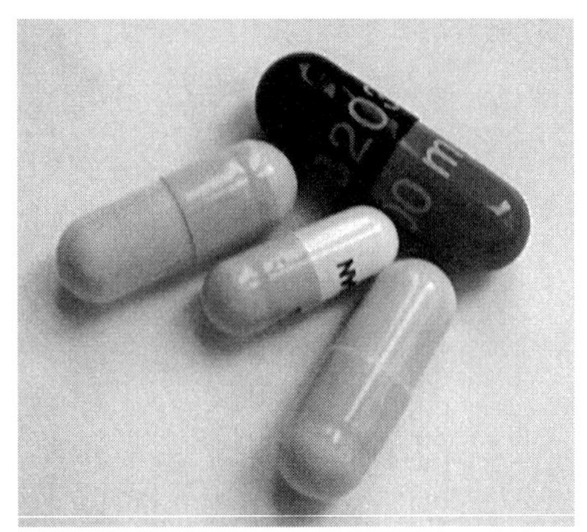

| 캡슐형 약제

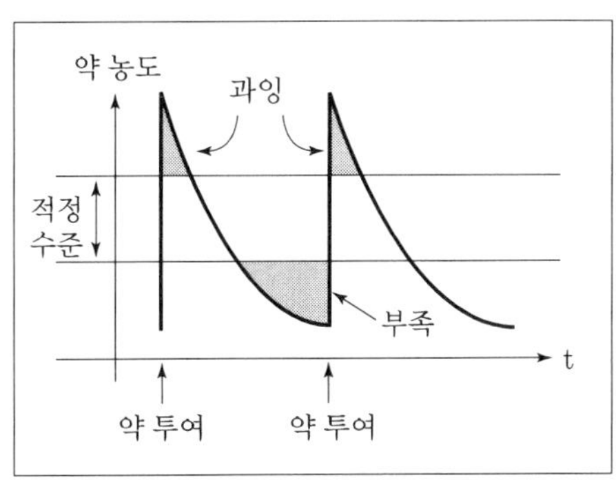

|그림 8.4 약 투여와 약 농도

(3) 일회용품

도시 쓰레기의 문제는 환경공해의 관점에서 대단히 중요한 문제이다. 특히 일회용 제품을 많이 쓰게 된 현대에는 더욱 문제가 심각하다. 요즘은 점차 쓰레기를 매립하지 않고 되도록 재활용한다. 그래도 피치 못하게 일회용품을 써야 할 경우도 있다. 이 일회용품을 분해성 폴리머로 만들면 자연에 버려지거나 매립해도 분해되어 자연으로 돌아갈 것이다. 특히 대량으로 사용하고 수거가 곤란한 농업용 비닐의 경우 photodegradable film(광분해성 필름)을 사용하면 도움이 많이 된다. 멀치(mulch) 필름은 원하는 작물 이외의 잡초의 성장을 방해하고 수분과 비료 성분을 오래 보존하게 하여 생산량을 크게 높여 주기 때문에 우리나라 농업에서 매우 널리 사용된다. 그러나 이 멀치 필름은 효용 기간이 지나면 거두어야 하는데 작물에 끼어 있기 때문에 수거가 매우 힘들며 수거하더라도 그 인건비를 농가에서 감당하기 어렵다. 그러므로 이런 멀치 필름을 분해성 폴리머로 만들어 사용하면 어느 정도 기간이 지난 후 저절로 찢어지고 붕괴되어 아주 쉽게 뜯어 낼 수 있다.

| 자연분해성(PLA) 일회용컵

(4) microlithography

웨이퍼 위에 아주 작은 회로를 그리려면 웨이퍼 위에 특별한 photoresist 폴리머를 도포하고 회로를 인쇄한 마스크를 덮는다. 이 위에 빛을 조사하면 빛을 받은 부분만 분해성으로 변환하여 etching하고 씻어내면 회로가 그려진다. 또는 거꾸로 분해성 폴리머를 도포하고 마스크를 씌운 후 빛을 조사하여 불용성으로 변환시킨 후 etching하여 씻어내어 회로를 그린다. 사진의 음영과 같은 식으로 이해할 수 있다. 이렇게 사용하는 폴리머를 photosensitive(감광성) 폴리머라고 부른다.

8-2 Polymer Modification

1. copolymer

이미 중합된 폴리머의 말단에 반응성을 부여하여 다른 폴리머 말단을 결합시키면 block copolymer를 만들 수 있다. 이미 중합된 폴리머 사슬 중간에 reactive site를 생성시켜 여기에 모노머를 반응시키거나 폴리머를 반응시켜 graft copolymer를 만들 수도 있다.

2. unstable monomer의 polymer

새로운 모노머를 중합하여 새로운 폴리머를 만드는 일은 매우 어려운 일이다. 이미 시판되는 폴리머를 변환하여 새로운 폴리머로 변환시킬 수 있다. 또한 모노머가 불안정하여 직접 중합체를 얻을 수 없는 경우에도 폴리머 변환은 유용하게 응용될 수 있다.

(1) poly(vinyl alcohol)

poly(vinyl alcohol)은 vinyl alcohol 모노머를 중합하여 얻을 수 없다. ketoenol tautomerism(엔올케톤 이성화현상)에 의하여 vinyl alcohol이 불안정하기 때문이다.

$$\underset{\displaystyle |\atop \displaystyle OH}{CH_2{=}CH} \rightleftharpoons \underset{\displaystyle \|\atop \displaystyle O}{-CH_3-CH}$$

|그림 8.5 vinyl alcohol의 ketoenol tautomerism

그러므로 poly(vinyl acetate)를 가수 분해해서 만든다.

$$\sim CH_2-CH\sim \xrightarrow[NaOH]{CH_3OH} \sim CH_2-CH\sim$$
(측쇄: $OCOCH_3$ → OH)

|그림 8.6 poly(vinyl alcohol)의 합성

| PVA로 만든 접착제

(2) poly(vinyl amine)

vinyl amine도 불안정하여 직접 중합할 수 없다.

$$CH_2=CH-NH_2 \rightleftharpoons {}^{-}CH_2-CH=N^{+}H_2$$

그래서 phthalamide를 중합하고 phthalic acid 부분을 떼어내어 만든다. aziridine을 ring-opening 중합하여 얻을 수도 있다.

$$CH_2=CH(\text{N-phthalimide}) \xrightarrow{\text{polymerization}} \sim CH_2-CH(\text{N-phthalimide})\sim \xrightarrow{H_2NNH_2} \sim CH_2-CH(NH_2)\sim$$

(aziridine: C−C, N, H → $\sim CH_2-CH(NH_2)\sim$)

|그림 8.7 poly(vinyl amine)의 합성

3. functionality의 생성 및 변환

(1) hydroxyl(−OH)

폴리머를 hydrophilic하게 만들면 antistatic(대전방지)이나 printable하게 (인쇄가 잘되게) 만들 수 있다. 이렇게 변환시키기 위해 가장 널리 도입하는 것은 hydroxyl(수산)기이다.

이렇게 유용한 hydroxyl기로 변환하는 방법은 다음 몇 가지가 있다. diene 고분자를 산화 반응시켜 hydroxyl기를 첨가할 수 있다.

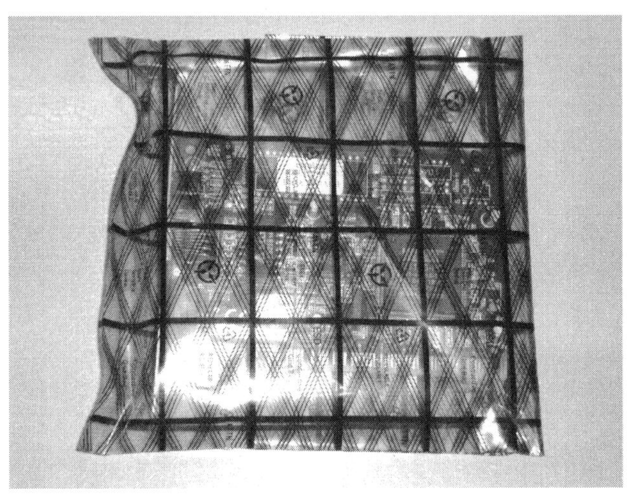

| 대전 방지봉투에 담은 전자기판

−CH=CH− (polybutadiene)

$$\text{-CH=CH-} \xrightarrow{\text{peracid}} \text{-CH-CH-} \text{ (epoxide, }\text{-CH-CH-}\text{ bridged by O)} \xrightarrow{\text{hydrolysis}} \underset{\text{OH}\;\;\text{OH}}{\text{-CH-CH-}}$$

$$\text{-CH=CH-} \xrightarrow{CO/H_2} \underset{\text{CHO}}{\text{-CH-CH}_2\text{-}} \xrightarrow{\text{reduction}} \underset{\text{CH}_2\text{OH}}{\text{-CH-CH}_2\text{-}}$$

|그림 8.8 Hydroxylation

(2) carboxyl(−COOH)

폴리머에 carboxyl기를 도입하면 hydrophilic이나 수용성이 되고, 이온성이어서 ion exchange에도 응용할 수 있다. 고리화한 lactone, chlorine으로 치환된 acid chloride, 두 carboxyl기가 축합한 anhydride 등도 모두 carboxyl의 범주에 들어간다.

$$\sim CH_2-\underset{\displaystyle OCOCH_3}{\underset{|}{CH}}\sim \xrightarrow[NaOH]{H_2O} \sim CH_2-\underset{\displaystyle CONH_2}{\underset{|}{CH}}\sim \longrightarrow \sim CH_2-\underset{\displaystyle COOH}{\underset{|}{CH}}\sim$$

|그림 8.9 carboxylation

(3) Halogen(-X)

기존의 폴리머에 할로젠을 첨가시키면 여러 유용한 용도로 사용이 가능하다.

① fluorine

fluorine은 electronegativity(전기음성도)가 가장 큰 원소이며 반응성이 커서 모든 원소와 반응하여 매우 안정한 화합물을 만든다. fluorine을 가진 폴리머는 마찰계수가 아주 작아 음식이 늘어붙지 않게 하는 프라이팬이나 윤활유가 필요 없는 기계부품, 발수성을 이용한 곳에 널리 응용된다.

② chlorine

chlorinated polymer는 다른 여러 치환기로 변환이 가능하다. 다른 일반 폴리머를 염소화하기도 하고 기존의 PVC나 poly(vinylidene chloride)를 사용할 수도 있다.

$$\sim CH_2-CH_2\sim \xrightarrow[Cl_2]{} \sim CH_2-\underset{\displaystyle Cl}{\underset{|}{CH}}\sim$$

|그림 8.10 chlorination

(4) Polystyrene Modification(개질)

polystyrene의 경우 halogenation, sulfonylation, nitration, amination 등이 가능하며, Friedel-Craft 반응에 의하여 acylation도 시킬 수 있고, chloromethylation하여 여러 변환이 가능하다. 이 chloromethyl PS은 가교반응이나 ion-exchange, 폴리머 촉매 등으로 유용하다. 고체 상태에서 가교반응을 시킬 수 있다. 물론 해당 모노머를 중합하여 얻을 수도 있다.

$$\sim CH_2-CH(C_6H_5)\sim \xrightarrow[\text{acylation}]{CH_3COCl} \sim CH_2-CH(C_6H_4-COCH_3)\sim$$

$$\sim CH_2-CH(C_6H_5)\sim \xrightarrow[HNO_3]{H_2SO_4} \sim CH_2-CH(C_6H_4-NO_2)\sim \longrightarrow \sim CH_2-CH(C_6H_4-NH_2)\sim$$

$$\sim CH_2-CH(C_6H_5)\sim \xrightarrow[\text{chloromethylation}]{ClCH_2OCH_3/ZnCl_2} \sim CH_2-CH(C_6H_4-Cl)\sim$$

$$CH_2=CH(C_6H_4-CH_2Cl) \xrightarrow[\text{polymerization}]{\text{radical}} \sim CH_2-CH(C_6H_4-CH_2Cl)\sim$$

$$\sim CH_2-CH(C_6H_5)\sim \xrightarrow[\text{cat.}]{I_2} \sim CH_2-CH(C_6H_4-I)\sim \xrightarrow{C_4H_9Li} \sim CH_2-CH(C_6H_4-Li)\sim$$

|그림 8.11 polysyrene의 modification

(5) Cellulose Modification

천연 폴리머인 cellulose는 그대로는 녹거나 plasticity가 없어서 여러 형태로의 가공이 불가능하다. 그 이유는 cellulose는 한 반복 단위당 3개의 hydroxyl기를

| cellophane

가져서 사슬끼리 강한 수소 결합을 하기 때문이다. cellulose는 나무 펄프에서 아주 쉽게 싸게 얻을 수 있다. 이것을 가성소다에 넣고 끓이면 sodium cellulose가 되고 여기에 carbon disulfide를 반응시키면 sodium cellulose xanthate가 생성된다. 이것은 점도가 높기 때문에 viscose라고 부르며 이것을 방사하면서 묽은 황산과 황산나트륨(Na_2SO_4)을 통과시키면 cellulose 구조로 regeneration한다. 이것을 실로 만든 것이 viscose rayon, film으로 만든 것이 cellophane이다. 이 viscose 공정 중에 사용하는 carbon disulfide가 독성이 강하다. 우리나라에서도 1964년 일본 도레이로부터 중고기계를 들여와 설립한 원진레이온이라는 회사가 인조견사를 생산하다가 환경오염과 직업병 문제로 1993년 6월 8일 폐업하고 말았다.

|그림 8.12 cellulose의 modification

hydrophilic하여 식품이나 화장품에 점도증강제로 많이 사용하는 CMC도 cellulose로부터 개질하여 만든다.

|그림 8.13 CMC(carboxymethyl cellulose)

cellulose는 반복 단위당 hydroxyl group이 3개씩 있기 때문에 반응 조건에 따라 모든 hydroxy기가 치환될 수도 있으나 평균 하나에도 못 미치는 치환이 일어날 수도 있다. 이 치환이 일어나는 정도를 degree of substitution(DS)이라고 한다. DS 값은 3보다 같거나 작은 값을 갖는다.

(6) cross-link(가교)

사슬형 폴리머는 plasticity을 가지나 이들을 가교시키면 성격이 달라진다. 가교하면 3차원 그물 구조가 되는데 이 그물의 눈의 크기가 작으면, 즉 촘촘한 그물 구조가 되면 thermoset이 되어 강도와 내열성이 증가하고 아주 단단한 재료가 된다. 그물 눈의 크기가 크면 가교로 만들어진 사각형이 찌그러졌다 펴졌다 하며 탄성을 나타내게 된다. 그래서 이러한 탄성을 entropy elasticity라고 한다.

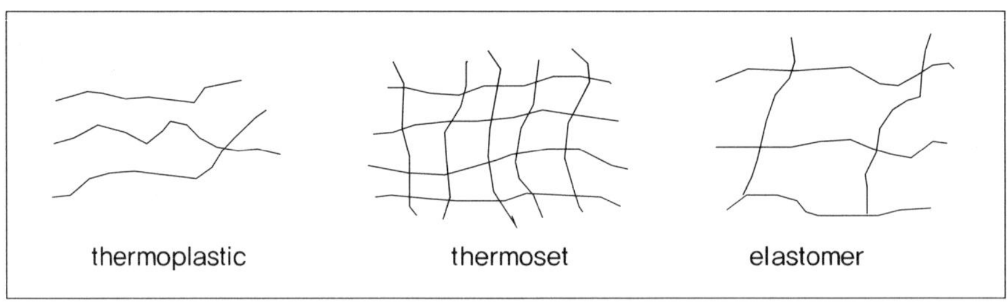

|그림 8.14 cross-linked polymer

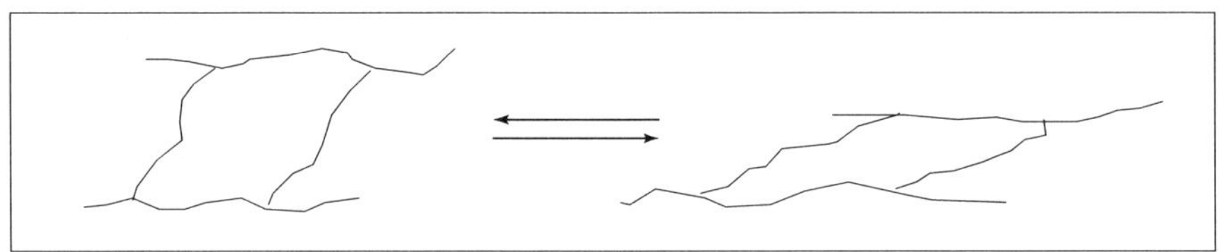

|그림 8.15 고무의 탄성

적당한 크기의 그물이 형성되고 여기에 다른 분자가 trap될 수 있으면 gel이 된다. 물분자들이 trap된 것이 hydrogel이다. 콘택트렌즈도 hydrogel이다.

가교를 시키는 방법으로는 열에 의하거나 빛을 사용하거나 화학적 방법을 사용한다. diene계 폴리머를 황과 함께 가열하면 가교가 일어나 탄성을 가진 고무가 된다. 타이어는 천연고무를 가황공정에 의하여 가교하여 만들어진다. 과산화물을 사용하여 가교하기도 하며, epoxy polymer는 diamine을 사용하여 가교하여 thermoset polymer을 만든다. 자외선 등을 사용하는 광가교는 초고집적회로를 만드는 공정에서 이용한다.

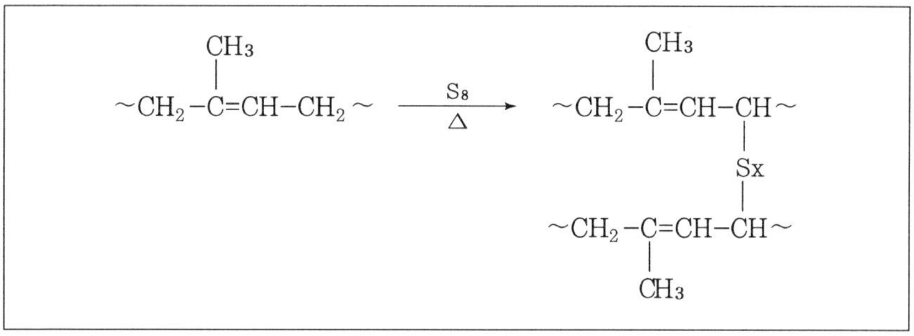

```
        CH3                                    CH3
        |                                      |
~CH2-C=CH-CH2~    --S8/Δ-->    ~CH2-C=CH-CH~
                                                  |
                                                  Sx
                                                  |
                                ~CH2-C=CH-CH~
                                      |
                                      CH3
```

|그림 8.16 rubber cross-lonk by sulfur

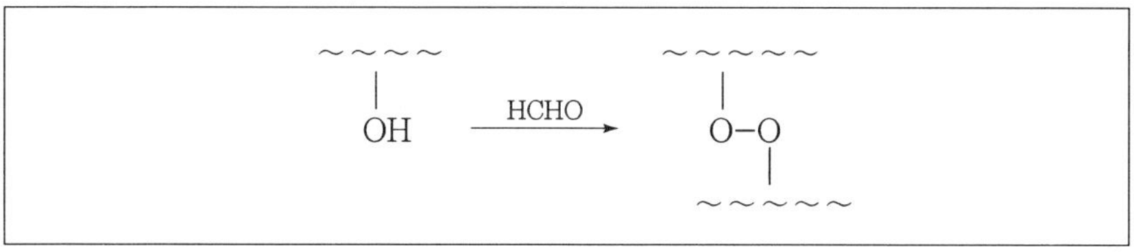

```
 ~~~~                ~~~~~
   |                   |
   OH    --HCHO-->     O-O
                         |
                       ~~~~~
```

|그림 8.17 cross-link by peroxide

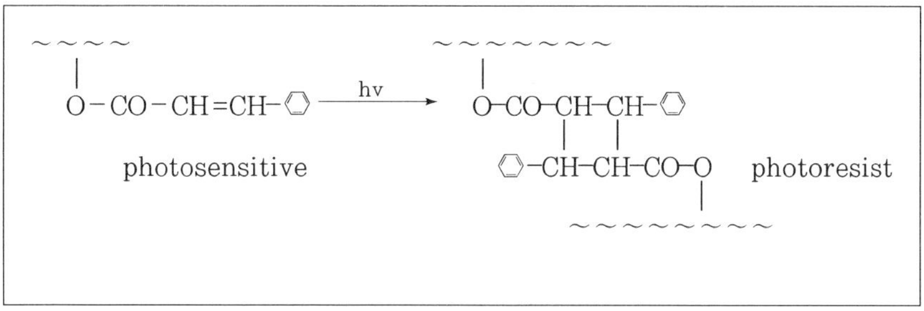

```
~~~~                                  ~~~~~~~~
|                                     |
O-CO-CH=CH-⌬    --hv-->               O-CO-CH-CH-⌬
                                             |   |
   photosensitive                         ⌬-CH-CH-CO-O    photoresist
                                                      |
                                               ~~~~~~~~~
```

|그림 8.18 Cross-link by radiation

(7) surface modification(표면개질)

앞에서 폴리머의 개질에 대해 배웠으나 폴리머 bulk 전체를 변환하지 않고 단지 표면만 변환시키는 것을 표면개질이라고 한다. 플라스틱은 일반적으로 hydrophobic (소수성)하고 매끈하며 화학적으로 inert하여 접착도 잘 안 되고 프린트도 어렵다. 폴리머의 표면만 변환시키면 폴리머 몸체의 물성은 거의 변화시키지 않고 표면만 원하는 성질을 갖게 만들 수 있기 때문에 매우 유용하다. 특히 biomedical 분야에서 매우 중요하다. prosthesis(인공기관)나 catheter 등 피와 닿는 의료용품의 사용에서 가장 큰 문제는 외부물질에 의한 혈전 형성이다. 인공심장, 인공심장판막, catheter, 같은 인공기관들은 보통 플라스틱으로 만드는데, 이들을 인체에 삽입하면 피와 닿아서 blood clot(피엉김)을 형성한다. 이를 막을 수 있도록 표면을 변환하여 haematocompatible surface(혈액친화성 표면)로 변화시키는 기술을 발전시켜 왔다. 우선 폴리머의 표면을 친수화해야 하고 그 다음은 그 표면에 heparin이나 phospholipid를 부착시키거나 cell을 장착시켜 많은 진전을 보았다. 그 밖에도 표면을 hydrophilic(친수성)으로 변화시켜 대전방지용이나 농업용 필름, 성애방지 등의 특성을 갖게 할 수 있다.

폴리머 표면 변환에는 다음과 같은 방법들이 있다.

① mechanical treatment

sanding, grinding, brushing, ultrasonic 등의 기계적인 처리도 폴리머의 표면을 화학적으로 변환시킨다.

② chemical treatment(etching)

강한 산이나 ozone, chlorine, fluorine 등으로 처리하면 표면에 화학적으로 반응성을 가지는 구조를 도입시킬 수 있다. 이 표면을 그대로 사용하기도 하고, 이렇게 생긴 활성점에 다른 물질을 반응시키기도 한다.

③ thermal(flame) treatment

열이나 불꽃을 가하여 표면을 변환시키기도 한다.

④ radiation or plasma

높은 온도에서 기체는 특별한 이온 상태나 전자 여기 상태가 되는데 이것을 plasma라고 한다. 진공 중에서는 덜 높은 온도에서도 plasma를 얻을 수 있다. plasma gas로는 argon, hydrogen, oxygen, nitrogen, water, ammonia, carbon dioxide 등 거의 모든 기체를 활용할 수 있다. argon이나 helium처럼 inert한 기체 plasma도 화학적 변환을 일으킨다. oxygen이나 ammonia나 fluorine 같은 기체 plasma를 반응시키면 이들에서 나온 원자나 proton이 폴리머 표면에 붙게 된다. 그 밖에 glow discharge나 UV, laser 등을 쪼여 표면을 변환시킬 수 있다.

Chain-growth polymers

monomer		name(ab.)	polymer		IUPAC
structure	name		structure	name	name
$H_2C=CH_2$	ethylene	PE	$-(CH_2-CH_2)-$	polyethylene	poly (methylene)
$CH_2=CH(CH_3)$	propylene	PP	$-[CH_2-CH(CH_3)]_n-$	polypropylene	poly(1-methyl ethylene)
$C_6H_5-CH=CH_2$	styrene	PS	$-[CH_2-CH(C_6H_5)]_n-$	polystyrene	poly(1-phenyl ethylene)
$H_2C=CHCl$	vinyl chloride	PVC	$-[CH_2-CHCl]-$	poly(vinyl chloride)	poly(1-chloro ethylene)
$HO-CH_2CH_2-OH$	ethylene oxide	PEO	$-[O-CH_2CH_2]_n-$	poly(ethylene oxide)	poly(oxyethylene)
HCHO	formaldehyde	POM	$-[O-CH_2]-$	polyoxymethylene	poly(oxymethyl ene)
$H_2C=C(CH_3)-C(=O)-OCH_3$	methyl methacrylic acid	PMMA	$H-(CH_2-C(CH_3)(C{=}O\,OCH_3))_n-H$	poly(methyl-metacrylate)	poly[1-(methoxy-carbonyl)-1-methylethylene]
$H_2C=C(CH_3)-C(=O)-OH$	methacrylic acid	PMA	$H-(CH_2-C(CH_3)(C{=}O\,OH))-H$	polymetacrylate	poly[1-carbonyl-1-methylethylene]
$CH_2=CH-O-C(=O)-CH_3$	vinyl acetate	PVAc	$-(CH_2-CH(O-C(=O)-CH_3))_n-$	poly(vinyl acetate)	poly(1-acetoxy ethylene)
$H_2C=C(CH_3)-CH=CH_2$	isoprene		$-[CH_2-C(CH_3)=CH-CH_2]-$	polyisoprene	*cis*-poly(1-methyl-1-butene-1,4-diyl)
$H_2C=CCl-CH=CH_2$	chloroprene		$-(CH_2-CCl=CH-CH_2)_n-$	polychloroprene	poly[1-(1-chlorovinyl)ethylene]
$F_2C=CF_2$	tetrafluoro-ethylene	PTFE	$-[CF_2-CF_2]_n-$	polytetrafluoro-ethylene	poly[difluoromethylene]
$Cl-Si(CH_3)_2-Cl$	dichloro dimethylsilane		$-[SiR_2]-$	polysilane	
$Cl-Si(CH_3)_2-Cl$	dimethylsilanediol		$-[O-SiR_2]-$	polysiloxane	
			$(C_6H_{10}O_5)_n$ (HO, OH, OH ring units, –O– linked)	cellulose	
			$(\text{ONO}_2, \text{O}_2\text{NO}, \text{ONO}_2 \text{ ring units})_n$	cellulose nitrate	
			$(\text{OCOCH}_3, \text{HO}, \text{OH ring units})_n$	cellulose acetate	

Step-growth polymers

monomer		name (ab.)	polymer	
structure	name		structure	name
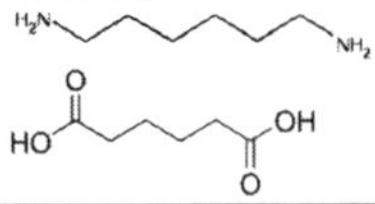	hexamethylene diamine + adipic acid		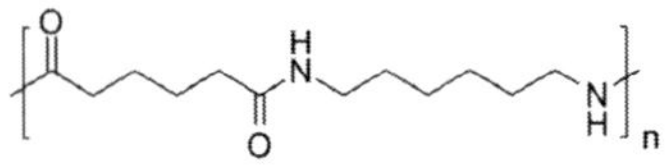	nylon 66
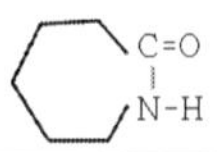	ε-caprolactam		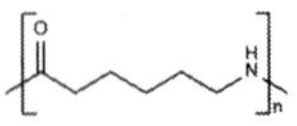	nylon 6
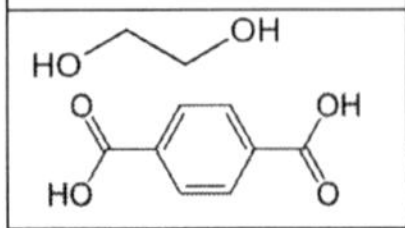	ethylene glycol + terephthalic acid	PET	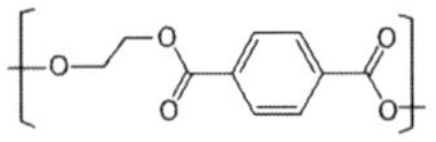	poly[ethylene terephthalate]
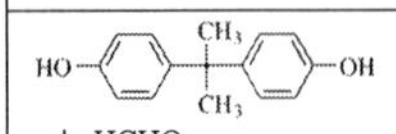 + HCHO	bisphenol-A + formaldehyde	PC	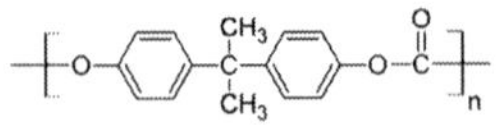	polycarbonate
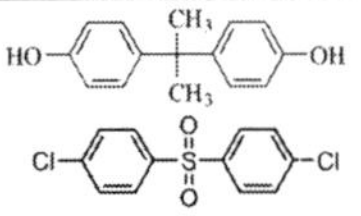	bisphenol-A + diphenylsulfon dichloride	PSF	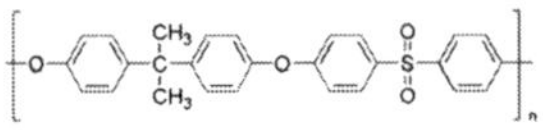	polysulfonate
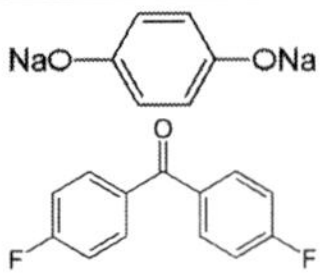	hydroquinone disodium + 4,4'-difluorobenzo phenone	PEEK	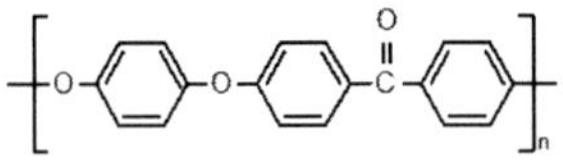	poly[ether ether ketone]
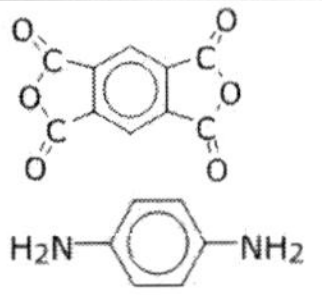	pyromellitic anhydride + paraphenylene diamine	PI	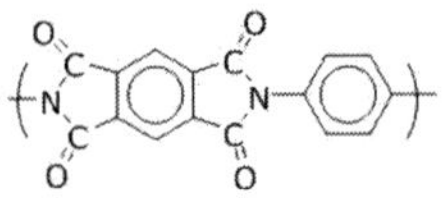	polyimide
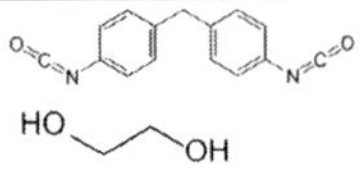	diphenylmethane diisocyanate + ethylene glycol	PU	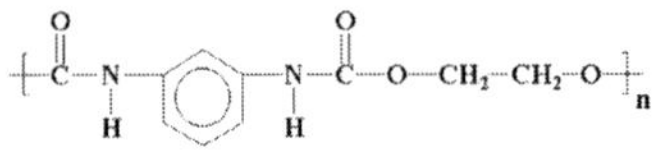	polyurethane
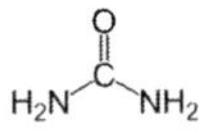 HCHO	urea + formaldehyde	UF	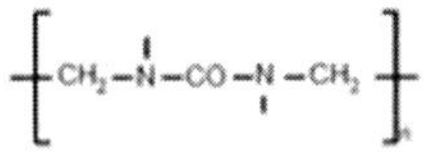	urea resin
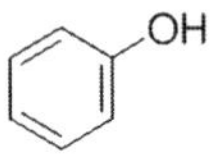 HCHO	phenol + formaldehyde	PF	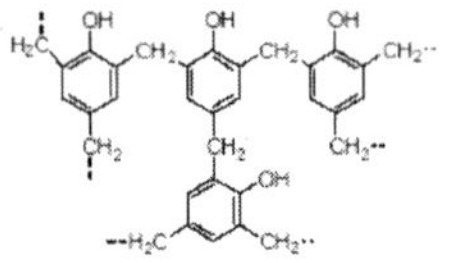	phenol resin
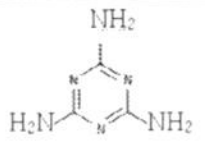 HCHO	melamine + formaldehyde	MF	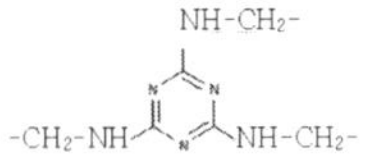	melamine resin
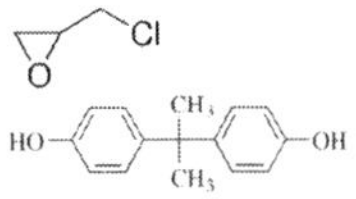	epichlorohydrin + bisphenol-A		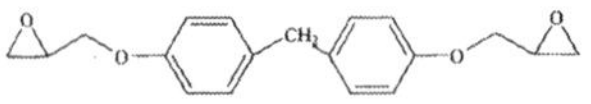	epoxy resin

찾아보기

C

D

E

F

G

H

I

L

M

N

O

P

Q

R

S

T

U

V

W

Y

Z

ε

한글

| 저자 소개 |

전창림

우리나라 화학계에서 저자는 독특한 존재이다. 고등학교까지는 미술학도를 꿈꾸다가 대학 이후로는 학사(화학공학), 석사(산업공학), 박사(유기화학)가 모두 전공이 다르다. 모두 미국으로 유학 가던 시절에 홀로 프랑스로 가서 고분자 화학을 공부하였다. 박사학위 취득 후 결정구조의 아름다움에 매료되어 파리 ESPCI에서 액정을 연구하다가 '해외 과학자 유치 계획'에 선정되어 귀국한 뒤 한국화학연구소에 몸담았었다. 1990년부터 홍익대학교 바이오화학공학과 교수로 재직 중이다. 모든 대학생들이 필수로 화학을 배워야 하며, 모든 과학을 공부하는 학생은 인문학 책을 많이 읽어야만 한다고 주장하는 교육자이다. 저자는 ≪화학세계≫와 ≪한림원소식≫ 등의 과학 저널에 미술 에세이를 연재하고 홍익대학교 예술학부에서 '미술재료학' 강의를 하는 등 미술과 화학 또는 예술과 과학의 융합 분야에 몇 안 되는 집필자이며 강연자이다. 연구 분야는 고분자합성, 미술재료화학, 감성공학 등이며, 각 분야에 많은 저서가 있다. 미술과 화학의 융합 분야에 ≪미술관에 간 화학자≫, 화학 분야로는 ≪생활은 화학이다≫, ≪마담 라부아지에 뭘 사실건가요≫, ≪첨단과학의 신소재≫, ≪누구나 화학≫, 미술 분야로는 ≪알고 쓰는 미술재료≫, ≪아크릴≫, ≪색의 비밀≫, 인문 분야로는 ≪통권복음서≫, ≪1001가지 성경≫, ≪파노라마 성경 핸드북≫ 등이 있다.

알기 쉬운 고분자 – 공학과 화학 –

| 저　　자 전창림
| 발 행 인 김지영
| 발 행 처 자유아카데미
| 주　　소 경기도 파주시 회동길 37-42
파주출판도시
| 전　　화 031-955-1321
| 팩　　스 031-955-1322
| 홈페이지 www.freeaca.com
| 전자우편 main@freeaca.com(대표)
editor@freeaca.com(편집)
crm@freeaca.com(영업)
| 등　　록 제406-2003-017호, 1980. 7. 12
| 제1판1쇄 2014년 11월 15일 발행
| 제1판7쇄 2020년 8월 5일 발행
| 정　　가 22,000원

저자와의
협의하에
인지생략

ISBN 978-89-7338-606-2 93430